U0277310

谨以本书献给母亲八十大寿

佛说萱寿九千，算来八十刚开始，曾经东海两世纪；
天赐鸿福七万，估计三生才圆满，祥缘南山一焦明。

解题铭

题不在多，有悟则明；问不在难，有得则灵。斯为解题，唯思者倾。快藉定理熟，
对靠概念清；勤练出巧思，浓趣驱惰性。数式图表，可以通九章，达原本。
轻定义则涩思，疏符号则难行；入微有数量，直观靠图形。
孔子曰：言慎事敏。

听雨轩文集

一位中学数学教师的耕耘

龚 雷 著

ZHEJIANG UNIVERSITY PRESS

浙江大学出版社

图书在版编目（CIP）数据

听雨轩文集/龚雷著. —杭州：浙江大学出版社，
2014. 6
ISBN 978-7-308-13324-1

Ⅰ.①听… Ⅱ.①龚… Ⅲ.①数学教学—课堂教学—
教学研究—文集 Ⅳ.①01-4

中国版本图书馆 CIP 数据核字(2014)第 118644 号

听雨轩文集

龚 雷 著

责任编辑	叶 抒
封面设计	刘依群
出版发行	浙江大学出版社
	（杭州市天目山路 148 号 邮政编码 310007）
	（网址:http://www.zjupress.com）
排 版	杭州金旭广告有限公司
印 刷	杭州丰源印刷有限公司
开 本	710mm×1000mm 1/16
印 张	18.5
字 数	342 千
版 印 次	2014 年 6 月第 1 版 2014 年 6 月第 1 次印刷
书 号	ISBN 978-7-308-13324-1
定 价	48.00 元

目　　录

第一篇
数学教学研究

听雨轩文集

　　本篇前五章独立成篇,分别是篇幅较大的五篇获奖论文,第六章每一节独立成篇,收集了篇幅较小的七篇发表(获奖)论文。本篇前四章属于数学开放题的专题研究,是我参与"开放题:数学教学的新模式"这一全国"九五"重点课题的研究成果,撰写过程中与戴再平教授有过多次讨论交流,但从起草到修改定稿都是由我执笔的。

第一章
数学开放题及其分类

第一节　数学开放题的定义

什么是"数学开放题"？这是一个必须面对，但又尚无定论的问题。为了使我们对这一问题有一个较为全面的认识，让我们首先来考察一下国内一些学者对此问题的有关论述：

- 凡是具有完备的条件和固定的答案的习题，我们称为封闭题；而答案不固定或者条件不完备的习题，我们称为开放题。[1]
- 封闭题是指条件恰当(不多不少)，答案固定的习题。开放题是条件多余需选择，条件不足需补充或答案不固定的题。[2]
- 有多种正确答案结果是开放的问题，这类问题给予学生以自己喜欢的方式解答问题的机会，在解题过程中，学生可以把自己的知识、技能以各种方式结合，去发现新的思想方法。[3]
- 具有多种不同的解法，或有多种可能的解答……笼统地称之为问题的开放性。[4]
- 问题不必有解，答案不必唯一，条件可以多余。[5]
- 我国也有人把条件隐晦、出现的结论不明显、给出的结果变化较多的，也称为开放题，恐怕未必恰当，因为这类题的答案都是唯一的，"终点"不是开放的，

---

[1]　戴再平. 数学习题理论. 上海：上海教育出版社，1996.
[2]　王万祥. 中学数学习题理论研究. 哈尔滨：黑龙江教育出版社，1992.
[3]　刘学质. 问题解决在美国和日本. 数学教学，1993(2).
[4]　郑毓信. 问题解决和数学教育. 南京：江苏教育出版社，1994.
[5]　陈昌平. 关于问题解决(problem-solving). 数学教学，1995(6).

没有回旋的余地,所以还是属于技巧题与猜想－证明题。[①]

• 对开放题可以作出以下简明的描述:答案不唯一的问题称为开放题。……在一些讨论中常常把开放题与探索题混同起来,可能会对开放题的研究带来影响,有必要把两者予以区别。[②]

由上述论述可以看出,各种观点对"开放题"一词的理解不尽相同,但比较一致的是:"开放题的答案是不唯一的"。那么,我们能否以此作为"开放题"的定义呢? 在"全国'数学开放题及其教学'学术研讨会(1998,上海)"上也有人对此提出质疑:"一元二次方程的解也不唯一,那么解一元二次方程这类习题也能算开放题吗?"

为了回答这个问题,让我们先来看几个例子:

[**例 1**] 解方程:$x^2 - 3x + 2 = 0$。

"解方程"一词的含义是求出所有使方程成立的未知数的值(即求出方程的解集)。上例中,尽管方程有两个解(1 和 2),但其中任意一个不能单独成为问题的正确答案。因此,[例 1]的答案是唯一的(即集合$\{1,2\}$),是一道封闭题。

如果我们改变这个问题的设问方式:

[**例 1-1**] 试尽可能多地找出使方程 $x^2 - 3x + 2 = 0$ 成立的实数 x。

对于已经学习过"一元二次方程"的学生,我们根本没有必要把问题叙述得如此复杂;而对于从未学过这一知识的学生来说,他可以用"试错法"(或其他方法)找出方程的一个解或二个解,这一个解或二个解都可以成为[例 1-1]的正确答案(只是解答水平的层次不同而已),因此[例 1-1]已基本具备开放题的特征,可以认为是一道开放题。

[**例 2**] 如图 1-1-1,已知 AD 是△ABC 中∠A 的平分线。求证:$\dfrac{AB}{AC} = \dfrac{DB}{DC}$。

这是一道传统的几何习题。尽管它有多种解法,但是学生在解答这道题时,大多在找到一种证法后,解题活动就停止了。解题活动并没有多少开放性,因此将这道习题称为开放题仍是比较勉强的。如果把问题的设问方式改为:

[**例 2-1**] 如图 1-1-1,已知 AD 是△ABC 中∠A 的平分线。求证:$\dfrac{AB}{AC} = \dfrac{DB}{DC}$。证明方法有多种,试尽可能多

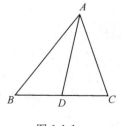

图 1-1-1

---

① 张奠宙主编. 中学数学问题集. 上海:上海教育出版社,1994.

② 俞求是. 中学数学教科书中的开放题. 中学数学教学参考,1999(4).

地找出各种不同的证明方法。

就成为一道开放性的习题了。

[**例3**]　如图 1-1-2,已知在 Rt△ABC 中,∠A＝90°, $AD \perp BD$,$PC \perp$ 平面 ABC。图中有多少个直角三角形?

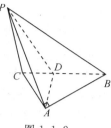

图 1-1-2

显然,这是一道封闭题,其答案是唯一的。如果将其设问方式改为:

[**例3-1**]　如图 1-1-2,已知在 Rt△ABC 中,∠A＝90°,$AD \perp BD$,$PC \perp$ 平面 ABC。在图中你能找出多少个直角三角形?

这个问题并不要求回答"事实上存在多少个直角三角形",而只是要求回答"你找到了多少个直角三角形"。不管学生找到多少个直角三角形,都是对问题的正确回答(只是解答的水平不同而已)。因此其答案是不唯一的,是一道开放题。(在这里,学生回答"多少个"显然并不重要,重要的是他在回答之前的寻找过程)

通过以上几个例子的分析,我们可以对"数学开放题"给出以下的一个描述性定义:

> 数学开放题是指那些答案不唯一,并在设问方式上要求学生进行多方面、多角度、多层次探索的数学习题。

关于这个定义,我们再作几点说明:

1. 答案不唯一是开放题的基本特征

在这里必须区分"数学习题的答案"与"数学命题的结论"这两个概念。例如在例 2-1 中,作为数学命题的结论是唯一的,但这道习题的答案却是多样的。俞求是认为:问题的"结论"是问题系统内部相对于问题的"条件"而言的,不能与问题的"答案"概念混淆,问题的"答案(解法)"是相对于整个问题而言的。①

2. 我们把"数学开放题"定义为一种特殊的数学习题,强调它并不是一个纯数学范畴的概念,而是一个数学教育学范畴的概念

数学开放题并不是普通的数学问题,而是为了达到一定的教育目的而精心编制设计的数学习题。正因为如此,一道数学开放题总是相对于具有特定知识水平的一类学生而言的。比如[例 1-1]这道习题,对于已经学习过"一元二次方程"的学生而言仍不能说是一道开放题,但对于一个从未学习过这一知识的学生

---

① 俞求是.中学数学教科书中的开放题.中学数学教学参考,1999(4).

来说却是一道开放题。

3. 一道数学习题的开放性(开放度)在很大程度上取决于这道习题采用何种设问方式①

即使是一道传统的封闭性数学习题也可以通过改变其设问方式将其改编为一道开放性的习题。要求学生进行多方面、多角度、多层次探索是一种"开放性的解题要求",通常使用"试尽可能多地……"一类的词语来提出,它对学生具有"鼓励参与,激励优化,追求卓越"的作用。例如学生在解答例 3 这道封闭题时,如果回答"有 7 个直角三角形"(正确答案是 8 个),他所经历的是一次失败的体验,长期经受这种体验的学生可能就会对参与教学活动丧失兴趣和信心;而学生在解答[例 3-1]这道改编后的开放题时,每一个学生都可以参与寻找,1 个、2 个、3 个……每一次对他人或自我的超越都是成功的体验(找到 7 个直角三角形的学生也许已经历了几次成功的超越)。这种激励机制是开放题本身所具有的,并不是教师运用其他外部激励手段诱发的,因而是自然而令人愉悦的。

4. 在 20 世纪 90 年代高考盛行一类所谓的"探索性问题",如分类讨论型、"是否存在……"型、猜想—证明型等

这些问题曾被不少的中学教师称之为"开放题",由于其在理论上容易引起混乱,故越来越多的学者对此持不同意见,认为应将其与"开放题"予以区分。在这个定义中也没有把这些"探索性问题"的题型特点作为衡量一道习题的"开放性"的标准之一。

第二节　数学开放题的特点

用数学的形式化方法来界定"开放题"一词是比较困难的,因为"开放题"一词并不能构成一般意义的集合,它可以是一个模糊集。但这里还有"如何定义这个模糊集的隶属函数——开放度"这一问题。国内一些学者曾对此进行过尝试,但至今未见正式的成果发表。在尚未找到定义"开放度"的适当方法之前,首都师范大学的一位博士生导师在"98 上海会议"上指出:我们不妨用"开放"的方式来对待"开放题"一词。

在讨论了数学开放题的定义后,进一步考察数学开放题的特点,这有助于对数学开放题的内涵有一个深入的了解。一般地,我们可以这样粗略地来估计:对于一道数学习题,如果它具备这些特点越多、特点越明显,这道习题的开放度就

---

① 龚雷.数学开放题的设问方式.数学教学,1998(6).

越大。

数学开放题一般具有以下几个特点：

1. 问题的条件常常是不完备的

一个开放题的条件可以不足,也可以多余。条件不足时要求学生予以补充,条件多余时要求学生进行选择。

[例4] 一个简单零件图(表面均为平面)的主视图及俯视图如图 1-2-1 所示,试补上它的左视图。

在本题中,给出的条件(主视图及俯视图)不足以确定零件的形状,学生需要补充一些条件才能画出它的左视图。正是由于条件的不足,从而使本题的结论具有很大的开放性。

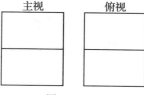

图 1-2-1

[例5] 图 1-2-2 是一道二位数的竖式乘法,其中字母 A,B 分别表示二个不同的十进制数字。你能用几种不同的方法确定字母 A,B 分别表示哪二个数字?

在本题中,根据 114,304,3154 三个条件中的任意一个均可确定字母 A,B 的值,条件是多余的。多余的条件使本题的解题策略具有开放性。

$$
\begin{array}{r}
A\ B \\
\times\quad B\ A \\
\hline
1\ 1\ 4 \\
3\ 0\ 4 \\
\hline
3\ 1\ 5\ 4
\end{array}
$$

图 1-2-2

2. 问题的答案是不确定的,具有层次性

开放题解答的多样性,决定了它能够满足各种层次水平的学生的需求,使他们可以在自己的能力范围内解决问题,从而体现出层次性。

[例6] 在 12 小时内,钟面上的时针与分针在哪些时间恰好成 $60°$的角?

本题有几种不同的解答思路:

(1)依直觉作答,可得 2 点和 10 点这两个答案;

(2)对其他答案作近似的估计,例如在 1 点 15 分多一些的某一时刻(如图 1-2-3);

图 1-2-3

(3)先研究一个比较简单的问题:在 12 小时内,钟面上的时针与分针在哪些时间恰好重合(或成一直线、或成 $90°$的角)?

(4)列方程解答,又有几种不同层次的解答:

①分别对两个整点之间的答案列方程解答。

②在上述基础上寻找规律求出全部解。

③将问题看成圆周追及问题。设分针的速度为 1(格/分),则时针的速度为 $\frac{1}{12}$(格/分)。将时针、分针看成两个不同速度的人在环形跑道上同时(从 0 时)

开始同向而行,欲求使二者相距 10 格即成为 60°角所用的时间。

设从 0 时开始,过 x 分钟分针与时针成 60°的角,此时分针比时针多走了 n 圈($n=0,1,2,3,\cdots,11$),则

$$x-\frac{x}{12}=60n+10,\text{或}\ x-\frac{x}{12}=60n+50;$$

解得:

$$x=\frac{12}{11}(60n+10)\text{或}\ x=\frac{12}{11}(60n+50)。$$

分别令 $n=0,1,2,3,\cdots,11$ 即得所有 22 个解答:

0:54:33	2:00:00	3:05:27	4:10:55
5:16:22	6:21:49	7:27:16	8:32:44
9:38:11	10:43:38	11:49:05	
1:16:22	2:21:49	3:27:16	4:32:44
5:38:11	6:43:38	7:49:05	8:54:33
10:00:00	11:05:27	12:10:55	

(5)另一种解答思路是首先发现分针与时针成 60°的角共有两种不同的类型时:分针在时针之前和分针在时针之后;并且对于同一种类型的每两次成 60°的角所间隔的时间是相同的。利用这一规律,在已知 2 点和 10 点这两个答案后,只须在这两个时间基础上加减每两次成 60°的角所间隔的时间即可求得所有答案。因为在 12 小时内分针与时针共有 11 次重合,因此每两次成 60°的角所间隔的时间为 $\frac{12\times60\times60}{11}\approx3927.27$(秒),即 1 小时 5 分 27.27 秒。

3. 问题的解决策略具有非常规性、发散性和创新性

解答开放题时,往往没有一般的解题模式可以遵循,有时需要打破原有的思维模式,从多个不同的角度思考问题,有时发现一个新的解答需要一种新的方法或开拓一个新的研究领域。

[**例 7**] 试比较图 1-2-4 两个几何图形的异同。

这两个几何图形的异同可从多个角度来挖掘,例如:

图 1-2-4

它们的相同点有:它们都是多边形;都有相等的边;都有相等的内角;都是正多边形;都有外接圆;都有内切圆;各角的平分线都交于一点;都是轴对称图形;都可以分割成为 6 个正三角形(如图 1-2-5);都可以分割成为 6 的正整数倍个正三角

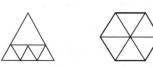

图 1-2-5

形；等。

　　它们的不同点有：边数（或顶点数）不同；各自的内角的大小不同；对称轴的数目不等，正三角形有 3 条对称轴，而正六边形有 6 条对称轴；正三角形不是中心对称图形，而正六边形是中心对称图形；等。

　　在解答本题时并没有常规的解题模式可以遵循，思维呈发散性，如能找到一个新视点，就可以发现新的解答。如考虑对角线就可以发现三角形没有对角线而六边形有三条对角线这一新的不同点。

　　4.问题的研究具有探索性和发展性

　　对一个开放题的研究与封闭题有很大的不同，这主要体现在对答案的探索性（尽管解封闭题时也需要一定的探索，但其探索性大大地低于开放题）和问题本身可层层发展成为一系列的问题。

　　[**例 8**]　图 1-2-6 是一个非常优美的几何图形，除了线段比例、对称等方面的独特性质外，它还有一个不太被人注意的性质，这就是在图中的 A,B,C,D,E 五个点中，每两点之间的距离不是等于正五边形的边长，就是等于正五边形的对角线。也就是说，这五个点之间只有二种长度的距离（此时我们称这五个点具有二种距离）。试研究平面上具有二种距离的四个点。

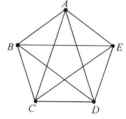

图 1-2-6

　　尽管本题只有如图 1-2-7 所示的六种解答，但是要找到这全部的六个解答却需要一个较长的探索过程。不仅如此，本题还可进一步发展出以下各种问题：

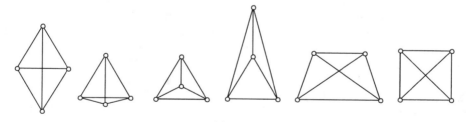

图 1-2-7

　　（1）各个图中的二个距离之比是多少？

　　（2）试研究平面上具有三种距离的五个点。

　　（3）试研究空间具有二种距离的四个点。

　　（4）试研究空间具有二种距离的五个点。

　　其中第（4）个问题的解答至少有十几种之多（如图 1-2-8），而第（2）个问题的解答至少有三十多种。

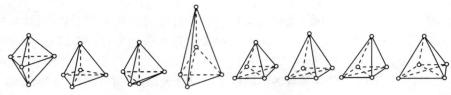

图 1-2-8

5. 问题的教学具有参与性和学生主体性

由于开放题没有固定的标准答案,这就使教师在课堂教学中也难以使用"标准"的教学方法。学生主动参与解题活动不但成为可能,而且是非常自然和必要的。

例如在[例8]的教学中,如果教师仍然采用"灌输式"的方法一个一个地介绍几十个答案,必将会受到来自学生的反对:一些学生早已用自己的方法找到了教师还来不及讲的,甚至是教师事先根本没有预料到的答案,他们希望老师和同学来分享这种成功的喜悦。任何一个好教师都不会压制学生的这种愿望,这就使课堂教学自然地走向了以学生主动参与为主要特征的开放式的教学。

表 1-2-1 列举了对数学开放题的辩护与批判的各种观点,它有助于我们对数学开放题的积极作用及其局限性有一个更全面的了解。

表 1-2-1　数学开放题的辩护与批判

辩　护	批　判
● 开放题顺应开放化的社会需要 ● 开放题教学可以使全体学生主动参与,符合素质教育面向全体学生的要求 ● 开放题可以使学生更全面地理解数学的本质,体会数学的美感 ● 开放题可以给予学生更多的体验成功的机会,增强学习自信心 ● 开放题有助于培养学生的创造意识和创新能力 ● 开放题追求卓越,有助于培养学生的优化意识,提高解决问题的能力 ● 开放题教学有利于实现教学民主,建立新型的师生关系 ● 学生解答开放题时不但要综合运用、重组已学的知识,而且时常需考虑问题解决的策略,对自己的解题活动进行认识、评价和监控。这有助于发展学生的元认知 ● 教师在研究开放题的过程中,可以在教学观念、解题能力、扩大知识面等多方面得到提高,这有利于提高教师素质	● 开放题在单一的技能训练、知识学习上费时费力,效率较低 ● 开放题教学易受课时的制约,在课堂上常常出现学生思维在低层次上重复进行,不易进行深入的研究 ● 开放题教学对教师的要求较高,不易推广 ● 对有些开放题很难制定出客观公正的评分标准,故在用开放题作考试题时困难重重 ● 现有的适合教学使用的开放题数量太少,开发和设计更多的数学开放题又面临较多困难 ● 受考试文化的影响,要使更多的教师重视、认识、接受开放题,还有一段艰巨漫长的道路要走

第三节 数学开放题的分类

对数学开放题进行分类,这不但有助于我们对开放题有一个更深入的认识,而且也有利于开放题的各种研究工作——无论是开放题的理论研究,还是开放题的编制和解答。

一个严格的分类要求是"不重不漏"的,对开放题作一个严格的分类当然是最理想的,但有时一个实用的分类(也许并不严格)更能促进对开放题的研究。因此,我们在对数学开放题进行分类时,并没有苛求其严格性。

数学开放题的常见题型可归纳成表 1-3-1,其中前二种分类方法(按命题要素分类和按答案结构分类)比较严格,而后二种分类方法(按解题目标分类和按编制方法分类)则主要具有实用性。

表 1-3-1 数学开放题的常见题型

按命题要素分类	按答案结构分类	按解题目标分类	问题形式
条件开放题	有限穷举型	找规律或关系	条件不足的问题
策略开放题	有限混沌型	量化设计	逆的问题
结论开放题	无限离散型	分类与整理	计数问题的弱化
综合开放题	无限连续型	举例	变化与推广
		数学建模	
		提问题	
		情境题	
		评价	
		一题多解	

以下就各类题型举例说明。

1.**按命题要素分类**

数学命题一般可根据思维形式分成"假设—推理—判断"三个部分. 一个数学开放题,若其未知的要素是假设,则为条件开放题;若其未知的要素是推理,则为策略开放题;若其未知的要素是判断,则为结论开放题;有的问题只给出一定的情境,其条件、解题策略与结论都要求主体在情境中自行设定与寻找,这类题目可称为综合开放题。[1]

---

① 戴再平.数学习题理论.上海:上海教育出版社,1996.

[例9] 已知 $m<n$,试写出一个一元二次不等式 $ax^2+bx+c>0$,使它的解集为

(1)$(-\infty,m)\bigcup(n,+\infty)$　(2)(m,n)　(条件开放题)

[例10] 制作书架时需要一块长 100cm、宽 20cm 的木板,现在只有一块长 80cm、宽 30cm 的木板,问怎样将木板锯开,可以拼接成所需尺寸的木板?　(策略开放题)

[例11] 试求出代数式 $24a^3bc^2$ 和 $18a^2b^2x^2$ 的共同点。　(结论开放题)

[例12] 试计算校园内小池塘的水的体积。　(综合开放题)

2. 按答案结构分类

开放题的魅力主要来自于其答案的多样性,研究问题答案的结构是对问题的一个总体把握,也是研究问题的首要任务。另一方面,针对不同的答案结构,从解题策略的选择到教学方法的选择也不尽相同,因此研究问题的答案结构也是开放题教学研究的重要工作。

数学开放题的答案一般有以下几种结构类型:

(1)有限穷举型　如[例3-1]和[例6],这类问题的答案是有限的,可以穷举。解题的主要任务是将其所有答案穷举出来(如果不考虑问题的发展性,这也就是解题的最终目标)。

(2)有限混沌型　这类问题的答案从理论上可以断定是有限的,但实际上在解题者的知识水平上是不可能把其所有答案一一列举出来,其答案结构是混沌不清。

[例13] 扑克游戏中有一种"二十四点"的游戏,其游戏规则是:任取四张(除大小王以外)纸片牌,将这四个数($A=1,J=11,Q=12,K=13$)进行加减乘除四则运算,使其结果等于 24。例如对 1,2,3,4 这四张牌,可作运算:

$$(1+2+3)\times4=24。$$

如果把结果 24 依次改为 1,2,3,$\cdots$,则可以作如下运算:

$(2-1)\times(4-3)=1$　$(2+1)\times(4-3)=3$

$(2+1)-(4-3)=2$　$(2+1)+(4-3)=4$

上述运算可以连续地算到几? 改换 4 张牌,能否连续地算到更多?

只要有耐心就能验证:可连续地算到 30。但是要证明只能连续地算到 30,就不是一件容易的事。一种办法是:算出所有可能结果,但这是一种费时又费力的办法;另一种办法是从寻找规律入手:

(1)当 a,b 都是大于 1 的整数时,

$$ab>a+b;1\times a<1+a;(1+a)b>1+ab;$$

利用这些可以证明:用 1,2,3,4 进行四则运算,所得的结果中,最大的三个

数是：

$$(4+1)\times(2\times3)=30,4\times(2+1)\times3=36,4\times2\times(3+1)=32;$$

其他任何算法都不会比这三个数中的任何一个更大. 所以用 $1,2,3,4$ 最大只能连续地算到 30。

(2)不借助电子计算机是无法得到最终结果的,但至少可以肯定地回答:存在四张牌,使运算结果连续地超过 30,例如 $3,4,5,6$ 可连续地算到 33,是否还有其他四张牌能算到更多,这还是一个尚待解决的问题。

(3)仍以 $3,4,5,6$ 这四个数为例,如果允许乘方、开方,我们还可算到更多：

$4^3-5\times6=34$	$3\times(4+5+6)=45$	$(5+6+3)\times4=56$
$(6+4-3)\times5=35$	$(3+5)\times6-\sqrt{4}=46$	$6\times(5+4)+3=57$
$(4-3+5)\times6=36$	$5\times(4+6)-3=47$	$(5+3)^{\sqrt{4}}-6=58$
$5\times6+4+3=37$	$(5-3)\times4\times6=48$	$4^{6-3}-5=59$
$3\times6+4+5=38$	$\sqrt{4^6}-3\times5=49$	$(6-\sqrt{4})\times3\times5=60$
$4\times6+3\times5=39$	$(3+5)\times6+\sqrt{4}=50$	$\sqrt{5^6}-4^3=61$
$6\div3\times4\times5=40$	$6\times(5+4)-3=51$	$\sqrt{46}-5+3=62$
$\sqrt{4^5}+3+6=41$	$(3\times6-5)\times4=52$	$4^3-6+5=63$
$(3\times4-5)\times6=42$	$\sqrt{4^3}\times6+5=53$	$4^3\times(6-5)=64$
$\sqrt{5^4}+3\times6=43$	$(5\times6-3)\times\sqrt{4}=54$	$4^3+6-5=65$
$(3+5)\times6-4=44$	$(\sqrt{4}+3+6)\times5=55$	$\sqrt{4^6}+5-3=66$

52 张牌与运算符号的排列组合肯定是一个有限数,但是不用计算机不可能用人工来一一验证每一种组合。因此,其答案结构是混沌的。对于这种问题,追求答案的完美性,没有多大意义;相反,学生在解题过程中的活动与思考所带来的收获,却更有意义。当然,对完美答案的追求仍可作为一种理想,这是将一颗种子植入学生的心灵。在计算技术日新月异的今天,说不定在某一天你收到了毕业多年的学生寄来的一个完美答案,而其不懈努力、刻苦钻研的动力也许就是因为你没有给他一个完美的答案!

(3)无限离散型 这类问题的答案不但是无穷的,而且是离散的。对这类问题的解答,通常有两种处理方式:一是将其答案作适当的分类,对每类答案列出典型的一种解法(这相当于在现代数学的研究中,用作商集的方法研究某种结构);一是提供一种构造任意一个答案的方法,即提供一个寻找答案的"算法",按照这种算法可以举出问题的任意一个答案。

[例 14] 试尽可能多地画出各种不同形状的三角形,使三角形的三边长和面积这四个数值均为整数。

图 1-3-1 给出了这个问题的五种不同类型的答案。要圆满地解决问题,可

考虑以下两种解答策略:①说明该题仅有这五种类型的解答,并且同一类型的解答可类似地画出;②证明任意一个满足条件的三角形都可以用以下方法来画出:先选用两组勾股数构造出两个有一对直角边相等的直角三角形,再将这两个直角三角形拼成一个满足条件的三角形。

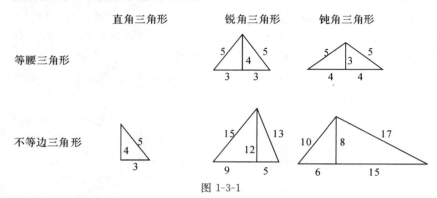

图 1-3-1

(4)无限连续型

[例 15] "降水量"是指水平地面单位面积上的降雨深度. 如果用一圆柱形容器水平放置于露天,一场降雨后,容器内的雨水高度就是该次降雨的"降水量"。但是,普通降雨的降水量只以毫米为单位,所以用圆柱形容器直接测量降水量的方法精确度不高. 试设计一种用于测量降水量的量具形状. 并研究其刻度的规律。

降雨量的量具,其形状类型是有限的几种(图 1-3-2),但由于各几何量的连续变化可显现出无穷的答案. 比如同样是一个倒圆台形的量筒,上口半径、下底半径的大小和高的大小等均可连续变化,描述这样变化的数学手法是引进参数。

图 1-3-2

3. 按解题目标分类

一个数学问题系统由"解题主体,题设条件,解题依据,解题目标"四个要素组成,解题目标规定了解题主体在解答问题时所必须进行的操作,如证明某个结论,探索某种规律,构造某种对象,等等. 把这种操作概括成几种常见模式进行讨论,这有利于解题规律的讨论研究. 常见开放题的解题目标有以下几种模式:

(1)找规律或关系 这是一类要求寻找规律或关系(数值规律,图形关系等)的题型. 在既定的条件或关系下探讨多种结论,寻求使既定结论成立的充分条件,均可归属此类. 在解答此类开放题时常用的思维方法有:观察与实验,归纳与演绎,数学归纳法等。

[例 16]　下表中的各数之间有什么规律？（数值规律）

1	3	5	7	9	11	...
2	6	10	14	18	22	...
4	12	20	28	36	44	...
8	24	40	56	72	88	...
16	48	80	112	144	176	...
32	96	160	442	288	352	...
...	...	...	...	...	...	...

[例 17]　正方体的截面可以是什么形状？不可能是什么形状？　（图形规律）

[例 18]　一个四边形是平行四边形的充分条件是什么？　（条件探索）

（2）量化设计　将一般问题数值化是数学应用中常见的问题。度的量化描述，统计数据的解释，图形设计及其有关量化计算等，这些都是量化设计型的开放题。

[例 19]　A、B、C 三人做掷石子游戏如图 1-3-3。这个游戏是以掷子散落的距离小的为优胜。在这个例子中，掷子的离散程度按 A、B、C 顺序越来越大. 对于掷子的离散程度，请想一想用"数"来表示它，能有几种方法？（度的量化描述）

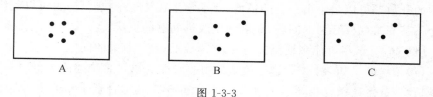

图 1-3-3

[例 20]　在某次卡拉 OK 大赛中，十个评委对 A、B、C 三位选手的评分如下表，试确定这三位选手的名次。（统计数据的解释）

评委	甲	乙	丙	丁	戊	己	庚	辛	壬	癸
A	9.7	9.2	8.9	8.3	7.9	9.0	8.7	7.8	9.3	8.7
B	9.1	9.0	9.0	8.9	8.2	9.5	8.0	8.1	9.1	8.4
C	9.3	9.6	8.8	9.0	8.5	8.9	8.9	9.0	7.9	9.2

[例 21]　有一块长 4 米、宽 3 米的园地，现要在园地上辟一个花圃，使花圃的面积是原园地的一半，问如何设计？（图形设计及其有关量化计算）

（3）分类与整理　分类是一种基本的数学方法，整理是一种有效的学习方法。常见这类开放题有：概念的划分，性质的归类，方法、知识的整理等。

［例22］ 试用尽可能多的方法对以下单项式进行分类：

$$3a^3x;bxy;5x^2;-4b^2y;2ay^2;-b^2x^2 \quad （性质归类）$$

［例23］ 试用适当的方法说明下列几个概念之间的关系：凸四边形；梯形；平行四边形；菱形；矩形；正方形。（概念划分）

［例24］ 试归纳整理初中所学过的解方程的方法。（方法整理）

（4）举例　这是一类要求构造满足一定条件的数学对象（即举例）的开放题，包括举正例和举反例。

［例25］ 设函数 $f(x)=ax^2+bx+c$，集合 $A=\{x|f(x)>0\}$，$B=\{-5,-1,4,7\}$，试写出一些函数 $f(x)$，使 B 中恰有一个元素不是集合 A 中的元素。

（5）数学建模　培养学生的数学应用意识是数学素质教育的重要组成部分，随着数学教育观念的转变，数学建模型开放题必将被越来越多的人所重视。这类开放题常见的有：社会经济问题、生活游戏问题、物理自然问题和科研生产问题等。如［例15］就是一题科研生产问题。

（6）提问题　这是一类要求学生提出问题的开放题。"提出一个问题，等于解决问题的一半"（爱因斯坦），有时候提出一个问题比解决一个问题更重要。希尔伯特在 20 世纪初提出的 23 个问题，对本世纪数学的发展具有重大影响。因此，我们不能始终让学生被动地解题，也应该让学生有机会主动地提出问题。提问题的开放题可以是给出一个的情境，要求学生在情境中找问题；也可以是给出一个不甚完善（有缺陷）的问题，要求学生改进问题的提法。

［例26］ 试尽可能多地提出与等式"$3^2+4^2=5^2$"有关的问题。

（7）情境题　如［例12］，这类题型只用一般性的语言来描述问题的背景，即问题情境，甚至连条件也要学生自己去寻找，对学生的综合素质要求较高。

（8）评价　如［例27］的第③题就是一个要求对所提问题进行评价的开放题。

［例27］ 有两种药品 A 和 B，已知在两家医院都做过了临床试验。试验结果如下表：

	甲医院		乙医院	
	A 药品	B 药品	A 药品	B 药品
试验人数	20	10	80	990
有效人数	6	2	40	478
有效率				

①计算上表中的有效率。

②甲、乙两家医院分别根据自己的试验结果,对两种药品的有效率进行比较,做出的"哪种药效好"的结论是否一致?

③综合两家医院的试验结果,试做出 A、B 两种药品的总有效率报告,是否支持②中的结论?

④你如何评价上述结果?

有一位统计学家曾经说过:"让不懂得统计学的人来解释统计数据,有时可能是一场灾难。"有些统计数据只表示某种可能性,不是绝对的,应该用"概率"的思想来理解它。在这个统计数据随处可见的当今社会中常有一些人为了某种目的在统计数据中玩弄"数字戏法"。让学生运用所学的数学知识来分析这种"数字戏法",避免上当,这是数学教育义不容辞的责任。对有关药品有效率的数据,必须注意其样本大小。我国有关法规规定,一种新药的临床试验一般不少于300 例,特殊的也要求不少于 100 例。按照这个规定,上例中的甲、乙两家医院的有效率报告是无效的。

(9)一题多解　如[例 2-1]这是一类被研究得较充分的开放题。

4. 按问题形式分类

问题形式是一个比较模糊的分类标准,事实上我们只是将一些很难归属于以上各种分类方法,但又是较常见的开放题形式,在此作一补充。

(1)条件不足的问题　如[例 4],弱化例题命题的条件是用封闭题改编开放题的常用方法,这导致一类在形式上成为条件不足的开放题。

(2)逆的问题　考虑原命题的一个逆命题也是提出开放性问题的常见形式. 如[例 18]就是由求证平行四边形的几何习题逆向提出的问题。

(3)计数问题的弱化　如[例 3-1]就是将例 3 中"有几个"弱化为"你找到几个",从而将一道封闭题改编成开放题。

(4)变化与推广　特殊化、一般化,改变条件(或结论);增加空间维数、未知元数,等等。把一个问题以这些形式进行变化与推广,这都可以使问题的研究开放化。在[例 8]的几个发展的问题中,就是由平面向空间的推广和点数、距离数的增加,从而使问题更加开放。

数学开放题的问题形式也是相当开放的,俞求是在 1999 年介绍了在教科书中编写开放题的 11 种形式(举例;变化;推广;研究一个数学对象,寻找关系,组成问题;命题转换;联想、类比;一题多解;改进问题的解法;质疑、批判;理解;总结、归纳所学知识内容),[1]其中大多数可包括在以上四种分类的类型中,个别未包括的因其并不常见,故在此不再介绍。

———————

① 俞求是. 中学数学教科书中的开放题. 中学数学教学参考,1999(4).

第二章
数学开放题的教学设计

　　数学开放题教学是在素质教育研究中涌现出来的新的教学模式,对这一教学模式的理论总结必须在一定的教学实践基础上进行。从目前所发表的论文来看,大多数只是介绍课堂教学的实况,而对教师备课中的一些问题很少涉及。四年来(1994—1998),笔者结合平时常规教学,坚持在每学期安排 1～2 课时进行数学开放题教学的试验。实践中,特别是教学设计过程中碰到不少问题,也积累了一些经验和教训,本文对此作一初步总结,供同行参考。

第一节　问题的设计

一、搜集素材

　　问题从何而来? 这要求教师在平时的教学中做个有心人,注意搜集素材。根据个人经验,下列素材有可能成为编制开放题的背景材料:

　　1.教材中的例题、习题、插图(表)

　　[例1]　试写出复数 z 是纯虚数的充要条件　(本题由《代数(下册)》第 222 页第 13 题改编而成)。

　　[例2]　在试尽可能多地找出图 2-1-1 中的面面垂直关系　(本题由《立体几何》第 117 页第 2 题改编而成)。

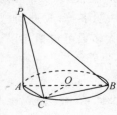

图 2-1-1

[例3]　试找出杨辉三角中的数值规律　（本题由《代数（下册）》第253页图9-8改编而成）。

2.学生的现实生活

例如：学生进入高一不久，学校召开田经运动会。高一某班的运动成绩非常好，但总分却被高三某班夺了第一。原因是竞赛规则中班级总分的计分规则不合理，于是，我就让学生讨论如下问题：

[例4]　如果你是校运动会的组织者，将如何设计班级总分的计分规则？

这类问题贴近学生生活，可以激发学生求知欲，诱导学生积极参与。

目前仍有部分教师认为："像编制问题这一类工作是教材作者等专家的工作，教师只要管好怎样教就行了。"这种观点离素质教育的要求相距甚远。像[例4]这种问题具有很强的时效性、针对性，不可能编入教材，但它的教育价值却是不可替代的。因此教师如果从不思考怎样编制问题，这种教育机遇就会稍纵即逝。

3.数学史资料

[例5]　表2-1-1中各数有什么规律？你能写出几张类似的表吗？这些表有什么共同点？你能否提出进一步的问题？（这个问题是受杨辉三角和幻方的启发而设计出来的）

表 2-1-1

1	3	5	7	9	11	...
2	6	10	14	18	22	...
4	12	20	28	36	44	...
8	24	40	56	72	88	...
16	48	80	112	144	176	...
32	96	160	442	288	352	...
...	...	...	...	...	...	

4.简单的科技工作

[例6]　"降水量"是指水平地面单位面积上的降雨深度。如果用一圆柱形容器水平放置于露天，一场降雨后，容器内的雨水高度就是该次降雨的"降水量"。但是，普通降雨的降水量只以毫米为单位，所以用圆柱形容器直接测量降水量的方法精确度不高。试设计一种用于测量降水量的量具形状，并针对各种不同的形状研究其刻度有什么规律。

5. 数学游戏

[例7] 扑克游戏中有一种"二十四点"的游戏,其游戏规则是:任取四张(除大小王以外)纸片牌,将这四个数进行加减乘除四则运算(A=1,J=11,Q=12,K=13),使其结果等于24。例如对1,2,3,4这四张牌,可作如下运算:

$$(1+2+3)\times 4=24$$

如果把24依次改为1,2,3,4,…,则可以作如下运算:

$$(2-1)\times(4-3)=1,(2+1)-(4-3)=2,$$

$$(2+1)\times(4-3)=3,(2+1)+(4-3)=4,…$$

(1)上述运算可以连续地算到几?

(2)改换4张牌,能否连续地算到更多?

(3)如果运算不限于加减乘除四种,结论又怎样?

总之,数学开放题的素材是非常广泛的。但为什么有些教师觉得素材贫乏呢?原因可能是多方面的,忙于日常工作,没有时间进行广泛阅读,这可能是一种原因。但主要原因则可能是在其教学观念上,没有从"应试教育"的怪圈走出,没有树立起真正的"素质教育"的观念。上述几个例子是日常教学所能涉及的问题,如果用"应试"的眼光看,就会不屑一顾,视而不见,但倘若认真挖掘其中蕴涵的素质教育价值,其中不乏好题。

二、问题研究

有了一定的素材,就可以提出问题,但此时的问题一般还不能直接应用于教学,应对问题进行深入研究,逐步改进问题的提法。在对问题的研究过程中,一般应注意以下几个方面:

1. 问题答案的结构

开放题的魅力主要来自于其答案的多样性,研究问题答案的结构是对问题的一个总体把握,也是研究问题的首要任务。另一方面,针对不同的答案结构,从解题策略的选择到教学方法的选择也不尽相同,因此研究问题的答案结构也是开放题教学研究的重要工作。

数学开放题的答案一般有以下几种结构类型:

(1)可穷举型 如[例2],这类问题的答案可一一列举。解题的主要任务是将其所有答案一一列举出来(如果不考虑问题的发展性,这就是解题的最终目标)。

(2)有限混沌型 如[例7],52张牌与运算符号的排列组合肯定是一个有限数,但是不用计算机不可能用人工来一一验证每一种组合。因此,其答案结构是混沌的。对于这种问题,追求答案的完美性,没有多大意义;相反,学生在解题过程中的活动与思考所带来的收获,更具有意义。当然,对完美答案的追求仍可作为一种理想,这是将一颗种子植入学生的心灵。在计算技术日新月异的今天,说不定在某一天你收到了毕业多年的学生寄来的一个完美答案。而其不懈努力、刻苦钻研的动力也许就是因为你没有给他一个完美的答案!

（3）无限离散型　如[例4],在设计计分规则时,可以对不同名次赋予不同的分值计分;可以对破纪录的分值经过各种变换后进行计分;可以用不同手法矫正特殊情况下的不合理因素;可以对各种不同现象进行不同的奖励加分或惩罚扣分等等,答案无穷无尽。对这类问题的解答,通常是将其答案作适当的分类,对每类答案列出典型的一种解法(这相当于现代数学中,用作商集的方法研究某种结构)。

（4）无限连续型　如[例6],降雨量的量具,其形状类型是有限的几种,但由于各几何量的连续变化可显现出无穷的答案,比如同样是一个倒圆台形的量筒,上口径、下底半径的大小和高的大小等均可连续变化,描述这样变化的数学手法是引进参数。

2.问题的设问方式

一个问题能否适用于课堂教学,很大程度上取决于这个问题采用怎样的设问方式,因此在研究问题中,时常要修改问题的设问方式。在大多数情况下,调整问题的设问方式是出于以下几种考虑:

（1）把握问题的开放度　课堂教学一方面受课时的制约,另一方面开放题教学要与常规教学相配合,因此必须适当控制问题的开放程度。如[例2],同一素材可以设问:找出图中的线线、线面、面面的垂直关系,甚至更广泛些,但若考虑配合"面面垂直的性质与判定"以及不要占用太多的课时,那么[例2]的提法是恰当的。

（2）语言的暗示性　解数学开放题常常需要进行非常规的思维,学生在解题过程中极易受问题中暗示性语言的影响,因此在设计问题的设问方式时,也应充分注意到这一点。适当运用暗示性语言,可以启发学生进行合理的思维;而有时无意地使用一些暗示性语言也有可能将学生思维导入歧途。如[例7]在题中给出的四个运算式,暗示着对"0"和"1"的运算性质的应用,起到了启发思维的目的。又把如[例4]的设问方式改成:

[例5-1]　每行成等差数列,每列成等差数列的二维数表叫作等差比数表。

(1)尝试编制一个等差比数表,使各列的公比不全相等。

(2)上述工作对你有何启发?

这种设计的原意是让学生在第(1)题的尝试失败中猜想等差比数表的各列

公比均相等。但对于习惯于常规教学中的学生来说，第(1)题的提法有很强的暗示性，笔者曾用这个提法进行一次教学试验，结果全班没有一个学生意识到这种尝试是徒劳的，因为在传统的教学中，教师从来也不会提无法解决的问题，这种现象值得我们深思！

（3）问题的可发展性　有时对某一素材只局限在一定范围内进行设问，不仅仅是为了把握问题的开放度。如对于[例1]，有的教师认为将它改为以下问题更为完美：

[例1-1]　(1)复数 z 是实数的充要条件是什么？

(2)复数 z 是纯虚数的充要条件是什么？

(3)若将上述"充要条件"改为"充分条件"或"必要条件"，结论有何变化？

这样虽然可以对这一素材进行完整地研究，但问题的余味不浓，而原提法的设计思路将其他问题留给学生自己来提，不但使问题有余味，而且给了学生一个提问题的机会，这也许比解题本身更有意义。——如果我们把看问题的角度不仅仅局限于解题本身（"应试教育"的做法），而从问题的教育性这个角度来说，那么原题的提法更"完美"。

（4）学生的学业水平。针对不同水平的学生，即使是同一素材，也应采用不同的设问方式，提出不同的解题要求，如对于[例4]可以有以下几种不同的设问方式，以适应不同水平的学生。

[例5-2]　（小学水平）观察表 2-1-1，

(1)计算相邻两数的差、积，从这些计算结果中你能发现什么规律？

(2)将第1行的某个数与第1　列的某个数相乘，你能发现什么规律？

(3)还能将表中的什么数相加或相乘得出其它规律？

[例5-3]　（初中水平）表 2-1-1 中的数有什么规律？ 你能用代数式来表达这些规律吗？ 你能写出一个类似的数表吗？

[例5-4]　（高中水平）把 n^2 个数排成 n 行 n 列，使每行成等差数列，每列成等比数列，所组成的 $n \times n$ 数表称为等差比数表。试研究等差比数表有什么性质。

[例5-5]　（大学水平）研究表 2-1-1 中的规律，并写出几张类似的表，这些表有什么共同性质？ 在所有这些性质中哪些是本质的（即可把这些性质看成公理，在这基础上推出其他性质）？ 你能否提出进一步的问题？

3. 问题的教育价值

在问题的研究中不可忽视对问题的教育价值的考虑。开放题教学具有常规教学无法替代的教育价值，与常规教学可以互为补充，因此在考虑问题的教育价值时，除了在数学知识方面要与常规教育相配合以外，更应注意在其他各项数学素质方面的教育价值。如数学观念、应用意识、数学方法和数学交流等方面：

（1）数学观念　一个开放题的解决，常常需要综合运用已学知识，往往更容易诱发学生对某些数字概念的本质进行思考，重组原有的知识结构。比如[例7]，从四则运算训练的角度来说，此题并无多少新意。但是在解题过程中，学生不但要进行各种四则运算，而且为了其运算结果从"$1,2,3,4,\cdots$"这样一直连续下去，就必须发现并反复运用自然数"0,1"的性质：任意数加减 0 等于自身；任意数加 1 等于其后继数；任意数减 1 等于其前列数；任意数乘以 0 等于 0；任意数乘以 1 等于其自身；任意数除以自身等于 1；等等。这种思维过程给学生一个认识自然数的新视点；这种活动有别于解常规训练题，更接近于一般的数学活动，有助于学生建立正确的数学观念，我们在研究问题时要尽量挖掘出问题中所蕴涵的这种教育价值。

（2）应用意识　开放题常常用实际问题作背景，这有助于培养学生的应用意识。比如[例4]直接取材于学生的现实生活，能让学生充分地感受到数学就在自己身边、就在生活中。在研究问题中，我们应该尽量把问题放到实际背景中去，以增强学生的应用意识。另一方面，不定还应注意实际背景的合理性，特别要注意其中的数据是否符合实际情况。

（3）数学思想方法　充分挖掘解题过程中所蕴涵的数学思想方法，显然是发挥开放题教育价值的一个主要方面。比如在[例1]中辩证地运用等价交换与不等价交换；在[例3]和[例5]中运用归纳、猜想、证明的方法；在[例7]中运用枚举法等等。对这方面的研究在常规的解题研究中也非常丰富。

（4）数学交流　开放题可以激发学生进行数学交流的内部动机。每个学生都迫切地希望别人了解、承认自己对问题的新发现、新看法、新见解。教师应特别注意问题本身对数学交流的影响，注意问题中使用数学语言的特征（符号、文字、图表），创设最佳的交流环境，以利于学生进行数学交流，在数学交流的过程中，锻炼学生驾驭数学语言的能力。

总之，数学开放题的教育价值涉及数学素质教育的各个方面，教师必须首先转变观念，才能充分挖掘问题中所蕴涵的教育价值。

第二节　教学过程的设计

在深入研究问题的基础上，对问题已有比较全面的认识，接下来就是如何设计课堂教学过程，即教案的设计。相对来说，教学过程的设计工作比问题研究的工作要容易些，但仍必须坚持在正确的教育观念指导下进行，这主要表现在对以下几个关系的处理上：

一、正确处理几个关系

1. 教师与学生的角色关系

一种流行的提法是必须坚持以教师为主导，学生为主体。听说曾经有一位香港学者向内地学者发问，这种提法中，究竟是以教师为主还是以学生为主？对这个问题我们在此不作理论分析，只想用两个形象的比喻来说明：

如果把课堂教学比作一首交响乐的话，那么演奏这首交响乐的演员不是教师，而是学生，但是乐队必须在指挥的协调下才能奏出和谐的乐曲，这位指挥就是教师。指挥和乐队的共同合作才能演奏课堂教学这一交响乐。按照这种比喻，我们不妨把教师的备课工作比作谱曲工作：主旋律是什么？什么时候引进不和谐音引起矛盾冲突？怎样使矛盾展开并发展下去？怎样使乐曲的演奏难度符合每个乐手的技术水平？所有这些问题都是教师在备课中需要认真思考的。

如果把课堂教学比作一场电视游戏节目，那么参加游戏的不是教师，而是学生。教师是节目主持人，游戏规则由主持人规定，游戏进程由主持人掌握，但主持人不参加游戏。这台节目的明星不是主持人，而是"特邀嘉宾"，参加游戏的也是这些明星，整个节目的成功与否取决于这些明星的表现。主持人必须根据每个明星的特点，努力诱发他们的创作灵感，才能把节目做得精彩。

2. 课堂教学中学生全体与个体的关系

开放题为每一位学生提供了按自己的意愿和方式进行学习活动的空间，这就能充分发挥学生的学习主动性，真正使每一位学生参与课堂教学活动。但是毕竟课堂是在教师引导下进行的一种集体活动，需要相对地统一学生个体的活动，否则就不成为课堂。这就需要教师正确处理学生全体与个体的关系，认识两者间的辩证统一关系。在教案设计中，教师应根据问题的特点，精心设计学生个别学习与班级交流的时间与时机，通过班级交流使个体的合理想法成为全体的想法，同时纠正一些个体的不合理想法。

在班级交流中，教师的意见往往是权威性的。教师必须慎用权威，切不可为了课堂的统一性而滥用权威，即使对学生的错误想法，也应努力使其想法中的矛盾因素显化，从而让学生自己发现错误。

3. 认知与元认知的关系

数学开放题给发展学生的元认知创造了有利条件，教师切莫错过这一难得的教学时机。在教学中应时常引导学生"内视"自己的思维，了解当前的活动对解决问题起什么作用；了解数学开放题的学习对提高自身的数学水平起什么作用。前者可以培养学生对学习过程的认知和监控能力,而后者对成绩优秀学生尤为重要。我们在实践中常常发现有些平时考试成绩不错的学生,对数学开放题的兴趣反而比不上一些差生,通过与这些学生的个别谈话才了解到:他们认为数学开放题有时候只是"玩玩而已",对提高考试成绩无补(特别是一些对知识要求不高的开放题)。这里存在一个"数学学习观"的问题:在学习目的上这些学生认为学习数学只是为了通过考试,因而在学习方法上他们只注重知识的积累。他们学习很努力,考试成绩也不差,但往往不是班里的数学尖子.如果不在元认知层次上进行发展,树立正确的数学学习观,他们的数学成绩很难更上一层楼。

4. 智力因素与非智力因素的关系

兴趣、意志、情感等非智力因素在教育中的地位和作用已日益被受到广泛的重视,数学开放题教学也不例外。由于这方面的论文已越来越多,在此就不再赘述。

5. 课内学习与课外学习的关系

大多数开放题不能在一堂课内彻底地解决,特别是那些发展性很强的问题,因此常常会把一个问题延续到课外。教师在备课中不但要设计课内的学习,还应考虑如何将问题延伸到课外,如何进行课外指导。这种延伸应该是学生自发的一种需要,而不是教师强加的课外作业。

二、教案设计中的几个重要工作

处理好以上几个关系,教案设计有了正确的思想指导,就可以着手教案设计的具体工作,其中重要的几个工作有:

1. 对学生的思维过程作大致的估计

思维的起点是什么?思维的可能方向有哪些?思维链中的关键点是什么?对学生不易想到但对问题解决至关重要的思路应如何引导启发?所有这些问题都必须做到心中有数,有备无患。

2. 对课堂结构作总体构思

对大多数问题可用"展示问题—研究问题—小结"这一模式来组织课堂结构。有时问题是逐步展开的,可循环运用上述结构,即:

无论用怎样的课堂结构模式,都必须注意要让学生充分地理解题意,有充裕的时间思考。此外,小结是诱发学生产生顿悟,使认知结构产生质的飞跃的重要步骤,也必须有时间保证。这样在课堂教学时间上的合理安排非常重要。这一方面要求教师使用语言精练到位,在时间控制上精打细算;另一方面,这也与前文所论述的控制问题的开放度、问题的设问方式等问题密切相关。

3.选择适当的教学方法

教无定法,开放题的教学方法也是丰富多彩的。但总结起来大致有:个别学习、小组学习、班级交流、教师讲授等几种模式,在一堂课中,以上几种模式一般是交替使用的。其中班级交流又有以下几种形式:

(1)竞赛式   这种形式对低年级学生特别有效,它能激发学生的学习热忱,竞赛形式还可细分为分组对抗赛、擂台赛、抢答赛等不同形式。

(2)成果发表式   这种形式适用于各种答案无优劣之分的问题。学生把自己找到的答案用各种形式向全班发表,也可把每个答案用发表者的姓氏命名以资鼓励。

(3)质疑答辩式   这种形式适用于较高年级和有一定难度的问题,让学生在争辩中逐渐深化认识。

教学不仅是一门技术,而且也是一门艺术,无论教师上课前如何充分准备,在课堂上仍会出现始料未及的情况。这就要求教师努力提高自身素质,才能在课堂上发挥教学机智,以处理各种偶发事项,这一点在数学开放题教学中尤为重要。

总之,在数学开放题的教学设计的各个工作环节中,都必须在"素质教育"的教育观念指导下进行。一方面,数学开放题只有在素质教育的土壤中,才能生根发芽并开出缤纷绚丽的花朵,结出丰硕的果实;另一方面,数学开放题必将在推进素质教育的过程中作出其应有的贡献。

第三章

数学开放题与双基相结合

我国中小学数学教学历来强调"双基",具有重视基础知识教学、基本技能训练和能力培养的传统,这也是我国中小学数学教学取得成功的重要经验。我国的新世纪数学教学应当发扬这种传统。与此同时,随着时代的发展,特别是数学的广泛应用、计算机技术和现代信息技术的发展,数学课程设置和实施应重新审视基础知识、基本技能和能力的内涵,形成符合时代要求的新的"双基"。例如,为了适应信息时代发展的需要,高中数学课程应增加算法的内容,把最基本的数据处理、统计知识等作为新的数学基础知识和基本技能;同时,应删减繁琐的计算、人为技巧化的难题和过分强调细枝末节的内容,克服"双基异化"的倾向。

那种把我国当今教育中出现的一些弊端完全归罪于"强调双基"的观点难免有失偏颇,但不适当地强调"双基"是不是在其中起着推波助澜的作用,也是我们必须认真思考的问题。

在今年进行的义务教育段课程标准的修订工作中,教育部提出了要正确处理好五对关系,其中第一对关系就是"掌握基础知识、基本技能与培养创新精神、实践能力的关系",强调了"双基"与"创新"的一致性。在如何正确处理好"双基"与"创新"的关系问题上,我国数学教育界正在努力探求一个平衡点。这里试图论述这样一个观点:"开放题与双基训练相结合,可以成为双基与创新的一个平衡点。"

第一节 开放题与双基训练相结合的意义

一、开放题引入我国,其初衷是为了促进数学教育的开放化与个性化

《中小学数学开放题丛书》的序中明确指出了引入开放题的目的:"目前的中

小学教学教材中习题基本上是为了使学生了解和牢记数学结论而设计的,在这种情况下,学生在学习过程中产生了以死记硬背代替主动参与,以机械方法代替智力活动的倾向,不利于学生创新精神的培养。为了改变这一情况,使数学教育适应时代的需要,我们选择数学开放题作为一个切入口,希望通过开放题的引入,促进数学教育的开放化与个性化,特别是有利于学生创新精神的培养和实践能力的形成。"

二、开放题在我国的发展不可避免地与双基相结合

"双基训练"与"开放题"原本是两个互有交叉的概念(图 3-1-1)。在我国,过去很长的一段时间内,单一的封闭题训练长期统治着中小学数学教学,使得这种双基训练的缺陷日益显现出来(图 3-1-2)。开放题在中国从一开始就不可避免地与双基训练相结合,与双基训练联系较少的开放题在现阶段的中国还是很难形成气候的。现阶段的开放题只是打破了长期封闭题"一统天下"的局面(图 3-1-3)。但是,仅仅是这一小小的进步,就已经对数学教育改革产生了巨大的影响。我国的中小学数学课堂能否完全接受那些只对学生的"情感"、"态度"有影响而对"双基"影响甚微的开放题,人们将拭目以待。

图 3-1-1   图 3-1-2   图 3-1-3

[例 1] 在平面上确定四个点,使得度量各点两两间的距离的结果只有两个不同的数。

这是一个流传很广的问题,最初是由美国 *Mathematical Activities—A Resource Book for Teachers* 翻译而来,在我国首次介绍该题的是在《中学数学问题集》一书中(上述的问题表述就是引用该书的),我在《数学开放题:数学教学的新模式》一书的第三章"数学开放题及其分类"中改变了这个问题的表述:

[例 1-1] 图 3-1-4 是一个非常优美的几何图形,除了线段比例、对称等方面的独特性质外,它还有一个不太被人注意的性质,这就是在图中的 A,B,C,D,E 五个点中,每两点之间的距离不是等于正五边形的边长,就是等于正五边形的对角线。也就是说,这五个点之间只有二种长度的距离(此时我们称这五个点具有二种距离)。试研究平面上具有二种距离的四个点。

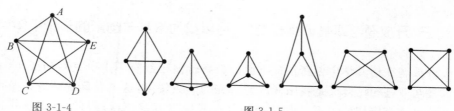

图 3-1-4　　　　　　　　图 3-1-5

同时书中指出本题还可进一步发展出以下各种问题：

(1)各个图中的二个距离之比是多少?

(2)试研究平面上具有三种距离的五个点；

(3)试研究空间具有二种距离的四个点；

(4)试研究空间具有二种距离的五个点。

某个中学数学网站(http://www.fx.edu.sh.cn/zonghe/zhongshu/xitijc/xtjckft01.htm)转载了这道题,也稍稍修改了问题的表述：

[**例 1-2**]　图 3-1-4 是一个非常优美的平面图形,除了线段比例、对称等方面的独特性质外,它还有一个不太被人注意的性质,这就是在图中的 A,B,C,D,E 五个点中,每两点之间的距离不是等于正五边形的边长,就是等于正五边形的对角线。也就是说,这 5 个点之间只有两种长度的距离(此时我们称这 5 个点具有两种距离)。

(1)试研究平面上具有两种距离的 4 个点,设想各种可能的图形并画出来,并计算两种距离的比；(此问适合初三学生)

(2)试研究空间上具有两种距离的 4 个点,设想各种可能的图形并画出来,并计算两种距离的比。(此问适合高二、三学生)

这里的"计算两种距离的比"是一个"寄生"于开放题中的双基训练封闭题,这个中学网站把这道题进行这种改编,显然是重视挖掘这个问题情境中双基训练价值的结果。这样的双基训练,改变了以往双基训练题单一的、枯燥乏味的形式,让学生在一个比较有趣的问题情境进行双基训练,当然也是对双基训练的一种改良。

以上不惜大量篇幅展示这同一个问题的不同表述,目的是为了让我们可以从中看出一道国外开放题"中国化"的过程,这个过程就是强调其双基训练价值的过程。对于这样一个本身与双基训练不太密切的问题,我们也会让其"寄生"一些具有双基训练价值的封闭题,那么其他一些与双基训练有内在联系的开放题可以在我国大量地被创作出来当然是再自然不过的事了。这也就形成了我国开放题研究所特有的一道风景线。

三、开放题与双基训练相结合,可以成为双基与创新的一个平衡点

开放题在培养学生创新精神方面的教育价值已经有不少研究得到证实,而开放题与双基相结合又是我国开放题研究的一大特点,这与我国的传统以及考试文化氛围有密切的关系。既然开放题在我国不可避免地要与双基训练相结合,那么,我们何不顺水推舟,让开放题成为"双基"与"创新"的一个平衡点?(当然这也不是唯一的平衡点)

第二节 开放题与双基训练相结合的几种形式

顺水推舟也得"推",不等于放任自流。否则,开放题也很难成为"双基"与"创新"的一个平衡点。让我们再来考察一下开放题与双基训练相结合的几种形式:

一、与双基训练有内在联系的开放题

在我国数学开放题的研究过程中,创作出了不少与双基训练有内在联系的开放题,这些开放题与双基训练的关系主要有以下几种形式:

1. 开放题为操练基本技能提供新情境

[例 2] 允许使用任何数学符号,把 0,1,2,3 四个数字组成一个算式,使运算结果为尽可能小的正数,试写出三个你能想到的三种数或算式,并比较其大小。附加规定:(1)不允许使用像 π 这种表示常数的字母(这些也是数字——表示数的字);(2)除括号、乘方以外,每种符号至多只能用一次。

比较两数大小要用到各种函数性质和不等式证明的方法与技巧,是比较常见的常规双基训练题。例如:下列各对数中,哪个更小?

(1)0.123 与 sin0.123; (2)2^{-310} 与 3^{-210}; (3)$[(3^{20})!]^{-1}$ 与 $3^{-210!}$。

但在常规的双基训练题中,这种比较两数大小的问题往往是人为要求的,学生并知道这类题在哪些问题情境有用。在这个问题中的解答过程中不时会遇到这类比较两数大小的问题,虽然问题的情境还不是实际生活情境,只是一个数学游戏情境,但比起硬生生地拿出两个数让学生比较大小来说,要自然、真实得多。在这种新的情境下,学生也更容易在心理上接受这种训练,更愿意投入这种训练活动,可以起到削弱"训练中的疲劳效应"的作用。(有些学生可能根本没有意识

到在进行基础训练,只是在做一个游戏而已)

2. 开放题为理解基础知识提供新视角

[例3]　方程 $x^2y+xy^2=30$,它的一组解 $\begin{cases} x=a \\ y=b \end{cases}$ 可以简记为 (a,b)。

(1)试尽可能多地写出这个方程的整数解;

(2)试尽可能多地找出关于这个方程的整数解所满足的规律;

(3)试设想求出这个方程的所有的整数解的解题方案。

二元方程的解本质上是一有序实数对。当然对于初中生来说,"有序实数对"是一个相当抽象的名词,他们只能通过各种实例来理解支撑这个概念。但是,上述这类问题,本质上是不定方程的整数解问题,这超出了课程标准的基本要求,所以学生在"解二元方程组"的基础训练中,没有机会接触这类问题情境,有些学生往往由于没有各种不同视角的例子来支撑而造成对这个概念理解上的片面性。通过"解二元方程组"的强化训练,有些学生会认为像 $x+y=1$ 这类只有一个方程的二元方程无法解,甚至认为这种方程"没有解"!但是,对于这个概念理解上的片面性将会影响解析几何中"方程与曲线"的概念。

在这道开放题中,把"不定方程的整数解问题"弱化解题要求,使其成为符合课程标准基本要求的问题,同时也给学生创造了一种理解"二元方程的解"这一概念的一种新视角。

3. 开放题为提高思维层次提供新平台

[例4]　钟面上有12个数字,请在某些数的前面添上负号,使钟面上的数字之和为零。

这道开放题可以称得上我国数学开放题的经典之作. 但是起初它只是浙江版的初一教材中的一道习题,教材作者没有把它当成一道开放题来开发。显然,当时教材作者只是把它当作一个"正负数代数和运算"的训练题。戴再平先生把它开发成一道数学开放题,在学生随意写出一些答案后,要求"尽可能多地写出各种答案"。并进一步研究各种类似的问题:

[例4-1]　能否改变钟面上的数,比如只剩下 6 个偶数,再按例 4 的要求来做。

[例4-2]　请试着改变例 4,使它更加有趣一些,比如:哪些时间里分针和时针所夹的那些数的前面添加负号,钟面上的各数的代数和为零。

[例4-3]　在解答上述各题的过程中,你能总结出一些什么规律?

这样一来,这道题的思维训练的层次就提高了很多,而不只是单一的"正负数代数和运算"的训练了。

4.开放题为双基与时俱进注入新内涵

[例5] 要把一张 10 元面值的人民币兑换成零钱,现有足够多的 5 元、2 元、1 元的人民币。试尽可能多地写出各种不同的兑换方法。

本题实质上也是一个不定方程的自然数解问题,对于没有经过竞赛训练的学生,没有这方面基础知识准备,只能用列举的方法来解答。列举法对于面值较大的兑换问题就会变得枯燥无味,但是如果用电脑编程解决,就比较有趣了,下面是解决这类问题的一个 BASIC 程序:

```
1   INPUT  PROMPT  "请输入需要兑换的钱数(以元为单位,10 元的整倍数)":QS
    IF  INT(QS/10)<>QS/10  THEN  GOTO  1
    LET  N=0
    LET  X5=INT(QS/5)
    LET  X2=INT[(QS-5*X5)/2]
    LET  X1=QS-5*X5-2*X2
    FOR  I=0  TO  X5
      FOR  J=0  TO  X2
        PRINT  "(";X5;  ",";X2;  ",";X1;  ")",
        LET  N=N+1
        LET  X2=X2-1
        LET  X1=X1+2
      NEXT  J
      LET  X5=X5-1
      LET  X2=X2+int[(X1+5)/2]
      LET  X1=X1+5-2*int[(X1+5)/2]
    NEXT  I
    PRINT
    PRINT  "共有";N;"种不同的兑换方法"
    END
```

在传统的"双基"观念下,这类问题与解决方案往往会受到质疑,但如果用"与时俱进"的、发展的"双基"观念来审视这类问题与解决方案,结论就不同了。有些开放题常常会引发这种类似争论,这是一件好事。它有助于我们重新审视原有的"双基"观念,使其紧跟时代发展的步伐,为"双基"注入符合时代发展的新内涵。

二、从双基训练的封闭题改编而来的开放题

1. 开放题使双基训练的起点低层化，让学生更容易进入数学活动

[例6]　现有 12 名旅客要赶往 40 千米远的一个火车站乘火车，离开车时间只有 3 小时，他们步行的速度是 4 千米每小时，单靠步行肯定是来不及了。现在唯一可以利用的交通工具是一辆小汽车，但这辆小汽车每次只能运送 4 名乘客。已知小汽车的速度为 60 千米每小时，试设计一种方案使 12 名旅客在这辆小汽车的帮助下能赶上火车。

这是一道传统的封闭题，它的解法对普通的初中学生来说是不太容易想到的：

小汽车先把 4 名旅客送到中途某处后让他们下车步行（此时其他 8 名旅客也一直在步行）；接着小汽车回来再送 4 名旅客追上前面的 4 名旅客后也让他们下车一起步行，最后回来接剩下的 4 名旅客到火车站。适当选取前二批旅客的下车地点，可以使小汽车与前面 8 位旅客同时到达火车站。在整个过程中，每一位旅客不是在乘车就是在步行，没有一名旅客在原地浪费时间，所以是一种最省时的方案。下面我们来计算用这种方法需要用多少时间：

设小汽车送第一批旅客行驶 x 米，让他们下车步行。此时其他旅客步行了 $\frac{x}{15}$ 千米，两批旅客之间相差 $\frac{14x}{15}$ 千米。在以后的时间里，两批旅客之间的距离保持不变，小汽车在中间每来回一次所用时间为（这可以看成顺水逆水问题）$\frac{\frac{14x}{15}}{60}+\frac{\frac{14x}{15}}{60}=\frac{x}{32}$ 小时。而小汽车来回两趟所用的时间恰好是第一批旅客步行 $40x$ 千米的时间，由此列出方程解得 $x32$（千米）。因此所需总时间为 $\frac{32}{60}+\frac{40}{4}\approx2.53$（小时）。

还有大约 28 分钟的空余时间，这足以弥补前面所忽略的旅客上下车的时间。

如果将其改编成一道开放题：

[例6-1]　现有 12 名旅客要赶往 40 千米远的一个火车站乘火车，离开车时间只有 3 小时，他们步行的速度是 4 千米每小时，单靠步行肯定的来不及了。现在唯一可以利用的交通工具是一辆小汽车，但这辆小汽车每次只能运送 4 名乘客。已知小汽车的速度为 60 千米每小时，试设计几种不同方案，并计算这 12 名旅客在这辆小汽车的帮助下能不能赶上火车？

这样就降低了思维的起点,让更多的学生能够顺利进入数学活动。其实,教学经验表明,大多数对数学学习有困难的学生,主要是无法进入真正的数学活动,看到数学就头疼,在心理上排斥数学。这种排斥心理是否对长期接受类似的超出其能力水平的封闭训练题有关? 我们当然不能武断地下结论,但至少对这道题而言,如果学生能够真正进入数学活动,随着这种数学活动的深入,大多数学生还是有可能找到上面这种解法的。

2. 开放题使双基训练的终点模糊化,让学生有机会进行数学创新

[**例 7**] (2001 年浙江省杭州市中考数学试题)如图 3-2-1,⊙O 与⊙O_1 外切于点 T,PT 为其内公切线,AB 为其外公切线,且 A,B 为切点,AB 与 TP 相交于点 P,根据图 3-2-1 中所给出的已知条件及线段,请写出一个正确结论,并加以证明。

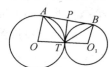

图 3-2-1

本题是由一道封闭性的几何证明题改编而来的,原题是在同一条件下求证:$PA \cdot PB = OT \cdot O_1T$,对于这道证明题,学生一时找不到思路时可能就会选择放弃,这不利于学生进入数学活动。若隐去求证的结论改编成开放题,不仅降低了思维的起点,学生还可以适合自己的能力水平找出各个不同的结论,而且同时也模糊了求证的终点,为学生创新出各种新的结论提供机会,为学生表现个人的创新能力提供舞台。

3. 开放题使双基训练的目标综合化,让学生在其中锻炼综合素质

[**例 8**] 现有含盐 15% 的盐水 20 克,含盐 40% 的盐水 15 克,另有足够多的纯盐和水,要配制成含盐 20% 的盐水 30 克。

(1)试设计多种配制方案;

(2)如果要求尽可能多地使用现有盐水,应怎样设计配制方案?

本题选自《初中数学开放题集》(p.122),显然这是由传统的"浓度问题"训练题改编而来的,改编中规定了两种浓度溶液的上限(这个上限的设置是精心安排的,让问题只用这两种溶液无法配制出符合条件的浓度),另外再增加足够多的纯盐和水形成过剩条件,而使解答呈现多样化。从双基训练的角度看:无论哪一种方案,都要通过列二元一次方程组解出具体的用料比例,也就是说,学生在解答本题的过程中,在不断地操练"列二元一次方程组解应用题"这一基本技能。

但这道开放题还有更具综合性训练的目标:在列方程时首先要对过剩条件进行取舍;在设计最优方案时,需要运用"局部调整"的解题策略;在尝试只用两种已知溶液的配制方案时,需要对计算结果进行检验;等等。因此,其训练的目标更加综合化,学生可以在这道题的锻炼各方面的综合素质。

2001年11月,由课题组和杭州江干区教研室共同主办的"全国数学开放式教学研讨会"上有几节观摩课,其中一节观摩课就是用这道开放题做教学材料的。主讲教师在确定这节观摩课的课题时,对书中100多道题进行反复挑选后,最后对这道题情有独钟,这道题与双基训练这种"青出于蓝"的渊源关系是其考虑的主要因素之一。这个事例也反映了我国中学数学教师对数学开放题的价值取向中对双基训练的要求。

三、"寄生"在开放题中的双基训练封闭题

前面已经举过一个这样的例子(例1),这种将双基训练题"寄生"在开放题中的手法,有时候难免让人感到有点牵强,但与单纯的双基训练题相比,还是有其优越之处的。这里我们再举几个例子说明这种"寄生"在开放题中的双基训练封闭题与普通的双基训练封闭题的区别:

1.双基训练"寄生"于开放题中,使双基训练获得真实的问题情境

[例9] 一批水果被包装在9个同样大小的立方体纸板盒内。现要临时堆放在一个保存条件不太理想的场所,经验表明,堆在外面的和底层的水果更易变质。为减少损失,要将这9个立方体堆放成表面积尽可能小的形状,试设想各种可能的形状,并计算、比较其表面积的大小。

组合体的表面积、体积计算在传统的双基训练中历来被看作能力型的训练题。这种训练题如果能"寄生"在这样的开放题中,使其获得真实的问题情境,与单纯的直接给出一个组合体要求学生计算其表面积相比,当然更好一些。

2.双基训练"寄生"于开放题中,使双基训练改变枯燥的训练方式

[例10] 已知凸多面体满足:(1)各棱长为1;(2)各面为正方形或正三角形。试尽可能多地设想同时满足这两个条件的凸多面体和各种形状,画出图形并计算其体积。

空间图形的作图、凸多面体的体积计算,这些都是《立体几何》中传统意义上的双基内容,把这些内容的双基训练"寄生"在这道开放题中,与单纯的空间图形作图训练或者体积计算训练相比,改变了其呆板的、枯燥无味的训练方式,使这种训练增加一些趣味性,更易让学生接受。

第三节　应该注意避免的几种倾向

一、开放题的封闭式设问

[例 11]　（2002 年吉林省中考数学试题）将两块完全相同的等腰直角三角板摆放成如图 3-3-1 的样子,假设图形中的所有点、线都在同一平面内,回答下列问题:

(1)图中共有多少个三角形? 把它们一一写出来;

(2)图中有相似(不包括全等)三角形吗? 如果有,就把它们一一写出来。

本题的答案是有限可穷举的,命题者提供的参考答案与评分标准如下:

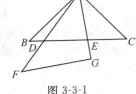

图 3-3-1

解:(1)共有七个三角形,它们是:$\triangle ABD$、$\triangle ABE$、$\triangle ABC$、$\triangle ADE$、$\triangle AEC$、$\triangle ADC$、$\triangle AFC$。…………(3 分)

说明:写错或写漏 1 个扣 1 分,写错或写漏 2 个扣 2 分,漏、错 3 个不给分。

(2)有相似三角形,它们是:$\triangle ADE \backsim \triangle BAE$、$\triangle BAE \backsim \triangle CDA$、$\triangle ADE \backsim \triangle CDA$(或$\triangle ADE \backsim \triangle BAE \backsim \triangle CDA$)。…………(7 分)

说明:①写对一组给 2 分,写对二组给 3 分,全对给 4 分;

②顶点字不对应的可不扣分。

我们注意到,本题在设问的方式上并没有使用在开放题中常见的"试尽可能多的写出……"之类的语言,而是要求"把它们一一写出来"。从严格意义上来说,只要漏写或写错一个都不是对本题的正确回答,幸好命题在评分标准上作了开放性的处理,也有点像习惯上的"分步给分"原则。但在第(1)题中写出 4 个与一个都没有写出同样得 0 分,起点要求比较高。可以说,这是一种用传统试题设计思路来处理开放题,将开放题封闭化的一种做法。我认为这不宜作为开放性试题的典型方式进行提倡。

二、对"平衡点"的形而上学理解

在与同行讨论开放题时,经常会被问及一个问题,这就是"你认为在教学中开放与封闭题应当各占多少的比例才是合适的?"我认为,提出这类问题的原因在于对"平衡点"的形而上学理解.以为事实上存在一个静态的最佳比例。

事实上,这个"平衡点"并不是静止地固定在某一位置,在数学教育改革的不同发展时期,甚至在学生学校生活的各个不同阶段,这个平衡点的位置是不同的,因此任何静态的把握企图就注定是要失败的。随着数学教育改革的发展和学生各项能力的发展,我们注定要在两极之间左右摇摆,在摇摆中寻求一种动态的平衡。

三、开放题的"应试化"研究

考试历来是一把双刃剑。考试中设置开放题,一方面推动了开放题研究以及开放题在中学课堂中的运用,另一方面也极可能把开放题异化为某种模式化的考题。特别是在我国中学界拥有人数众多的应试研究群体,这种倾向并不是杞人忧天,事实上这种倾向已经显露头角。

开放题应试化研究的不良后果主要有:

1. 排斥大量无法改编成考题的开放题;

2. 使开放题模式化,从而失去其原有的鼓励创新的功能。

四、不重视对开放题解答水平的研究

研究开放题的解答水平,是开放题教学评价的一个重要课题。但在"应试化"研究的习惯下,广大教师更关注"如何应付这类考题?"这类问题的研究,甚至很多教研员也热衷于此,而对"如何出好这类考题?"、"如何更科学地制定参考答案与评分标准?"这类问题,一般认为是个别考试命题专家的事。这种研究倾向也就使本来就比较难的开放性试题的命题工作更加艰难。

开放题的解答水平主要体现在解题者能给出多少答案、给出哪些答案。以及怎样给出答案。特别要注意的是,有时并非给出的解答数量越多,解答水平就越高。

[例 12]　怎样的两个数,它们的和等于它们的积?（选自《初中数学开放题集》)

解答①：$(2,2)$，$(\frac{5}{4},5)$，$(\frac{3}{2},3)$，$(\frac{7}{5},\frac{7}{2})$，$(\frac{5}{3},\frac{5}{2})$；

解答②：$(2,2)$，$(0,0)$，$(\frac{7}{5},\frac{7}{2})$，$(3\sqrt{3},3\sqrt{3})$。

比较以上两种解答,虽然从答案数量上解答①比解答②多了 1 种,但是由于

解答②在答案类型上比解答①丰富,而且在解答②中穷尽了本题的所有整数解,因而我们可以认为解答②对本题的认识要比解答①全面,解答水平更高。

笔者在《进入考试的数学开放题》中论述了衡量数学开放题的解答水平的3个指标,转录于此,供研究者参考:

1. 解答的多样性

解案的多样性不仅体现在解题者所给出答案的数量上,更重要的是解题者所给出答案类型的多样性。给出的答案类型越丰富,其解答水平就越高。

2. 解答的完备性

解答的完备性是指解题者能否给出全部的不同答案或答案类型,一般可分成以下几种层次:

层次①:解题者随意的举出一些答案,没有对答案进行哪怕是很不完备的分类。这一层次不具备完备性,解题者并没有在完备性上做出任何努力和成绩,其给出的答案多少只是一个量的问题,没有质的提高。在这种层次上解答,答案个数达到一定的数量后,再增加就没有什么意义了,据此加分就显得不太合理。因此在评分标准中一般可限定一个上限,在多少答案以内每个答案给若干分,超出这个上限后不再从答案数量角度给予加分。

层次②:解题者能够注意到对答案进行分类,但分类并不完备,他能举出各种不同类型的答案,但不清楚是否还有其他类型的答案;这一层次具备一定完备性,解题者在完备性上做出了一定的努力和获得了一定的成绩。

层次③:解题者能够对答案进行了完备的分类,对答案有限可枚举的问题给出了全部的答案(或者给出了一个的"通解"、也可以是一种求出所有答案的"算法"),并有效地证明了所给的是问题的全部答案;对答案结构为其他类型的问题,能证明除给出的答案类型以外,不存在其他的答案类型。这一层次是对问题的最完备的解答。

要特别说明的是,对于给出问题的全部答案类型但并未证明这是问题的全部答案类型的情况,不能认为解题者已经达到第③层次。因为解题者并不清楚除此之外有没有其他答案类型,这与遗漏了一些答案类型的解题者相比,只有量的区别而没有质的区别。

3. 解答的深刻性

解答的深刻性是指解题者能否揭示不同答案之间的一些规律性的东西。例如:在[例12]的解答中,从深刻性角度可以有以下几种层次:

层次①:像上述两种解答那样直接给出本题的一些解答,这一层次不具备深刻性。

层次②：给出本题的一个通解$(\dfrac{a+b}{a},\dfrac{a+b}{b})$，这当然具有一定的深刻性。

层次③：运用不同的解题方法给出本题的三种形式的通解：

- 运用"归纳，猜想，证明"的方得到通解$(\dfrac{a+b}{a},\dfrac{a+b}{b})$；

- 运用"主元思想"：设这两个数分别(a,x)，由条件知$a+x=a+x$，解这个方程得通解$(a,1+\dfrac{1}{a-1})$；

- 运用"韦达定理"知，所求两数为一元二次方程$x^2-tx+t=0$的两个根，据求根公式得通解：$(\dfrac{t+\sqrt{t^2-4t}}{2},\dfrac{t-\sqrt{t^2-4t}}{2})$；

能运用多种方法等到不同形式的通解，其深刻性显然优于层次②。

层次④：在层次③的基础上说明三种通解的一致性，并从解答的优美性考虑把三者统一表述为$(1+x,1+\dfrac{1}{x})$：当$x=\dfrac{b}{a}$时，这就是第一个通解；当$x=a-1$时，这就变成了第二个通解；当$x=\dfrac{t+\sqrt{t^2-4t}-2}{2}$时，这就是第三个通解。

［例 12-1］（2002 年陕西省中考试题）王老师在课堂上出了一个二元方程$x+y=xy$，让同学们找出它的解，甲写出的解是$\begin{cases}x=0\\y=0\end{cases}$，乙写出的解是$\begin{cases}x=2\\y=2\end{cases}$，你找出的与甲、乙不相同的一组解是_____。

本题是根据例 12 改编的一道试题。该题的命题者提供的参考答案是：

如：$\begin{cases}x=3,\\y=\dfrac{3}{2};\end{cases}$　或$\begin{cases}x=\dfrac{1}{2},\\y=-1\end{cases}$；　$\cdots\begin{cases}x=m,\\y=\dfrac{m}{m-1}\end{cases}$　$(m\neq 0,1,2)$

显然评分标准并没有考虑解答的不同水平层次。

第四章
进入考试的数学开放题

随着教育改革的深入发展和素质教育的进一步实施,数学开放题的教育价值已被越来越多的数学教师所认同。新的国家课程标准中已为数学开放题在中学数学教育中争得一席之地,这是我国数学教育改革的一大进步,它打破了传统封闭题长期一统天下的现状,这必将为在数学教育中实施素质教育,促使数学教师培养学生的创新精神和创新能力产生巨大的影响。

在我国这个具有上千年考试传统的社会中,考试已不仅仅是教育内部的问题,而是已经成为与整个社会密不可分的文化内容。可以这样说,在学校的各种教学环节中,考试的社会影响力是最大的。无论是教育行政、教师、学生,还是学生家长与社会,都非常关心考试。因此,如果说数学开放题进入国家课程标准和教材,这标志着其教育价值得到我国数学教育界的肯定,那么,数学开放题进入考试,就标志着数学开放题引起了社会的关注。

第一节　概况与意义

让我们先对数学开放题在我国进入考试的短暂历史作一个回顾。

一、迎接新世纪的萌芽期

数学开放题在考试中的尝试,这可以追溯到 20 世纪 90 年代。我们在《初中数学开放题集》一书的编著过程中,搜集了这 10 年间的一些中考、竞赛试题,其中虽然偶有几道数学开放题,但这样的试卷寥寥无几,收入该书的数学开放题仅仅只有 7 题。虽然这 7 道开放性试题并不是 10 年间的所有中考、竞赛试卷中出现的数学开放题的全部,但可以肯定在这个时期中,数学开放题在考试中的出现只是零星的现象,是在没有相应的理论指导下的偶然的不自觉行为。

这 7 道开放性试题中最早的一题是：

[**例1**]　（1992 年山西太原市中考试题）已知 $\odot O$ 内切于四边形 $ABCD$，AB $=AD$，连结 AC,BD。由这些条件：

（1）请画出本题的图形；

（2）你能推出哪些结论？

（要求：绘出工整的图，不写画法，图中除 A,B,C,D,O 外，不再标注其他字母，不再添任何辅助线，不写推理过程，推出 5 条结论给满分。）

值得注意的是，这道题在 4 年后不作任何修改地又成为 1996 年宁夏回族自治区的中考试题。从这种现象至少可以看出：

第一，在这一时期，数学开放题以其本身所固有的价值，在没有借助其他行政力量等外在因素的干预下，已经得到某些考试命题人员的关注，并开始了一些尝试与探索。当然这些尝试与探索，无论在数量上，还是在理论认识上都不能说明数学开放题在考试中已经取得多少地位；

第二，当时现有的数学开放题的数量很少，考试命题人员在编制开放性试题中又缺乏相应的理论指导，困难重重，这就导致了同一道试题在不同年份出现在两地的中考试卷中。这种用现成中考试题作为考题的现象在中考这样的大型考试中应该忌讳，命题人员显然是不得已而为之。

与中考相比，对中学数学教育改革影响范围更大、更深远的全国高考试卷，在这十年间只有在 1998 年出现过一道分值比例只占整张试卷的 2.7% 的一道数学开放题：

[**例2**]　（1998 年全国高考试题）如图 4-1-1，在直四棱柱 $A_1B_1C_1D_1$ - $ABCD$ 中，当底面四边形 $ABCD$ 满足条件_____时，有 A_1C $\perp B_1D_1$（只填一种正确条件即可）。

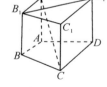

图 4-1-1

该题的难度不大，分值又小，开放度也很低。虽然在当年被作为一个高考新题型的信号引起一定的关注，但由于在接下来的几年内并没有类似高考题出现，因此，其对中学的影响也不是很大。这个时期的高考每年都要尝试一些新题型，显然，出现这道开放题也只是一种偶然现象，并不是在高考中倡导数学开放题的自觉行为。

值得一提的是，在这个时期，在高考、中考试卷中大量出现的结论不明显的所谓"探索性问题"、"猜想—证明类问题"，被很多中学教师称作"开放题"进行研究。这种对"数学开放题"概念泛化的现象，一方面对倡导数学教育的开放化作出了一定的贡献，在当时壮大了数学开放题的研究队伍，为数学开放题进入考试也作了一些铺垫和准备；另一方面，也在一定程度上阻碍了数学开放题进入考试的进一步发展。

如果我们把审视这一时期的镜头从"数学考试"这个近镜头拉到"数学教育"的全镜头，我们可以看到，我国对数学开放题的研究也在这个时期逐渐兴起，特别是"数学开放题：数学教学的新模式"被列为全国九五重点课题后，由课题组发起，于 1998 年 11 月在上海金汇学校召开了全国第一届"数学开放题及其教学"学术研讨会，数学开放题逐步成为一个数学教育的研究热点，并一直保持到现在。

我们可以把这个时期称为我国数学开放题进入考试的萌芽期。

二、世纪之交的发展期

中国考试文化的背景决定了任何一种教育改革必须有相应的考试制度改革相协调，否则改革就不可能成功。正是鉴于这种认识，我们国家借用行政力量，在各类考试中倡导运用开放性试题进行考试，教育部在 2000 年 3 月发布的《关于 2000 年初中毕业、升学考试改革指导意见》中明确指出："数学考试应设计一定的结合实际情境的问题和开放性问题"。教育部在其下发的文件中明确提出要求在考试中设计某一类题型，这从新中国成立以来还是第一次。这也从一个方面说明了数学开放题的教育价值被得到重视的程度。

为推进中考改革，从 1999 年中考开始，教育部基础教育司组织北京师范大学、华东师范大学等单位专家每年都进行"中考试卷与考试管理"的评价。以下是 2000 年至 2002 年的几个评价报告中对数学开放题的一些评述：

• 《2000 年长江以南初中毕业、升学考试数学试卷评价报告》指出"与 1999 年长江以南地区的中考试题相比，在 2000 年的中考命题中，80％左右的试卷有 10 分左右的开放题，而且普遍使用了探索题"。认为这是"与 1999 年比较的主要突破"之一。

• 《2000 年长江以北初中毕业、升学考试数学试卷评价报告》中也认为"加强探索、开放，培养创新能力"是长江以北各地区 2000 年中考数学试卷命题的普遍特点之一。认为"这类试题中还出现了一些颇有新意的开放题，试题不拘常规，留给考生较大的发挥和创造的空间，成为 2000 年试题的亮点。"

• 《2000 年浙江省各市数学中考试卷质量评价报告》指出："全省试卷中多数都遵照《关于 2000 年初中毕业、升学考试改革指导意见》的要求，设计了数学开放性问题，杭州卷出了 3 道，当即有媒体进行报导，引起了社会广泛的重视。宁波卷、金华衢州卷设计了结合现实情景的开放性问题。这些试卷都把开放性问题作为考查和培养学生创新精神的切入口。"认为"对开放性问题的设计进行了探索"是 2000 年全省中考试卷改革的四大特点之一。

• 《2001 年全国初中毕业、升学考试数学试卷评价报告》指出:"近几年来,各地都注意了数学课程评价问题,作了各种有意义的探索与改革,一个突出的变化就是人们普遍感到开放性、探索性试题确实有利于考查学生的思维能力与创新意识。因而越来越受到各地中考数学考试的关注和重视。"

• 《2001 年浙江省初中毕业、升学考试数学学科评价报告》赞赏试卷重视创新能力的考查时指出:"试卷中不乏有创意的开放性问题、探索性问题和考查阅读理解能力的题目。这些对培养学生的创新精神和探究能力有重要的作用。"

• 《2002 年浙江省初中毕业、升学考试数学学科评价报告》指出:"今年的开放题出现有向基础问题靠拢的趋势,一般问题背景较简单,知识要求不高,但提供思维空间宽阔,有利于学生自我发挥,反映考生的创新意识。"

特别值得一提的是,在 2002 年的全国高考文科数学试卷中,最后一道压轴题也出现了开放性试题。如果联系到高考对全国教育的影响力,其改革的指导思想是"稳步求变"这一事实,在 2002 年不但引进数学开放题,而且将其作为解答题的压轴题出现,就更加难能可贵了。

"青山遮不住,毕竟东流去。"可以这样说,以教育部 2000 年 3 月发布《关于2000 年初中毕业、升学考试改革指导意见》为标志,我国"数学开放题进入考试"的进程在世纪之交已经步入了一个崭新的发展时期。

三、为迎接数学开放题进入考试的成熟期而努力

这几年的实践表明,把数学开放题引入数学考试远远比把其引入课堂困难得多。这些年的实践中所暴露出来的问题也是显见的。让我们再来看看以下的几个中考试卷评价报告所提出的问题:

• 《2000 年长江以南初中毕业、升学考试数学试卷评价报告》在"需要进一步探讨的问题"中提到"试题的创新问题",指出:"主要表现在命题成员对题型的研究不够。一方面,对现有的题型的结构和功能缺乏研究,以至于不能创造性地利用已有的题型设计试题。教育部的《指导意见》明确指出'应设计一定的结合实际情境的问题和开放性问题',但有些试卷中明显缺少开放,有的混淆了开放题和探索题,随意加上'是否'两字,似乎进行了

改革。……此外陈题的倾向必须引起足够的重视。"

● 《2000年浙江省各市数学中考试卷质量评价报告》把"进一步理解和探索开放性试题"作为对改革中考命题的建议的第一个提议,指出:"从某些地市提供的试卷分析来看,把一般的讨论题和问答题都看成开放试题,这种将开放题过于泛化的观点是值得商榷的。数学开放题虽非为有明确定义的数学名词,但其描述性界定宜指那些'答案不唯一,并在设问方式上要求学生进行多方面、多角度、多层次探索的数学问题'为好。各地对应怎样贯彻教育部关于初中毕业、升学考试改革中应设计一定的开放性问题的要求,需作进一步的理解和探索。"

● 《2001年浙江省初中毕业、升学考试数学学科评价报告》指出:"教育部已明确指示初中毕业、升学考试改革中应有开放性问题,但我省仍有个别市的试卷没有出现。"

● 《2002年浙江省初中毕业、升学考试数学学科评价报告》在关于开放题的看法与建议中指出:"要进一步提高编制开放题的技巧。命题编制后,要进行换位思考,即从考的角度来研究答案,不要因为过分开放而引出一些没有实质性意义的答案。……开放题的评分标准要有层次性。对两种实质上一样的答案与不同思路的答案,得分要有所区别,确有创见的,甚至可加分。"

从数量上看,我们综合《中学数学研究》杂志及天津人民出版社、哈尔滨工程学院出版社、北京理工大学出版社共四本2001年中考数学试卷专集,剔除重复,有颁布在31个省自治区的(缺港、澳、西藏)54份试卷(合计1544道题),其中含有开放题的仅有24分试卷(占44%),计29道题,仅占总题量的2%。与2000年相比,含有开放题的试卷比例出现大幅度的下滑。

考察各地试卷中的数学开放题,我们不难发现,无论是命题在设问方式上,还是标准(参考)答案和评分标准上,都存在很多不尽如人意的问题。这虽然与"数学开放题"这一新生事物还未能广泛地被人们所把握有关,我们对此不能求全责备,但我们也应该清醒地认识到:数学开放题进入考试,无论是在理论认识上,还是在实际操作上,都远远没有达到成熟的程度(从另一个角度来说,没有成熟,也就更有活力)。在这个问题上,我们要走的路还相当艰难而又漫长,让我们共同为之努力吧!

四、数学开放题进入考试的意义

为什么要考开放题?这是考试命题人员在设计开放性试题中必须首要明确

的问题。但是在现实中,并不是每一位考试命题人员都对这个问题有一个清晰的认识。从笔者所了解到的情况,考试命题人员中有以下两种不同层次的认识需要研究者引起注意:

1. 不太明确开放性试题的考查目标,只是觉得这是一种教育改革的热点,必有其道理,希望在尝试中进一步体会

这种考试命题人员具有改革的热情,但缺乏对教育改革的深入理解。作为一种认识过程,他们具有深入研究的发展期望并处于发展之中。这种情况的存在对研究者提出的任务是显而易见的。

2. 明确了开放题的教学价值,希望通过在考试中引入开放题,作为一种政策导向,有教学中倡导开放题,打破传统封闭题一统天下的局面

这种认识在现在的教育改革形势下有其一定的历史意义。但由于这种认识并没有从"进入考试的数学开放题"这样一个研究视角来考察问题,并没有把开放题作为试题的固有的价值突显出来。诚然,经过这几年来的研究,开放题在其教育教学上的价值已被广泛认同。但是,如果数学开放题进入考试的目的仅仅在于推动中学的教学中使用开放题,那么一个直接的推论就是:几年后,当中学广泛使用开放题后,开放题作为考试题就完成了其历史使命,没有存在的必要了。这种推论显然是有问题的。因此,我们必须进一步研究数学开放题进入考试,其自身固有的价值是什么? 数学开放题可以用来考查学生的哪些素质?

一般认为,开放题在考查学生潜质,特别在考查一些与记忆性的基础知识和操作性的基本技能相比更高层次思维能力方面,与传统封闭性考题相比有其独特的作用。但这种认识只是基于一种"经验性"的总结,并没有经过比较规范的科学论证。这应该成为这一研究领域在今后一段时期的研究目标之一。

由于心理学对高层次思维能力的研究尚未有突破性进展,而我国中学教师对心理学相关研究的了解还相当少,因此,对"数学开放性试题对高层次思维能力的考查机制"的研究在目前还缺乏足够心理学理论支持。另一方面,这些研究也可能对心理学的相关研究作出一定的贡献。

第二节 可贵的探索

近几年来,在数学开放题进入考试的探索中,涌现出不少值得为之喝彩的好题,像一簇鲜艳夺目的花朵把我们的考试园地装扮得更加绚丽多彩。在这里,我们从中摘取几朵来进行赏析。

本书第一章介绍过数学开放题的几种分类方法。对于一道开放性考试题来

说,其答案结构是必须关注的,这无论是对于问题的设计、参考答案及评分标准的设计,还是对于问题的解答,都非常重要。因此,我们在这里按答案结构类型的分类方法来进行论述。

一、有限穷举型

这类问题的答案可一一列举,解题的主要任务是将其答案一一列举出来,是一类比较适合作考试题的开放题。

[**例3**] (2001年浙江省温州市中考数学试题)请设计三种不同的分法,将直角三角形(如图 4-2-1)分成四个小三角形,使得每个小三角形与原直角三角形都相似(画图工具不限,要求画出分割线段,标出说明的必要记号,不要求证明,不要求写出画法)。

注:两种分法只有一条分割线段位置不同,就认为是两种不同分法。

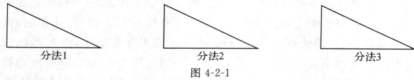

图 4-2-1

本题的切入点低,有多种解题策略,其答案共有 10 种,其答案结构属于"有限可穷举型"。题目要求考生给出 3 个答案,而不是所有答案,这种处理方法比较恰当,是一道不可多得的好开放题。比较可惜的是,命题者只给出以下七种分法:

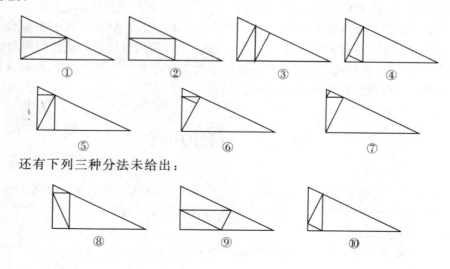

还有下列三种分法未给出:

事实上,本题可有以下五种解题策略:

(1)不断地作直角三角形斜边上的高,可得③,④,⑤,⑥,⑦;

(2)取各边的中点,作三条中位线,可得②;

(3)作斜边上的中线,再过斜边中点分别作两直角边的垂线,可得①;

(4)在已有的分法中,如⑤,调换矩形的对角线位置,可得⑧;

(5)通过相似变换,可得⑨,⑩。

对不同的分法,如果在评分标准中能够体现对开放性、创新性思维的鼓励,那么本题将是一道相当理想的开放题型试题。

[**例 4**]　(2002 年吉林省中考数学试题)将两块完全相同的等腰直角三角板摆放成如图 4-2-2 的样子,假设图形中的所有点、线都在同一平面内,回答下列问题:

(1)图中共有多少个三角形? 把它们一一写出来;

(2)图中有相似(不包括全等)三角形吗? 如果有,就把它们一一写出来。

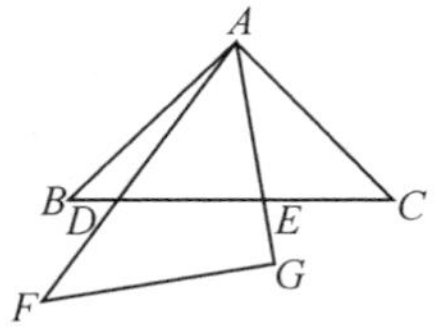

图 4-2-2

本题的答案是有限可穷举的,命题者提供的参考答案与评分标准如下:

解:(1)共有七个三角形,它们是:

$\triangle ABD$、$\triangle ABE$、$\triangle ABC$、$\triangle ADE$、$\triangle AEC$、$\triangle ADC$、$\triangle AFC$。⋯⋯⋯⋯⋯(3 分)

说明:写错或写漏 1 个扣 1 分,写错或写漏 2 个扣 2 分,漏、错 3 个不给分。

(2)有相似三角形,它们是:

$\triangle ADE \backsim \triangle BAE$、$\triangle BAE \backsim \triangle CDA$、$\triangle ADE \backsim \triangle CDA$。

(或 $\triangle ADE \backsim \triangle BAE \backsim \triangle CDA$)。⋯⋯⋯⋯⋯(7 分)

说明:①写对一组给 2 分,写对二组给 3 分,全对给 4 分;

②顶点字不对应的可不扣分。

同样是答案有限可穷举型开放题,本题的处理方法与例 3 大相径庭。我们注意到,本题在设问的方式上并没有使用在开放题中常见的"试尽可能多的写出⋯⋯"之类的语言,而是要求"把它们一一写出来"。从严格意义上来说,只要漏写或写错一个都不是对本题的正确回答,幸好命题在评分标准上作了开放性的处理,也有点像习惯上的"分步给分"原则。例 3 只要求在 10 个答案中写出其中 3 个,即使只写出 1 个也相应地给分,起点比较低;而在本题中,要求写出全部的答案,在第(1)题中写出 4 个与一个都没有写出同样得 0 分,起点要求比较高。可以说,这是一种用传统试题设计思路来处理开放题,将开放题封闭化的一种尝试。作为试题的一种形式,可以丰富我们的考试题型,但我们认为这不宜作为开放性试题的典型方式进行提倡。但无论如何,命题者对开放题、对考试新题型的探索精神是非常可贵的。

[例5] （2003年江苏省淮安市中考数学试题）下面是同学们玩过的"锤子、剪子、布"的游戏规则：游戏在两位同学之间进行，用伸出拳头表示"锤子"，伸出食指和中指表示"剪子"，伸出手掌表示"布"，两人同时口念"锤子、剪子、布"，一念到"布"时，同时出手，"布"赢"锤子"，"锤子"赢"剪子"，"剪子"赢"布"。

现在我们约定："布"赢"锤子"得9分，"锤子"赢"剪子"得5分，"剪子"赢"布"得2分。

（1）小明和某同学玩此游戏过程中，小明赢了21次，得108分，其中"剪子"赢"布"7次。聪明的同学，请你用所学的数学知识求出小明"布"赢"锤子"、"锤子"赢"剪子"各多少次？

（2）如果小明与某同学玩了若干次，得了30分，请你探究一下小明各种可能的赢法，并选择其中的三种赢法填入下表。

	"布"赢"锤子"	"锤子"赢"剪子"	"剪子"赢"布"
赢法一的次数			
赢法二的次数			
赢法三的次数			

将游戏引入考试，这在数学开放题进入考试以前很难觅其踪影。本题的第（1）小道实质上是一道列方程解应用题的问题，但由于它贴近学生的生活，雕琢的痕迹比较少，显得比较自然，与一些人为拼凑的、并没有什么实际意义的应用题相比，能让学生感到十分亲切。第（2）小题是一道开放题，数学化后就是求一个不定方程的非负整数解。共有以下7种答案：(0,0,15),(0,2,10),(0,4,5),(1,1,8),(1,3,3),(2,0,6),(2,2,1)。从其开放度上来看，是一道非常适合于考试题的开放题。由于9,5都是奇数而2为偶数，所以前面两个数的奇偶性相同，因此，要穷举本题的所有答案并不是很难。如果能在试题设计中，考虑对能够穷举答案，或者发现规律的考生给予特别的加分奖励，这道题就更完美了。

二、有限混沌型

这类问题的答案从理论上讲可以肯定其是有限的，但或者是限于现有的认识水平难将其答案一一穷举、或者是人们觉得穷举这一工作不太有意义，其答案结构暂时是混沌的。对于这种问题，追求答案的完美性，没有多大意义；相反，学生在解题过程中的活动与思考所带来的收获，却更有意义。用这种类型开放题设计考试题有相当大的难度。

[例6]（2001 年浙江省杭州市中考数学试题）如图 4-2-3，$\odot O$ 与 $\odot O_1$ 外切于点 T，PT 为其内公切线，AB 为其外公切线，且 A，B 为切点，AB 与 TP 相交于点 P，根据图中所给出的已知条件及线段，请写出一个正确结论，并加以证明。

图 4-2-3

本题按结论的难易程度评分，评分标准如下：

(1)写出以下结论并给予证明的给 6 分

①$PA = PT$（或 $PB = PT$）；

②$\angle PAT = \angle PTA$（或 $\angle PBT = \angle PTB$）；

③$\angle OAP = \angle OTP = \mathrm{Rt}\angle$（或 $\angle O_1BP = \angle O_1TP = \mathrm{Rt}\angle$）。

(2)写出以下结论并给予证明的给 8 分

①$PA = PB = PT$（或 $AB = 2PT$）；

②$\angle ATB = \mathrm{Rt}\angle$（或 $\angle ATB$ 为 $\mathrm{Rt}\angle$）；

③$\angle AOT + \angle APT = 180°$（或 $\angle BO_1T + \angle BPT = 180°$）；

④$OA /\!/ O_1B$。

(3)写出以下结论并给予证明的给 10 分

$\triangle OAT \backsim \triangle PTB$（$\triangle PTA \backsim \triangle O_1BT$）。

(4)写出以下结论并给予证明的给 12 分

$PA \cdot PB = OT \cdot O_1T$（或 $PA \cdot PB = OA \cdot O_1B$）。

本题虽没有明确指出结论中不能含其他新添的辅助线，但题意要求针对图中所给的几何元素写出结论就有这个意思。所以其答案从理论上来讲是有限的，必要的话，也是可以穷举的。但由于图中总共有 11 条线段、19 个角、5 个三角形，其各种组合是一个相当大的数，穷举工作并不是一件容易的事，也不太有必要，因此至今还没有人把本题的答案一一穷举出来。我们暂且把它看成是一道答案有限混沌型的开放题。本题的评分标准也很有特色，是一种有益的尝试。一般而言，答案有限混沌型的开放题不太适合用作考试题，在设计上有一定的难度，因此本题的尝试也就为设计答案有限混沌型的开放性试题提供了不可多得的经验。此外，本题的图形在初中平面几何是比较常见的，它与高中抛物线的焦点弦问题有关，是一个很好的素材。

三、无限离散型

对这类问题的解答，通常是将其答案作适当的分类，对每类答案列出典型的一种解法（这相当于现代数学中，用作商集的方法研究某种结构）。对于这种类型的考试题，在给出参考答案时必须充分考虑答案的典型性。

[例7] (2002年江西省中考数学试题)甲、乙两同学做"投球进筐"游戏。商定:每人玩5局,每局在指定线外将一个皮球投往筐中,一次未进可再投第二次,以此类推,但最多只能投6次,当投进后,该局结束,并记下投球次数;当6次都未投进时,该局也结束,并记为"×"。两人五局投球情况如下:

	第一局	第二局	第三局	第四局	第五局
甲	5 次	×	4 次	×	1 次
乙	×	2 次	4 次	2 次	×

(1)为计算得分,双方约定:记"×"的该局得 0 分,其他局得分的计算方法要满足两个条件:①投球次数越多,得分越低;②得分为正数。请你按约定的要求,用公式、表格、语言叙述等方式,选取其中一种写出一个将其他局的投球次数 n 换算成得分 M 的具体方案。

(2)请根据上述约定和你写出的方案,计算甲、乙两人的每局得分,填入牌上的表格中,并从平均分的角度来判断谁投得更好。

本题的答案从理论上说可以是无限的,但比较有意义的答案并不是很多。命题者给出的参考答案与评分标准如下:

有许多方案,这里只给出三种。

解法一:

(1)其他局投球次数 n 换算成该局得分 M 的公式为:$=7-n$ ·············(4分)

(2)

	第一局	第二局	第三局	第四局	第五局
甲得分	2	0	3	0	6
乙得分	0	5	3	5	0

·············(6分)

$$\overline{M}_{甲}=\frac{2+0+3+0+6}{5}=\frac{11}{5}(分);$$

$$\overline{M_Z}=\frac{0+5+3+5+0}{5}=\frac{13}{5}(分);$$

·············(7 分)

故以此方案来判断:乙投得更好。·············(8 分)

解法二:

(1)其他局投球次数 n 换算成该局得分 M 的公式为: $M=\frac{60}{n}$

·············(4 分)

(2)

	第一局	第二局	第三局	第四局	第五局
甲得分	12	0	15	0	60
乙得分	0	30	15	30	0

·············(6 分)

$$\overline{M_甲}=\frac{12+0+15+0+60}{5}=\frac{87}{5}(分),$$

$$\overline{M_Z}=\frac{0+30+15+30+0}{5}=\frac{75}{5}(分),$$

·············(7 分)

故以此方案来判断:甲投得更好。·············(8 分)

解法三:

(1)其他局投球次数 n 换算成该局得分 M 的方案如下表

n(投球次数)	1	2	3	4	5	6
M(该局得分)	6	5	4	3	2	1

·············(4 分)

(2)

	第一局	第二局	第三局	第四局	第五局
甲得分	2	0	3	0	6
乙得分	0	5	3	5	0

·············(6 分)

$$\overline{M_甲}=\frac{2+0+3+0+6}{5}=\frac{11}{5}(分),$$

$$\overline{M_Z}=\frac{0+5+3+5+0}{5}=\frac{13}{5}(分)$$

·············(7 分)

故以此方案来判断:乙投得更好。·············(8 分)

"应试教育"在中国具有广泛而且深刻的原因,统计知识不够普及导致对考试分数的迷信可能也是其中的原因之一。这类考题可以使考生体会统计数据的相对性：甲乙两人的胜败不但依赖与其实际表现，还依赖于评分的标准，不同的数据处理方式可以导致不同的评价结果。同样考试的分数不仅仅依赖于考生的水平与发挥，也依赖于评分的标准。进一步地说，这还可以有助于学生在将来的工作、生活中理解"公平"不等于"公正"等社会问题。其意义是相当深远的。

此外，本题中的插图也别有情趣，这对考生稳定考场心理有一定的积极作用，体现了命题者对考生的一种呵护与关怀。

四、无限连续型

这类问题的答案分布在一些实数区间内，或者是一些可以连续变化的几何图形。描述这种变化的数学手法通常是引进参数表示。

[例8] （2001 年福州市中考数学试题）两个全等的三角板，可以拼出各种不同的图形. 如图 4-2-4，已画出其中一个三角形，请你分别补画出另一个与其全等的三角形，使每个图形分别成不同的轴对称图形（所画三角形可与原三角形有重叠部分）。

图 4-2-4

命题者给出了如图 4-2-5 所示的四种答案，并特别说明"此为不同情形下的部分画法，供参考"。事实上本题的答案是无限的：在任意一个答案的基础上同时对称地平移、旋转两个三角形，都可以得到另一个答案。尽管命题者并没有指明这一点，但从其所给的四个答案示例来看，显然已经充分注意到它们的典型性。这与一些随意地列举部分答案作为解答示例的命题者相比，已经是相当难能可贵了。

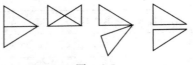

图 4-2-5

[例9] （2002 年全国高考试题）（Ⅰ）给出两块相同的正三角形纸片（如图4-2-6，图 4-2-7），要求用其中一块剪拼成一个三棱锥模型，另一块剪拼成一个正三棱柱模型，使它们的全面积都与原三角形的面积相等，请设计一种剪拼方法，分别用虚线标示在图 4-2-6、图 4-2-7 中，并作简要说明；

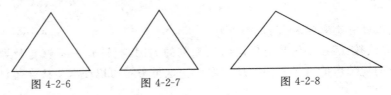

图 4-2-6　　　　　图 4-2-7　　　　　图 4-2-8

（Ⅱ）试比较你剪拼的正三棱锥与正三棱柱的体积的大小；

（Ⅲ）（本小题为附加题，如果解答正确，加 4 分，但全卷总分不超过 150 分）

如果给出的是一块任意三角形的纸片（如图 4-2-8），要求剪拼成一个直三棱柱，使它的全面积与给出的三角形的面积相等。请设计一种剪拼方法，用虚线标示在图 4-2-8 中，并作简要说明。

教育部《关于 2000 年初中毕业、升学考试改革指导意见》对本题作了比较深入的研究，指出了它与希尔伯特的 23 个问题中的第 3 个问题的关系。高考数学试题能和世界数学史上的著名问题相联系，这也是我国考试园地的一道别样风景。

［例 10］（2002 年江西省中考数学试题）请你先化简：$\dfrac{x^3-x^2}{x^2-x}-\dfrac{1-x^2}{x+1}$，再选取一个使原式有意义，而你又喜爱的数代入求值。

本题评分标准中有以下两个说明：

（1）求值的结果可因 x 的取值不同而不同，只要正确，这一步就得 1 分；

（2）若 x 取了 $-1,0,1$ 中的任意一个时，这一步就不给分。

这是一道考查目标指向基础知识（代数式的化简及其有意义的条件）的试题，用开放题的形式出题，令人耳目一新。这表明开放题在基础知识的考查方面也是有所作为的。

第三节　几个理论性和技术性的问题

一、开放性试题的设问方式

《初中数学开放题集》对数学开放题的设问方式作过初步的研究，提出了在设计数学开放题的设问方式时要注意"把握问题的开放度、语言的暗示性、问题的可发展性、学生的学业水平"①这四个方面，当时的研究兴趣集中在作为课堂教学的数学开放题，①这四个方面的注意点也只是针对课堂教学而言的。显然，作为考题的数学开放题，其设问方式的注意点是不完全一样的，而且同样的注意点，在具体的操作技术上也有区别。下面主要谈谈开放性试题在设问方式上控制开放度与难度的技术。

---

① 戴再平，龚雷等. 初中数学开放题集. 上海：上海教育出版社，2000.

1. 控制试题开放度的技术

控制好试题的开放度是开放性试题设计是否成功的一个关键。无视或轻视这个关键,单纯追求答案的多样性,是导致开放性试题设计上失误的一个常见原因。

[例 11] (2001 年广州市中考试题)已知点 $A(1,2)$ 和 $B(-2,5)$,试写出两个二次函数,使它们的图象都经过 A、B 两点。

三点可以确定一个二次函数,题中少给一个条件,答案可以多种多样,只需随意加一点就可以用待定系数法求出。虽然答案很多,但并没有鼓励学生"多方面、多角度、多层次"地探索,反而给阅卷平添很多麻烦,这种增加了阅卷工作量,又不能考查学生创新能力的做法很不值得。这样的开放题就没有多大意义。

[例 12] 试将勾股定理推广到空间。

这样的问题显然不能用于考试题。一般地,在控制试题开放度的技术上,可以从以下两种方法入手:

(1)限定答案的范围 以下两个例子只是为了说明限定答案范围对试题的影响,所举的例子是不是一道好的开放性试题?这还要综合其它因素才能全面评价。

[例 11-1]试写出两个二次函数,使它们的图象都经过 $A(1,2)$、$B(-2,5)$ 两点,并且它们的系数是绝对值不超过 3 的整数。

本题在例 11 基础上对答数范围在系数上作一个限定,虽然答案只剩下 3 个,但难度反而增加了。这可以给阅卷工作带来极大的便利,在解答思路上也更丰富了。当然不同的思路所用的时间有很大区别。如果将例 12 的解答范围作一些限定,就可以得到:

[例 12-1](2003 年全国高考文科试题)在平面几何里,有勾股定理:"设 $\triangle ABC$ 的两边 AB,AC 互相垂直,则 $AB^2 + AC^2 = BC^2$。"拓展到空间,类比平面几何的勾股定理,研究三棱锥的侧面面积与底面面积间的关系,可以得出的正确结论是:"设三棱锥 $A - BCD$ 的三个侧面 ABC、ACD、ADB 两两互相垂直,则_____。"

由于本题对解答范围限定得过于狭小,使得问题变成了答案唯一封闭题。但是,我们还是可以从此题中体会一些限定开放题解答范围的技术技巧。把一道开放题的素材,通过各种方法改变成一道封闭题,这在近年高考试题中也是比较常见的,不少教师认为这是高考试题开放化的一个信号,也有一些教师把这些题称为开放题,对此我们有不同的看法,将在后文中详述。

[例 13] (2001 年吉林省中考试题)如图 4-3-1,沿正方形对角线对折,互相重合的两个小正方形内的数字的乘积等于 0,-1 。

-1	0
2	1

图 4-3-1

这是一道设计新颖的填空题,把数的计算与几何结合,真是别具一格,因为正方形有两条对角线,故有两种折法.如果把"沿正方形对角线对折"改成"沿正方形的对称轴对折"开放度就更大了,把对称轴限定为对角线,缩小了问题的开放度。当然,即使"沿正方形的对称轴对折",这道题的开放性也不是很大,再进一步限定其开放度,是否有必要,这可能还需要结合试卷的整体来看,只从这一道题上来进行评价难免片面。另外,作为初中毕业试题,把其中四个数改成四个单项式,在基础知识内容上可能更合适些。

(2)改变参数的取值。

[**例 14**]　(2001 年北京市中考试题)为了参加北京市申办 2008 年奥运会的活动,某班学生争取到制作彩旗的任务。如果有两边长分别为 $1,a$(其中 $a>1$)的一块矩形绸布,要将它剪裁出三面矩形彩旗(面料没有剩余),使每面彩旗的长和宽之比与原绸布的长和宽之比相同,画出两种不同裁剪方法的示意图,并写出相应 a 的值。(不写计算过程)

本题源自《初中数学开放题集》中的 3.1 题"矩形的自相似 3 分割"。我们在创作该题时,原先的问题是"矩形的自相似 5 分割",也就是"长宽比为多少的矩形可以进行自相似 5 分割?"解决这个问题需要对图形进行相当繁杂的分类工作,我们研究了 2 个月,整理工作至今没有完成。显然这是一个非常好的问题素材但不适合对初中生作要求,因此我们在编著《初中数学开放题集》时将"5 分割"改成了"3 分割",降低了问题的开放度,但解题中所用到的解题策略和思想方法基本不变,这就适合于初中学生的水平。

另外,本题与"正方形的自相似 5 分割问题"的研究有关,把一个正方形分成 5 个小正方形是不可能的,这在直觉上比较显然,但我们尚未看到严格的证明。如果把矩形的自相似 5 分割问题完整的解决,只要所有答案中没有 1,也就证明了正方形不可能分成 5 个小正方形。

2.控制试题难度的技术

命题人员一般比较重视试题的难度。但是,在开放性试题中,现在很多人往往只关心开放题本身的难度,而对设问方式对试题难度的控制作用缺乏足够的认识和关注。

(1)改变试题的开放度会影响试题的难度,但两者之间并不一定是一种正相关的关系。

例如在例 11-1 中,限定答案范围后,答案的开放度减小,试题的难度反而增大;而在例 14 中,"矩形的自相似 5 分割"问题比"矩形的自相似 3 分割"问题的开放度大,难度也大。

(2)改变答题的要求。

[例 15]　怎样的两个数,它们的和等于它们的积?(选自《初中数学开放题集》)

像这类问题是否适合作考题,这里暂不作讨论,我们只是以该题为例说明一种试题的编制技术。以下几种设问方式,都是通过改变答题要求设计出不同难度的试题:

[例 15-1]　怎样的两个数,它们的和等于它们的积?试写出三组这样两个数。

[例 15-2]　已知集合 $A=\{(x,y)\mid x+y=xy\}$,这个集合是用描述法给出的,在描述中使用了 x,y 两个字母,试用一个字母重新给出几个集合 A 的描述法表述(至少写出 3 种)。

[例 15-3]　已知集合 $A=\{(x,y)\mid x+y=xy\}$,这个集合是用描述法给出的,在描述中使用了 x,y 两个字母,试用一个字母重新给出至少写出 3 种集合 A 的描述法表述,并说明这几种不同表述的一致性。

[例 15-4]　怎样的两个数,它们的和等于它们的积?试用一个适当的形式表述所有满足条件的两个数。

[例 15-5]　怎样的两个数,它们的和等于它们的积?试用一个适当的形式表述所有满足条件的两个数。并且说明各种形式的一致性。在你写出的各种形式中,你认为哪一个形式最好,简要说明理由。

注意:如果用以下的设问方式:

[例 15-6]　已知集合 $A=\{(x,y)\mid x+y=xy\}$,试用几种不同的形式描述集合 A。

就有可能出现类似于{坐标平面上满足 $x+y=xy$ 的点的坐标}这种答案,根据题的要求,不能说这种答案是错的,但它显然不是命题者所期望的答案。这是开放性试题的命题中比较常见的一种失误。要尽可能避免这种情况的出现,就要求命题人员充分地推敲该题的所有可能的答案,这也是开放性试题的一个编制难点。

[例 15-7]　(2002 年北京市西城区中考试题)观察下列各式:

$$\frac{2}{1}\times 2=\frac{2}{1}+2,$$

$$\frac{3}{2}\times 3=\frac{3}{2}+3,$$

$$\frac{4}{3}\times 4=\frac{4}{3}+4,$$

$$\frac{5}{4}\times 5=\frac{5}{4}+5,$$

……

想一想,什么样的两数之积等于这两数之和? 设 n 表示整数,用关于 n 的等式表示这个规律为:_____×_____=_____+_____。

显然这是一种从限制考生思维的方式这种方法来控制考生答题的开放度(用给出一系列的式子诱导考生在某种范围内思考问题),它并没有改变问题本身的开放度。虽然命题者提供的参考答案只有一个: $\frac{n+1}{n}\cdot(n+1)=\frac{n+1}{n}+(n+1)$,但其他答案仍可以成立。我们不清楚在阅卷中如果出现其他比如: $\frac{n+m}{n}\cdot(n+m)=\frac{n+m}{n}+(n+m)$ 的答案时,将如何处理。是认为多用一个字母不符合题目要求? 还是认为比参考答案更有创新,给满分? 是认为有创新而加分? 还是认为考生在短短的考试时间内不可能得出这样完美的答案,肯定是从《初中数学开放题集》一书中看到过本题,不予加分? 看来,这种改编方式的利与弊是值得深入研究的。

(3)运用暗示技术。

[**例 16**]　(2000 年杭州市中考试题)在平面上有且只有四个点,这四个点有一个独特的性质:每两个点之间的距离有且只有两种长度。例如正方形 $ABCD$(如图 4-3-2),有 $AB=BC=CD=DA\ne AC=BD$. 请画出具有这种独特性质的另外四种不同的图形,并标明相等的线段.

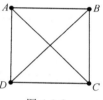

图 4-3-2

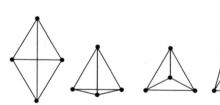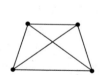

图 4-3-3

这道题是根据一道陈题改编而成的,原题共有六种答案(如图 4-3-3)。考虑到初中生的知识背景,对题中涉及的"平面上具有两种距离的四个点"这一概念进行举例说明是必要的,因此在考题中把其中正方形的答案作为一个例子以帮助考生理解题意。这是在开放性试题设计中常用的一种手法(事实上,适当地给一些解答示例,对开放性试题的设计来说也是非常重要的,由于现在大多数命题者已经注意到了这个问题,因此在本文中没有对此展开讨论)。如果我们对这种设问方式作一研究,可以发现它增加了试题的难度:因为把六个答案中相对容易想到的答案作为例子,使一些程度较低的考生失去了一次得分机会。也许试题作者也考虑到了这一问题,因此又采用另一种手法降低难度:这就是只要求找出其余五个中的四个即可（但这只对程度较好学生起作用），当然，对"增加试题难度这一做法是否合理"这一问题的评判是不能就单独一道试题来评论的，它必须服从于整张试卷的难度要求。我们提出下面的设问方式只是旨在介绍一种利用"暗示"的方法降低试题难度的处理方式：

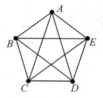

图 4-3-4

[**例 16-1**]　如图 4-3-4 是一个非常优美的几何图形，除了线段比例、对称等方面的独特性质外，它还有一个不太被人注意的性质，这就是在图中的 A,B,C,D,E 五个点中，每两点之间的距离不是等于正五边形的边长，就是等于正五边形的对角线. 也就是说，这五个点之间只有二种长度的距离（此时我们称这五个点具有二种距离）。在平面上，这种具有两种距离的五个点只有这一种图形，但如果把五个点改为四个点，即平面上具有二种距离的四个点，那么不同的图形就有六种，试画出其中四种图形。

在这里，不但把相对容易想到的正方形这个答案留给的了学生，而且对比较难想到的等腰梯形这个答案进行了暗示：只要把题中所给例子中的五个点去掉一个点就可以得到等腰梯形这一答案（能接受这种暗示也在一个方面表明考生的数学水平）。并且，要求学生在总共六种答案中找出其中四个，也要比在五个答案中找出其中四个要容易些。

二、开放性试题的参考答案及评分标准的制定

在给出不同解答水平示例和评分标准的制定技术上，首先要明确评判开放题解答水平的指标。一般地，对于一道数学开放题来说，与解答水平相关的指标可以从解答的"多样性"、"完备性"和"深刻性"等三个方面设计。本书第三章对此有较为详尽的论述，此处不再赘述。

明确了这些评判开放题解答水平的指标，可以使我们在给出不同解答水平示例和相应的评分标准时，有更清晰的思路。例如，对于例 3，命题者只是随意地给出几个解答的处理方式就显得比较粗糙。事实上，由于设问方式上放弃了对解答完备性的要求（只要求画出其中 3 个），我们可以在多样性和深刻性上对 10 个解答作一个分类：

从多样性上，按不同的解题策略，可分为如前所述的 5 类：（③，④，⑤，⑥，⑦），（②），（①），（⑧），（⑨，⑩）；在深刻性上，可分为 3 类（①，②，③，④，⑤，⑥，⑦），（⑧），（⑨，⑩）；如果本题的满分值为 12 分的话，可以设计这样的一个评分标准：

（1）如果考生给出的答案只局限在同一类中，每画出一个得 4 分；

（2）如果考生给出的答案分属其中两类的,给 1 分附加分,分属其中三类的给 2 分附加分;

（3）如果考生给出答案⑧给 1 分附加分,给出答案⑨、⑩之一给 2 分附加分。

为便于阅卷工作,也可把以上评分规则简化为下表:

答案	①	②	③	④	⑤	⑥	⑦	⑧	⑨	⑩	备注
得分	5	5	4	4	4	4	4	5	6	6	⑨、⑩同时出现的给 10 分

[**例 17**]（2003 年辽宁省中考试题）如图 4-3-5,山上有一座铁塔,山脚下有一矩形建筑物 ABCD,且建筑物周围没有开阔平整地带。该建筑物顶端宽度 AD 和高度 DC 都可直接测得,从 A,D,C 三点可看到塔顶端 H,可供使用的测量工具有皮尺、测倾器。

（1）请你根据现有条件,充分利用矩形建筑物,设计一个测量塔顶端到地面高度 HG 的方案。具体要求如下:

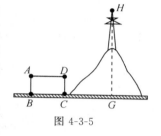

图 4-3-5

①测量数据尽可能少;

②在所给图形上,画出你设计的测量平面图,并将应测数据标记在图形上（如果测 A,D 间距离,用 m 表示;如果测 D,C 间距离,用 n 表示;如果测角,用 α,β,γ 表示）。

（2）根据你测量的数据,计算塔顶端到地面的高度 HG（用字母表示,测倾器高度忽略不计）。

对于本题,命题者提供的参考答案与评分标准如下:

方案 1:（1）如图 a（测三个数据）　………(5 分)

（2）解:设 $HG=x$

在 Rt△CHG 中　$CG=x \cdot \cot\beta$

在 Rt△DHM 中　$DM=(x-n) \cdot \cot\alpha$

∴ $x \cdot \cot\beta=(x-n) \cdot \cot\alpha$　………(8 分)

∴ $x=\dfrac{n \cdot \cot\alpha}{\cot\alpha-\cot\beta}$　………(10 分)

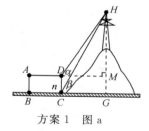

方案 1　图 a

方案 2:（1）如图 b（测四个数据）　………(3 分)

（2）解:设 $HG=x$

在 Rt△AHM 中　$AM=(x-n) \cdot \cot\gamma$

在 Rt△DHM 中　$DM=(x-n) \cdot \cot\alpha$

∴ $(x-n) \cdot \cot\gamma=(x-n) \cdot \cot\alpha+m$　………(6 分)

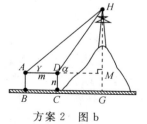

方案 2　图 b

$$\therefore x = \frac{m + n \cdot \cot\gamma - n \cdot \cot\alpha}{\cot\gamma - \cot\alpha}$$ ············(8分)

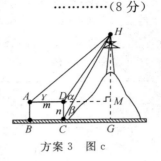

方案3:(1)如图c(测五个数据) ············(1分)

(2)参照方案1(2)或方案2(2)给分 ············(6分)

注:①如果在设计和计算中,考虑了测倾器高度,参照以上标准给分。

方案3 图c

②以下两种方案(图d、e)或其他与其相似的图形不给分,但如果计算正确给3分。

这种根据解答的不同水平分层次给分的处理方法就更能体现考生的不同水平,激励考生追求卓越。

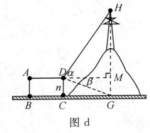

图d

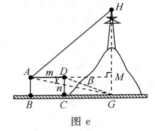

图e

[例18] (2002年安徽省中考试题)某学习小组在探索"各内角都相等的圆内接多边形是否为正多边形"时,进行如下讨论:

甲同学:这种多边形不一定是正多边形,如圆内接矩形;

乙同学:我发现边数是6时,它也不一定是正多边形,如图4-3-6,△ABC是正三角形,$\overset{\frown}{AD}=\overset{\frown}{BE}=\overset{\frown}{CF}$,可以证明六边形ADBECF的各内角相等,但它未必是正六边形;

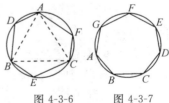

图4-3-6   图4-3-7

丙同学:我能证明,边数是5时,它是正多边形,我想,边数是7时,它可能也是正多边形。

……

(1)请你说明乙同学构造的六边形各内角相等。

(2)请你证明,各内角都相等的圆内接七边形ABCDEFG(如图4-3-7)是正七边形(不必写已知、求证)。

(3)根据以上探索过程,提出你的猜想(不必证明)。

虽然第(3)小题是答案无限离散型的开放题,但其开放性并不是很强。所有答案可以分为两大类:一类是举出一些具体的奇数;另一类是发现对所有不小于3的奇数都成立。命题者提供的评分标准如下:

猜想:当边数是奇数时(或当边数3,5,7,9,…时),各内角相等的圆内接多

边形是正多边形。…………(3分)

（若仅猜想边数是某些具体奇数（不能是3,5,7）时，各内角相等的圆内接多边形是正多形。给1分）

本题在评分上易于操作，在小型开放题上作了一次成功的尝试。

第四节　几点建议

一、关于概念泛化的问题

一些结论不明显给出的所谓"探索性问题"，例如"是否存在"之类的问题被很多人认为是开放题。这种例子举不胜举，很多标题中名为"开放题之研究"的文章，其通篇所研究的、所举的例题都是"探索性问题"，或者是"是否存在"类的，或者是"先归纳再证明"类的。

产生这种现象，在数学开放题的研究初期可能是无法避免的，也有其一定的历史作用，这毕竟壮大了数学开放题的研究队伍，有些中学教师就是以研究这类问题为起点进入数学开放题的研究领域的。但是，随着对数学开放题研究的深入，其弊端也就日益显现出来：

1. 将这类问题归入数学开放题在理论上容易产生混乱，不利于我国数学开放题理论的构建与深入研究；

2. 这种观点对数学开放题的特有品质和教育价值认识不清，在发散思维的培养、创新精神的陶冶、自我超越的鼓励等方面，都有很大的局限性；

3. 这种观点不利于进一步贯彻教育部《关于2000年初中毕业、升学考试改革指导意见》。

有些问题，其答案虽然不是唯一的，但并不要求学生进行"多方面、多角度、多层次"地探索。

［**例19**］　（2003年肇庆市高中招生试题）AD是$\triangle ABC$的高，延长AD至E，使$DE=AD$，连结BE，CE。

（1）画出图形；

（2）指出图中一对全等三角形，并给出证明。

如图4-4-1，本题图中的全等三角形总共只有三对：$\triangle ABD \cong \triangle EBD$，$\triangle ADC \cong \triangle EDC$，$\triangle ABC \cong \triangle EBC$。前面两对的证明方法完全相同，而第三对的也只是前面两对的直接推论。这种开放性试题，

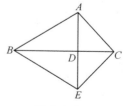

图4-4-1

有开放题之名而无开放题之实。当然,从"换一种形式考查基础知识"这个思路上来说,这种尝试也未尝不可,但我们认为这类试题不应成为开放性试题的主流。

此外,我们可以把例 19 与例 10 作一比较:虽然两题在表面上有很多相似之处,但是它们还是有区别的。如果把例 19 改编成一道封闭题,其所要考查的基础知识和能力基本上没有多少改变,因此这道题更像是一道结论不明显给出的探索性试题。而在例 10 中,如果将其改编成封闭题就很难在考查考生对"代数式有意义"的意识上起到同样的效果。一道好的开放题应该具有封闭题无法替代的品质和价值。

二、关于考试中使用陈题的问题

纵观近几年来的中考试题,在开放性试题上使用陈题的现象相当严重,除了以上提及的例 14、例 16 均为陈题外,还可以找到很多:

[**例 20**] （2003 年北京市宣武区中考试题）已知:如图 4-4-2,在 Rt△ABC 中,∠C＝90°,沿过 B 点的一条直线 BE 折叠这个三角形,使 C 点与 AB 边上的一点 D 重合,当∠A 满足什么条件时,点 D 恰为 AB 中点? 写出一个你认为适当的条件,并利用此条件证明 D 为 AB 中点。

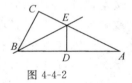

图 4-4-2

本题源自《初中数学开放题集》第 77 页"5.4 折叠直角三角形"。

[**例 21**] （2002 年安徽省中考试题）如图 4-4-3 是 2002 年 6 月份的日历,现有一矩形在日历任意框出 4 个数 $\begin{smallmatrix} a & b \\ c & d \end{smallmatrix}$,请用一个等式表示 a、b、c、d 之间的关系:_____。

日	一	二	三	四	五	六
						1
2	3	4	5	6	7	8
9	10	11	12	13	14	15
16	17	18	19	20	21	22
23	24	25	26	27	28	29
30						

图 4-4-3

本题源自_____。

[**例 22**] （2001 年青岛市中考试题）阅读下面的文字后,解答问题。

有这样一道题目:

"已知:二次函数 $y = ax^2 + bx + c$ 的图像经过点 $A(0, a)$，$B(1, -2)$，$\boxed{}$

求证:这个二次函数图像的对称轴是直线 $x = 2$。"

题目中的矩形框部分是一段被墨水染污了无法辨认的文字。

(1)根据现有的信息,你能否求出题目中二次函数的解析式? 若能,写出求解过程;若不能,说明理由。

(2)请你根据已有信息,在原题中的矩形框内,添加一个适当的条件,把原题补充完整,并把你所补充的条件填写在原题中的矩形框内。

本题根据《初中数学开放题集》第29页"2.6 不完整的习题"改编,把原题中"经过点 $A(c, 0)$"改成了"经过点 $A(0, a)$，$B(1, -2)$",同时改变了第一小题的设问方式。

[例23] (2003年仙桃潜江天门江汉油田中考试题)在方格纸中,每个小格的顶点称为格点,以格点连线为边的三角形叫做格点三角形。在如图 4-4-4,5×5 的方格纸中,作格点 $\triangle ABC$ 和 $\triangle OAB$ 相似(相似比不能为 1),则 C 的坐标是_____。

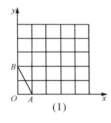 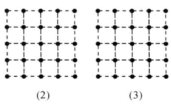

(1)　　　　　　　　(2)　　　　　(3)

图 4-4-4

[例24] (2002年吉林省中考试题)如图 4-4-4(1),正方形网格中的每个小正方形边长都是 1,每个小格的顶点叫做格点,以格点为顶点分别按下列要求画三角形:

(1)使三角形的三边长分别为 3、$2\sqrt{2}$、$\sqrt{5}$(在图 4-4-4(2)中画一个即可);

(2)使三角形为钝角三角形且面积为 4(在图 4-4-4(3)中画一个即可)。

[例25] (2001年上海市中考试题)如图 4-4-5,在大小为 4×4 的正方形方格中,$\triangle ABC$ 的顶点 A、B、C 在单位正方形的顶点上,请在图中画一个 $\triangle A_1 B_1 C_1$,使 $\triangle A_1 B_1 C_1 \backsim \triangle ABC$(相似比不为 1),且点 A_1、B_1、C_1 都在单位正方形的顶点上。

以上三题均源自《中学生数学》1998(2)第27页"数学开放题"专栏的"格点三角形",有的是直接用原题,有的在原题的基础上有所改编,有的只是原题的一种特款。

图 4-4-5

《2000年长江以南初中毕业、升学考试数学试卷评价报告》指出："尽管很可能是一道好题,对数学教学可能有很高的价值,但是,中考所用的试题不仅要有很高的教育价值,而且还应该有较高的效度和区分度,要保障试题对考生的公平性。显然,是难以保障考试的效度、区分度和公平性的。"并提出:"应该明确规定不得用陈题原题,或未做实质性改编的陈题作为中考试题。"

《2000年浙江省各市数学中考试卷质量评价报告》指出:"大题中照搬陈题容易导致教师猜题、押题,引发题海战术,也不利于考试公平性的贯彻。"

事实上,开放性试题与其他试题相比,陈题问题更应该引起足够的重视,这是因为:

1. 开放性试题作为一个新生事物,还没有被广大命题人员所把握,认识还不够深入,编制新题,特别是编出一些好的新题,其难度就更大,所以在开放性试题中使用的陈题现象更加突出。解决这一问题可能不仅仅是要在命题研究上多下工夫,也要在命题的制度创新上做文章。

2. 开放性试题的考查目标主要以创新能力为主,与一般考查基础知识的考题相比,使用陈题的弊端就更为严重。

三、关于开放题的设问方式中的问题

在开放题的设问方式上,除了前面提到的要注意控制试题开放度和难度以外,还要注意以下几个问题:

1. 必须明确答题的要求,对一些有创新的评分方法,要有必要的交代

这不但是为了考试的公平性,也是为了避免在阅卷中产生一些不必要的麻烦。比如,在例6中最好明确要求在所给答案中不能出现新添的辅助线,否则在阅卷中对这些答案就比较难以处理。再比如,例3中特别注明"两种分法只有一条分割线段位置不同,就认为是两种不同分法",这就避免了问卷时可能产生的争论。

[例26] (2003年仙桃潜江天门江汉油田中考试题)作图与设计:

(1)用四块如图4-4-6所示的黑白两色正方形瓷砖拼成一个新的正方形,使之形成轴对称图案,请至少给出三种不同的拼法(在①、②、③中操作);

(2)请你任意改变图4-4-6瓷砖中黑色部分的图案,然后再用四块改变图案后的正方形瓷砖拼出一个中心对称图案(在④中操作)。

图 4-4-6　　　　①　　　　②　　　　③　　　　④

在第(1)小题中,没有明确"经过旋转、轴对称变换后一致的两种拼法"可不可以认为"不同的"拼法。事实上,根据问题所给的实际背景,对于经过旋转变换后一致的两种拼法,只要换一个观察角度就是一样的了,而对于经过轴对称变换后一致的两种拼法,除非从镜子中看,否则是不会一样的。但从纯数学角度来看,对"旋转变换"与"对称变换"又没有理由厚此薄彼。

2. 要防止语言的歧义现象

语言轻则对考生审题产生不必要的干扰,重则产生科学性错误。例如,在例26 的第(2)小题中,"改变图 4-4-6 瓷砖中黑色部分的图案"的语义就不够明确,越是细心的考生,越有可能在这句话的理解上反复推敲而浪费考试时间。

3. 要注意提炼语言

一方面,要尽可能避免因冗长的语言叙述对考生的考试心理产生不必要的影响。比如,在[例5]中一共用了 100 多个字来介绍"锤子、剪子、布"的游戏规则。一方面对此不了解的学生很少,另一方面即使不了解这个游戏规则,只要明确后面的得分约定,也不影响本题的解答。这就显得不是很有必要,即使考虑为了避免对不了解游戏规则的考生在审题心理上可能产生影响,也可以把这个规则作为附注放在后面,这样可以减轻考生在审题时的阅读压力。

另一方面,在试题的行文中要注意语法,杜绝语病。

[**例 27**] (2001 年海南省中考试题)如图 4-4-7,在△ABD 和△ACE 中,有下列四个论断:①AB=AC,②AD=AE,③∠B=∠C,④BD=CE,请以其中三个论断作为条件,余下一个论断作为结论,写出一个真命题是_____。

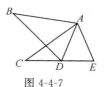

图 4-4-7

在最后一句话中,要么将"请"字删去,要么将"是"字改成冒号。否则,从语法角度上来讲总是不通的。

开放题常有一定的实际背景,此时"提炼语言"问题尤其突出,也就特别重要。

4. 对于新定义的概念,可以通过举例使考生明确其含义

[例16]在这一点上的处理还是很好的。[例5]虽然在语言上有显冗长,但有"帮助考生明确题意"的强烈意识也是值得肯定的。

四、关于参考答案与评分标准的问题

这一点,前面已经用相当的篇幅进行论述,我们在这里再举一例,希望能以此引起足够的重视:

[例 15-8] （2002 年陕西省中考试题）王老师在课堂上出了一个二元方程 $x+y=xy$，让同学们找出它的解，甲写出的解是 $\begin{cases} x=0 \\ y=0 \end{cases}$，乙写出的解是 $\begin{cases} x=2 \\ y=2 \end{cases}$，你找出的与甲、乙不相同的一组解是_____。

本题是根据[例 15]改编的另一道试题，前面也已详细论述了该题的不同水平的解答。该题的命题者提供的参考答案是：

如：$\begin{cases} x=3, \\ y=\dfrac{3}{2}; \end{cases}$ 或 $\begin{cases} x=\dfrac{1}{2}, \\ y=-1; \end{cases}$ ... $\begin{cases} x=m \\ y=\dfrac{m}{m-1} \end{cases}$ $(m\neq 0,1,2)$

显然评分标准并没有考虑解答的不同水平层次。

我们认为，在参考答案与评分标准的制定时，应注意以下几点：

（1）对答案有限可穷举型的开放题，参考答案就应该给出所有的解答，以便于阅卷，也可以能降低阅卷的错误概率；对可以用通解表示的答案无限型的开放题，应给出其通解；对其他类型的开放题，给出的解答示例要注意典型性，如果答案分成有限的几类，应该对每种类型均给出一个示例。

（2）评分标准应体现对不同水平的解答给予相应的分值（为此命题者要注意研究开放题的解答水平），特别要鼓励有创新的解答。[例 9]的 2002 年全国高考试题，采用附加分的方法值得提倡。

（3）现在大部分开放性试题均放弃解答的完备性要求，这一方面是考虑到学生实际而降低难度，另一方面也考虑到在限时笔试形式下不能过高要求，这种作法是有道理的，值得提倡。但是，毕竟能给出完备解答可以体现出考生非凡的数学底蕴。我们是否应该考虑给这种超常学生一种发挥潜能的机会，这可以在附加分上作些文章。

五、关于题型创新的问题

由于高考数学的试题题型多年稳定在"单项选择题"、"填空题"、"解答题"三大类上，因此我国各级各类的数学考试题基本上也就固定在这三大类上。但是，对于开放题来说，这三类题型显然不能满足需要，因此，在近几年的中考试题中也有不少题型的创新：例如"设计作图"、"短文叙述"，等等，为数学考试带来新的活力。但总的来说，这种尝试不够多，一方面我们要注意对各种新创的题型总结经验，另一方面还应继续研究、尝试新的题型：

• 多项选择题可不可以做些试验？
• 填空题可不可以创新出更多的形式？

- 研究性学习能不能用限时笔试的形式进行考查？

以下是《中考数学开放性试题存在的两个问题》①中提出的一种新题型，我们把它作为本章的结尾，希望能对命题人员有所启发。

[**例 28**] 哪些平面图形可能是正方体的截面？哪些平面图形不可能是正方体的截面？把平面图形的名称填入下表的适当位置（把你能证明的作为结论填入表中的左边二栏，把你不能证明的作为猜想填入表中的右边二栏）。

结　论		猜　想	
可能是正方体的截面	不可能是正方体的截面	可能是正方体的截面	不可能是正方体的截面

评分标准为：满分为 10 分。填入左边二栏的每个结论，正确的得 2 分，错误的得 −1 分；填入右边二栏的每个猜想，正确的得 1 分，错误的得 0 分。同一答案如果同时出现在两边，正确的以右边"猜想"计 1 分，错误是以左边"结论"计 1 分。

---

① 单国庆，戴再平.中考数学开放性试题存在的两个问题.数学教学，2003(1).

第五章
改题研究的理论框架

在一次市教研活动中,组织了一次"改编数学习题"(以下简称"改题")的专题讨论,这次教研活动引起了我们对改题的研究兴趣。事实上,有关改题的研究文章已有很多,但大多是一事一议的微观研究,比较零碎。笔者的主要贡献在于将这些大量的零碎研究系统化,提出了一个改题研究的理论框架,希望可以为推动改题研究的进一步深入出一份力。

第一节　改题的现实意义

改题对于现实中的教学活动有哪些意义? 这是"改题研究理论"首先需要回答的一个问题,因为这关系到这一理论存在的价值。针对当前我国数学教学的理论与实践发展实际情况,关于改题的意义可以从以下几个方面来考察:

一、编题是数学教师的一项基本功

首先,现有习题未必可以满足教学实践的需要。现有教材、教辅材料、试卷上的各类习题,要么是根据大多数学生的学习规律设置的,未必适应各种类型的特殊学生(例如绝大多数教材、教辅资料上的习题),要么是根据某种特殊需要而编制的(例如各类试题),未必适合直接在教学上运用。"根据学生的现有情况实施教学"是教学法最为基本的原则,而"学生的现有情况"不但针对每一学生有不同的情况,即便是同一学生在不同的发展阶段也有各种不同的情况。现有的各类习题不可能完全满足千变万化的不同学生和学生在各个不同发展阶段的学习需要,这就需要教师根据学生现有情况的特殊性编制相应的习题进行教学。

其次,在期中、期末等考试的命题工作中,如果全部采用现成的试题,在考查知识点和试卷难度之间很难平衡,这就需要教师根据实际情况编制一些新的试题或者将陈题改编。

二、编题是数学教师提高专业素质的有效途径

编题的实践活动还是提高数学教师专业素质能力的有效途径。很多有经验的教师都有这样一种体验：只解题而不编题，就不可能深入了解把握编题的规律，从而也就不可能对解题的规律有一种更深层次的认识和把握。此外，在编题实践中，需要教师不断思考习题的教育功能，这有助于提高教师深入认识把握教材习题教育功能的能力。

三、在现实中，编题研究长期被忽视

然而，长期以来，不少一线数学教师认为编题是教材、教辅资料编写者以及各类试卷命题者的任务，教师只要拿现成的习题进行教学就可以了。

形成这一观点的主要原因是多方面的。一是很多一线教师平时忙于应付，没有足够的时间编制新题；二是编制新题是一项非常艰辛的工作，稍有疏忽就有可能编出错题，所以很多一线教师更愿意直接使用现成的陈题；三是部分一线教师的专业素质有待提高，没有足够的能力编制高质量的新题；四是部分教师受"应试教育"的观念影响，偏信所谓的"命题研究专家"，认为只有他们编出的习题才符合最新的中考、高考方向，也就放弃了自己编题的想法。

事实上，以上这些原因只是看问题的角度不同而已，如果我们换一个角度看这些问题，就可以得出不同的结论：

首先，时间问题本质上是一个重要性的认识问题，每个人每天都有各种问题需要安排时间来处理，人们总是把有限的时间安排在解决观念中认为最重要的问题上，那些在观念中认为相对不重要的东西也就最有可能"没有时间"了。因此，教师只要认识了编题的重要性，时间也就有可能被挤出来了。

其次，编制新题的工作虽然艰辛，但正是这种艰辛才能有效地锻炼数学教师的专业素质。从另一个角度来说，不经常解题的数学教师在解题中容易疏忽而解错，而不经常编题的教师更容易犯疏忽大意的毛病。如前所述，从这一方面看，编题也是数学教师提高解题能力的有效途径。

第三，如前所述，编题与教师专业素质是一种相辅相成的关系。一方面，编出好题需要教师具备较高的专业素质；另一方面，这种专业素质也可以通过编题的实践来提高。因此，以专业素质不够为由而不进行编题实践，这与学生因基础差而不做作业有相似之处。事实上，没有一位教师会因为学生的基础差而允许

学生不做作业的。

最后,即便从应试功利角度来看,那些"命题研究专家"所揭示的考试改革方向大多隐含在他们编制的模拟题中,需要教师通过分析这些模拟题来把握命题方向,这对没有积累足够的编题经验的教师来说,他们更容易误解这些"命题研究专家"的本意。只有那些具备足够编题经验的教师才有可能与这些"命题研究专家"站在同样的高度认识这些模拟题所揭示的考试改革方向。

四、改题是编题的常用方式,在现实中更容易被一线教师所掌握应用

有编题经验的教师都知道,很多所谓的新题都是由旧题改编而得来的,因此,改题是编题最为常用的一种方式。而且,相对于编制全新习题来说,改题当然更容易些。因此,针对"大多数一线教师没有足够的编制新题经验"这一客观现实情况,以改题为切入口学习编题是最为理想的,这更容易被一线教师所掌握应用。

五、在新课改背景下,改题的意义尤为突出

目前,全国已有 16 个省(市、自治区)进入了高中新课程改革实验,按照教育部基础教育课程改革的统一规划,高中新课程改革在 2010 年前全面推开。而现在的实验情况是,大量教辅用书由于编写仓促,很多习题仍然沿用旧大纲下的习题,并不适应新课标要求。一方面,老师在使用这些教辅用书的过程中不但需要进行一定的删减,很多时间更需要对习题进行适当的改编;另一方面,这些教辅用书的进一步完善更需要对那些沿用旧大纲下的习题进行大量的改编工作。此外,新课标下各类考试命题工作也需要进行大量的改题工作。因此,在新课改背景下,改题的意义尤为突出.

六、改题是变式教学的重要途径

张奠宙教授总结了我国双基教学的四个特征,其中之一是"依靠变式提升演练水准"。按照这一观点来看,变式训练可以成为我国对国际数学教育的一大贡献,我们有责任把这一优良传统继续发扬光大。大量文献表明,在各种习题变式教学中,改题是运用得最为广泛一种方法,可以说,改题是变式教学的重要途径,在习题教学中已经被广泛应用。

七、改题可以成为研究性学习的一种课题类型

新课改的一项重要目标是改变学生的学习方式,强调学生学习的自主性、探究性和合作性,而"研究性学习"则被作为一种能很好地贯彻这三个方面的学习类型被推荐给一线教师。然而,实践的情况并不十分尽如人意,其原因是多方面的。人们对研究性学习在认识上的狭隘性也是一个原因,很多人觉得教材上现有的大多研究性学习的课题与考试相关性不大,而且比较难以在课堂上实施.因此,研究性学习要真正成为高中生的学习常态还有相当长的路要走。

如果将改题作为研究性学习的一种课题类型,也许可以使这段艰巨的路变得更为平坦些。试举一例如下:

[**例1**]　下面是 2007 年四川省的一道高考试题:

下面有五个命题:

①函数 $y=\sin^4 x-\cos^4 x$ 的最小正周期是 π;

②终边在 y 轴上的角的集合是 $\{a \mid a=\dfrac{k\pi}{2}, k\in \mathbf{Z}\}$;

③在同一坐标系中,函数 $y=\sin x$ 的图象和函数 $y=x$ 的图象有三个公共点;

④把函数 $y=3\sin(2x+\dfrac{\pi}{3})$ 的图象向右平移 $\dfrac{\pi}{6}$ 得到 $y=3\sin 2x$ 的图象;

⑤函数 $y=\sin(x-\dfrac{\pi}{2})$ 在 $[0,\pi]$ 上是减函数。

其中真命题的序号是_____(写出所有真命题的序号)

根据此题我们可以改编出很多不同的题,例如下面两题就是由此改编的:

(1)已知在同一坐标系中,函数 $y=\sin x$ 的图象和函数 $y=kx$ 的图象恰有 5 个公共点,求 k 的取值范围;

(2)求函数 $f(x)=3\sin(2x+\dfrac{\pi}{3})$ 的对称轴方程。

试完成以下研究性学习作业:

(1)根据这道题再改编出至少 5 道不同的题;

(2)从中挑选出 2 道你认为比较好的题写出完整的解答;

(3)把你选出的 2 道题与学习小组的其他同学交流,向小组同学介绍这 2 题以及你的解答,并说明你认为这 2 道比较好的理由,同时帮助小组其他同学修正他们解答中的错误;

(4)从小组其他同学所改编的题中选出 3 道认为比较好的题,并说明你的

理由：

（5）你认为题的好坏可以以哪些方面为标准来比较？

（6）与小组其他同学讨论共同选出 3 道你们小组的"最佳题"，与其他小组选出的"最佳题"进行 PK，看哪一小组的题最好。

表 5-1-1　研究性学习作业纸

班级：　　　学号：　　　姓名：	（3）小组同学帮我查出的解答错误有_____处，已经在第（2）栏用红笔改正。
（1）我编的 5 道题是： ① ② ③ ④ ⑤	（4）我认为小组其他同学所改编的题中比较好的 3 道题是： ① ② ③ 理由是：
（2）我认为其中比较好的 2 道题是第○题和第○题，理由是： 其解答如下： 第○题： 第○题：	（5）我认为题的好坏标准有以下几个方面： （6）我们小组选出的最佳三题是： ① ② ③ 理由是：

　　以上 6 项研究性学习作业中，前面两项是学习个体进行自主探索学习，第（3）到第（5）项是小组合作学习，第（6）项是全班课堂讨论，设计这一环节有以下两方面的考虑：一方面可以增强作业的趣味性，另一方面也使得第（5）项作业得以真正落实．因为教师可以在作业之前提醒，在课堂讨论小组 PK 之前首先要确定 PK 的游戏规则，而这些规则主要来自同学们第（5）项作业成果，对于没有认

真完成该项作业的同学,就自动放弃了制定游戏规则的权利。

这样就能比较好地落实新课标所倡导的"自主学习"、"探索学习"和"合作学习"。不仅如此,由于学习内容与高考联系较为紧密,也可以让一线教师比较舍得花时间落实。

此项研究性学习课题大约需要一周的时间,为落实这一研究性学习任务,便于教师监控学生的学习情况,还可以设计一张作业纸(如表 5-1-1)。

第二节　改题的主要功能

"改题研究理论"需要回答的第二个问题是:改题可以满足教学实践中的哪些需要? 概括起来可以从以下几个方面来考察:

一、调整习题难度,满足教学需要

在试卷命题工作中,控制试卷的难度是一个相当重要的工作,而试卷的难度调整当然是靠每一道题的难度来控制,如果全部采用陈题,把握难度是比较困难的,而且对于影响比较大的考试命题来说,考虑到考试的公平性,采用陈题还是越少越好。但是,全部编制全新的试题也是不可能的,所以,改编陈题将是最好的选择.

此外,将现成的各类考试题直接用于课堂教学或学生课后作业也不一定可以满足教学的各种需要,这时也需要教师根据实际情况适当地改题。

[例2]　(2007 年北京高考题)已知集合 $A=\{a_1,a_2,a_3,\cdots,a_k\}(k\geqslant2)$,其中 $a_i\in Z(i=1,2,\cdots,k)$,由 A 中的元素构成两个相应的集合
$S=\{(a,b)|a\in A,b\in A,a+b\in A\}$,$T=\{(a,b)|a\in A,b\in A,a-b\in A\}$,
其中 (a,b) 是有序实数对,集合 S 和 T 的元素个数分别为 m,n。

若对于任意的 $a\in A$,总有 $-a\notin A$,则称集合 A 具有性质 P。

(1)检验集合 $\{0,1,2,3\}$ 与 $\{-1,2,3\}$ 是否具有性质 P,并对其中具有性质 P 的集合写出相应的集合 S 和 T;

(2)对任何具有性质 P 的集合 A,证明:$n\leqslant\dfrac{k(k-1)}{2}$;

(3)判断 m 和 n 的大小关系,并证明你的结论。

本题的难度主要来自以下几个方面:

(1)符号、文字阅读量大,并且新定义概念多,造成学生审题困难,而且"由 A

中的元素构成两个相应的集合 S 和 T"这句话中的"构成"一词容易引起学生对集合 S、T 中的元素产生疑惑;

(2)第(2)的证明需要联系的组合知识隐藏得太深,学生不容易发现证明思路;

(3)第(3)判断大小虽然有第(1)的结论提示两者相等,由于其证明方法并不是学生所熟悉的(受过竞赛训练的学生除外),所以能猜到结论的学生还是难完成证明。

鉴于以上原因,可将例 2 改成:

[例 2-1] 设集合 A 为由 k 个互不相等的整数组成有限集,集合

$S=\{(a,b)\,|\,a\in A,b\in A,a+b\in A\}$,$T=\{(a,b)\,|\,a\in A,b\in A,a-b\in A\}$。

(1)对于任意的 $(a,b)\in S$,求证:$(a+b,a)\in T$;

(2)对于任意的 $(a,b)\in T$,你能否构造一个有序实数对 $(a',b')\in S$?

(3)求证:集合 S,T 的元素个数相等;

(4)若对于任意的 $a\in A$,总有 $-a\notin A$,求证:集合 T 的元素个数 n 不大于 C_k^2。

当然,这样的改编是否合适,这需要根据具体的需要而定。高考原题的叙述方式估计是为考查学生的数学阅读能力、整张试卷的难度控制等这些需要而定的,而我们的这一改编只是从减少解题障碍,降低难度角度考虑的。

二、深化基础知识,促进迁移能力

改题在变式教学中的应用相当普遍,正如第一节所指出的,改题是变式教学的重要途径。而研究表明,变式教学在帮助学生深化基础知识、促进迁移能力方面的作用是令人满意的(迁移能力应该包括"知识迁移"和"技能迁移"两个方面)。关于这方面的研究文献很多,此处不再举例说明。

三、搭建学习台阶,顺应学生现状

对于比较困难的问题,可以通过改题搭建一组让学生顺阶而上的台阶,组成"题组"使学生在此中自主探求问题的解答。

[例 3] 求函数 $y=\sin^2\alpha+m\cos\alpha+1$ 的最值

初次接触这类问题的学生大多数觉得这类题很难,特别在一些生源不太好的学校中,甚至在教师例题讲了很多遍之后,还有一些学生没有能把握这类问题的要领。如果能让学生对这类题型解法经历了一个自我探求的过程,学生也就

更容易深入理解引起分类的原因以及分类标准的确定等关键问题,从而把握这类问题的要领。为此我们把此题改编成一个由易到难的题组:

〔例3-1〕　求函数 $y=-x^2+2x+2$ 在 $[-1,1]$ 上的最值;

〔例3-2〕　求函数 $y=-x^2+x+2$ 在 $[-1,1]$ 上的最值;

〔例3-3〕　求函数 $y=-x^2-x+2$ 在 $[-1,1]$ 上的最值;

〔例3-4〕　求函数 $y=-x^2+mx+2$ 在 $[-1,1]$ 上的最值;

〔例3-5〕　求函数 $y=\cos^2\theta+m\cos\theta+2$ 的最值。

四、调整前提知识,回归课标要求

解题总是需要以一定的基础知识为前提的,现有的大量陈题都是在旧的教学大纲知识体系下编制出来的,未必与新课标相符,这就需要对其作适当的调整。

〔例4〕　(2002年河南、广西、广东高考题)函数 $f(x)=x|x+a|+b$ 是奇函数的充要条件是(　　　)

(A)$ab=0$　　　　　(B)$a+b=0$　　　　　(C)$a=b$　　　　　(D)$a^2+b^2=0$

按新课标的模块设置,"充要条件"这一内容被安排在选修系列。因此,本题不能直接在必修1函数性质的教学中使用。当然,只要略作修改即可:

〔例4-1〕　已知函数 $f(x)=x|x+a|+b(x\in\mathbf{R})$ 是奇函数,则(　　　)

(A)$ab=0$　　　　　(B)$a+b=0$　　　　　(C)$a=b$　　　　　(D)$a^2+b^2=0$

〔例4-2〕　已知函数 $f(x)=x|x+a|+b(x\in\mathbf{R})$ 是奇函数,求 a,b 的值。

这类改题,重要的不是改题的方法技巧,而是改题的意识。如果教师改题意识不强,就有可能因疏忽而直接拿给学生当作业,为了弥补这一疏忽,教师可能就会超前给学生补充"充要条件",从而加重了学生的学业负担。新课程实施中这类情况是比较多见的,这需要引起广大教师的注意。

第三节　改题的基本原则

任何一种好的教学措施都不能乱用、滥用,改题也不例外。为了有效指导改题实践,作为一种理论总结,必须回答改题实践中需要遵循哪些基本原则。根据我们的实践体会,我们总结了以下几条改题的基本原则:

一、科学性原则

科学性原则是改题需要遵循的首要原则,要尽一切努力杜绝错题。关于封闭题的科学性要求,戴再平在《数学习题理论》一书中提出了6条标准:

1. 有关的概念必须是被定义的;

2. 有关的记号必须是被阐明的;

3. 条件必须是充分的、不矛盾的;

4. 条件必须是独立的、最少的;

5. 叙述必须是清晰的;

6. 要求必须是可行的。

关于非常规问题的科学性,车曦东(2002,网络资料)提出了以下几点:

1. 条件可以是不充分的,但必须是不矛盾的;

2. 条件的独立性和必要性仍然是编制非常规问题时所要遵循的一个原则,但在具体掌握上也允许有一定的弹性;

3. 叙述的清晰性是必要的(引用者注:我们认为不但必要,而且这在非常规问题中尤为重要);

4. 必须充分重视要求的可行性;

5. 实际应用问题中的条件、结论必须与现实相容。

我们在研究改题科学性时,这些都是可以参考的现有研究成果。

二、目的性原则

改题的目的性原则包含两项要求:一是要明确改题的目的,不能为了改题而改题,导致改题在教学中的乱用和滥用;二是对改题的评价应该结合改题的目的来进行,脱离改题的目的抽象地评判一道题改得好不好,对于教学来说,其意义并不是很大.例如,对例2改编为例2-1,抽象地评判这两题,很难说哪一题更好一些。

三、适度性原则

改题的适度性原则,要求我们在教学上运用改题时,要注意数量上的适度性。虽然现在还没有足够的实践研究表明过多的改题运用对教学会出现什么不良后果,但从理论上说,任何事物都有一个"物极必反"的原理。过多运用改题从理论上看至少有这样一些可能的危害：

1. 占用大量教学时间，有可能冲淡某些基本概念上的辨析；

2. 虽然有些改题具有促进基本技能掌握的功能，但并不是所有基本技能的掌握都可以通过改题来掌握，基本技能的训练模式应该是多样化的，这种多样化决定了改题的运用必须在数量上具有适度性；

3. 过多改题对基础薄弱的学生所能起到的作用也许并不如我们所愿；

4. 改题过多必然会加重教师的工作量，占挤其他教学研究工作的时间。

四、量力性原则

改题的量力性原则，要求我们在改题的质上必须注意以下两点：

1. 要根据学生的水平进行，这又有两层含意：一是教师改题要注意改编后的习题是否合适学生的现有水平，二是如果让学生进行改，题教师要精心设计作业要求，充分注意这些要求是否在学生的能力范围内；

2. 要根据教师的能力和精力适当地在教学中运用改题。

第四节　改题的基本方法

在教学实践中，改题有哪些基本的方法？这当然是改题理论的一个重要内容。参考现有的文献，根据我们的实践经验和初步研究，主要可以总结出以下几种（这些方法的实例大多可以在很多已发表论文中找到，在这里只列一个提纲及简要说明，不再详细举例说明）：

一、调整命题参数

调整问题条件中的参数，可以让学生体会不同参数对问题结论的影响，从而强加对分类讨论必要性与分类方法的理解。如［例 3］中从［例 3-1］到［例 3-4］的调整。

二、等价条件替换

将问题的部分条件替换为其等价条件，"换句话说"，几何条件翻译成代数，或者代数条件翻译成几何条件，等等。这可以提高学生对不同领域数学语言的

"互译"能力,有时为了降低习题难度,将题中的隐含条件显化出来,也是这一类。

三、强化弱化条件

将问题的条件替换成一个更强的命题,或者更弱的命题,结论有何变化?这类改题过程,可以让学生对一个问题系统的条件与结论之间的关系理解得更为深刻,这也是改题变式教学中很常用的方法。

四、调整命题结论

在同一条件下改变习题求解的对象,改变求证的结论,这有助于让学生丰富这一条件的内涵,加深有关概念的理解。

五、推广命题结论

推广命题结论是常用的一种手法,相关的研究也是相当丰富的。常见的推广有:低维向高维的推广、特殊向一般的推广、具体向抽象的推广,等等。

六、调整元数维数

增加或者减少问题中的字母元数,或者二维平面问题推广到三维空间、三维空间问题简化到二维平面,等等。这也是改题很常见的手法,它与推广命题有交叉,但并不完全等同,因为它还包含与推广命题逆向的改题方向。

七、构造逆向问题

2007年上海春季高考数学试卷第17题就是要求学生构造"逆向问题"。构造逆向问题不但只是构造逆命题,也可以是否定条件(或部分条件)等。

八、横向知识综合

将几个不同知识领域基础训练题拼凑为一个综合题,很多所谓的"拼凑型综合题"都可以用这种方法改编而成,当然拼凑的手法有高有低,高手法的拼凑可以不露拼凑的痕迹。

九、改变设问方式

习题的设问方式是对学生解题要求的规定,有时也能起到提示解题思路的效果。本书第二章研究了开放题的设问方式,其实对封闭题的设问方式也是值得研究的。例如调整选择题的选项、改变填空题的解答要求(如排列组合中的用数字作答和用计算式作答、精确度要求、算法框图中的填空位置等)、解答题中的小题设置,等等。限于篇幅,我们将另文专门研究这一问题。

十、增加实际背景

给一道纯数学习题披上一件实际背景的外衣,这在编制应用题时比较常见,其用意当然是增强学生的应用意识。可惜这种方法容易造成所谓的"伪应用题",也就是实际背景不够真实,这是需要注意的,因为这对应用意识的培养可能是适得其反的。

十一、构建新颖背景

除了增加实际背景以外,为了"能力立意"的需要,近年来不少试题采用了构建全新的背景这类方法来将旧题改编为新题。例如定义新概念、新运算,增加游戏背景等。

十二、转换不同题型

各种不同题型有着各自不同的解题规范要求和不同的解题规律,改变题型对解题者的认知水平将有不同的要求。转换不同题型主要可有以下几种类型:
· 选择题、填空题和解答题之间的相互转化;
· 证明题与求解之间的转化;
· 传统封闭题、探索型问题与开放题之间的相互转化。

第六章
数学教研杂谈

本章收集了几篇数学教研方面的论文,其中三篇论文比较侧重于理论方面的问题。当然不是那些高高在上的空洞抽象的理论,而是在教学实践中每一位数学教师都有可能碰到的问题,只是相对于具体的教学设计和教学对策而言,这些问题都相对更侧重于理论性而已。其中第一篇《关于命题的学习与思考》发表于《中学数学教学参考》2002 年第 09 期;第二篇《"一步到位"与"螺旋式"课程》发表于《中学教研(数学)》2007 年第 01 期;第三篇《关于解方程的一次争论及其联想》发表于《中学数学教学参考》2004 年第 06 期,原文标题是《"检验"是不是"解一元一次方程"的必要步骤?——一次网上论坛的争论及其联想》。

第一节　关于命题的学习与思考

高中数学新课程中增加了"简易逻辑"这一内容。在教学中有些教师对此遇到不少困难,《中学数学教学参考》2002 年第 1－2 期刊出的《关于命题的困惑》(以下简称《困惑》)一文提出了一个具有代表性的困惑。

笔者对此进行了相关的学习与思考,愿在此与同行交流,供参考。同时也作为对《困惑》的一种释疑。本文内容仅仅是个人的学习理解,其中难免谬误,恳请专家、同行指正。

一、古典逻辑与数理逻辑

大多数学教师在大学里都学过《数理逻辑》,但未必学过《古典逻辑》,特别是从 20 世纪 80 年代中期开始,中学语文课程中取消了"逻辑"(主要讲述《古典逻辑》的基本内容)这一内容,从这以后中学毕业直接升入师范数学专业的大学毕业生一般只接触过《数理逻辑》,从未接触过《古典逻辑》。但是,《数理逻辑》是在

《古典逻辑》基础上发展起来的,要深入理解一门学科,就必须了解这门学科的发展;另一方面,对于中学生而言,其对抽象思维的理解力还没有发展到《数理逻辑》的水平,而对《古典逻辑》则比较容易理解(尽管其不够完备)。因此,对于一个要向学生介绍逻辑知识的数学教师来说,补上《古典逻辑》这一课是有必要的。

二、词项、概念和词语

在古典逻辑中,词项是逻辑分析的基本单元,它可以作为直言命题的主项和谓项。例如,在《困惑》提到的:"实数的平方根是正数或0"这一命题中,"实数的平方根"和"正数或0"都是词项,前者为主项,后者为谓项。

每一个词项都是一个概念,概念是抽象思维的基本形式之一。它反映了事物的特有属性。人在感觉、知觉、印象等感性认识的基础上借助思维的抽象作用便形成了反映事物特有属性的概念。

词语是语言材料,是概念的语言形式,概念是词语的思想内容。概念的产生和存在必须依附于词语,思想的交流也必须借助词语。但是,词语与概念并不是等同的,不同的词语可以表示同一概念,同一词语在不同的语境中也可以表示不同的概念。这是数学研究所不允许的,因此,数学中强调对概念的定义。

三、命题、判断和语句

命题是一句陈述句的意义,是一种可以判断或真或假的思想。

判断是认识主体在一定时空下对命题的认识,它断言这个命题是真的还是假的。

语句是命题或判断的语言形式,命题或判断是语句的思想内容。语句有时具有一种模糊性和不确定性,同一语句在不同的语境中可以表达不同的命题。数学中应该避免使用这种模糊的、不确定的语句。但是,在数学教学中,由于学生理解水平的限制,或者教师在运用教学口头语言时求方便,有时也会使用这类语句,只要在特定的语境中不被学生误解即可。

"命题"、"判断"和"语句"是三个具有密切联系又有细微差别的概念,分属三个不同的领域。"命题"是逻辑学概念,"判断"是认识论概念,"语句"是语言学概念。在古典逻辑中,常把命题看成是判断的语言形式,忽略了命题与语句的区别;也常把判断当做命题,忽略了命题与判断在认识上的区别。

《困惑》中提到的初中对"命题"的定义是古典逻辑对命题的理解,这适合初中生的理解水平,高中对"命题"的定义则更符合现代逻辑的理解。

四、直言命题、选言命题和假言命题

古典逻辑根据命题的主谓项关系把命题分为"直言命题"、"选言命题"和"假言命题"。

直言命题又称简单命题,是指直接陈述对象有无某种性质的命题。古典逻辑又把直言命题分为"特称肯定"、"特称否定"、"全称肯定"和"全称否定"四种形式,把这四种形式的真假关系总结成如图 6-1-1 的"逻辑方阵":

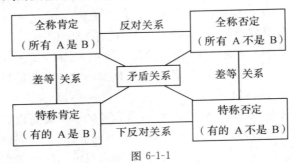

图 6-1-1

特别要注意的是下反对关系是一种交叉关系,也就是说,特称肯定为真,并非意味着特称否定为假,它可能真也可能假。

选言命题是形如"所有 A 是 B 或者是 C"的一种复合命题形式。其真假性与概念的"周延性"相关。还要特别指出的是:"或者"一词的语义有两种:一种是相容的,即两者可以同真,(这是现代逻辑对逻辑联结词"或"的理解);另一种是不相容的,即两者不能同真,"两者必取其一"的意思。这与逻辑联结词"或"虽然词语相同,但词义不同。

假言命题是形如"如果 A 那么 B"的一种复合命题形式。对于一个假言命题,可以构造出其否命题、逆命题和逆否命题,与原命题一起被称为我们所熟悉的"命题的四种形式"。要注意的是,不能把它与前面所述的直言命题的四种形式相混淆,它们分属不同的领域。笔者曾遇到一位年青教师在考试卷中出了这样一道试题:"'所有的 x 都大于 1'的否命题是_____",其出题本意是要学生求出这个命题的非命题,但由于混淆"否命题"与"非命题"这两个概念,结果是搅混了直言命题的四种形式和假言命题的四种形式,一字之差成为一道错题。

关于假言命题还有一点不易理解的是:如果前提 A 为假,那么命题"如果 A 那么 B"恒真。在现代逻辑中,"如果 A 那么 B"这个命题等同于"非 A 或 B"。这只要考察一下两者的真值表就能理解。

五、现代形式逻辑对研究范围的拓展

现代形式逻辑也叫"数理逻辑"。它所研究的逻辑常项有"狭义的"和"广义的"之分。狭义的逻辑常项包括：①逻辑联结词（→，∧，∨，→和↔），②量词（∀和∃），③等词（＝）；广义的逻辑常项包括：④高阶量词，⑤表示属于关系的符号（∈），⑥必然、可能一类的概念。

只研究①类逻辑常项逻辑系统叫做"命题逻辑"；在命题逻辑中加入②类逻辑常项及谓词的逻辑系统叫做"狭义谓词逻辑"或"量词理论"；在此基础上再加入③类逻辑常项的逻辑系统叫做"一阶逻辑"；包含④类逻辑常项的逻辑系统叫做"高阶逻辑"；一阶逻辑加入⑤类逻辑常项构成的逻辑系统叫做"集合论"；包含⑥类逻辑常项的逻辑系统叫做"模糊逻辑"。

逻辑研究有"语法的"和"语义的"之分：把符号和公式看作是没有意义的具体对象，只研究公式之间的关系时，这种研究称为"语法的"；当对符号和公式予以解释，并在这种解释下研究公式的意义时，便称这种研究为"语义的"。

在新中学数学课程中所介绍的逻辑知识基本上只限于命题逻辑的范畴。即使是对于命题逻辑的知识内容也只是着重介绍由"且"、"或"、"非"三个逻辑联结词组成的复合命题的真值与各支命题的真值的关系。由于纯粹语法的研究过于抽象，所以为了便于学生理解，这种研究往往是"语法的"和"语义的"相结合。我们在教学中必须要把握好这一教学要求，不要过分地加深、加难。但是，作为教师只了解这些内容，而不知道其他有关逻辑知识是远远不够的，这有时会导致这样一种情况：对学生提出的问题事实上已经超出了以上教学要求，而教师自身还未察觉（在后面的释疑部分会具体谈到这一情况）。

六、对《困惑》的释疑

《困惑》一文认为，所有的问题都产生于命题的定义，如"4 的平方根是 2"这样的语句是不是命题？事实上，问题并不在于这个语句是不是命题（它当然是命题，而且是一个假命题！），而是用什么方法，从什么角度来分析这个命题。

首先我们从古典逻辑的方法来分析这个命题。这里涉及三个命题，我们分别称之为"命题 A"（4 的平方根是 2），"命题 B"（4 的平方根为 −2）和"命题 C"（4 的平方根是 2 或 −2）。从词项分析，我们可以发现三个命题的主项均为"4 的平方根"，而其谓项分别是"2"，"−2"和"2 或 −2"，三者并不相同。《困惑》一文错误地认为 $C = A \vee B$，这是导致困惑的原因之一。

事实上，$A \vee B$ 表示的命题是"4 的平方根是 2，或者，4 的平方根是 -2"（我们把这个命题叫做命题 D）。在命题 D 中，"或"这个逻辑联结词处于两个命题之间，而在命题 C 中"或"这个逻辑联结词处于两个词项之间，混淆命题与词项这两个概念是困惑产生的原因之二。

命题 D 是真命题还是假命题？由真值表可知其应该是一个假命题。但问题并非如此简单，这与"4 的平方根"这一词的词义有关。它一般有以下三种理解：①任意的一个 4 的平方根，②任意确定的一个 4 的平方根，③所有的 4 的平方根所组成的集合（根据上下文理解，在命题 D 中这种理解是错误的，但是这个词在其他某些场合确实可以有这种理解）。对于第①③两种理解，命题 A 和 B 均为假，故命题 D 为假。对于第②种理解，如果在命题 A 和 B 中"确定"方法是一致的（在命题 C 中保证了这种一致性，但在命题 D 中并没有明确表明，但我们常常会默认这种一致性，分析逻辑问题时我们要善于觉察这种默认），在命题 A 和 B 中则必有一个为真（具体何者为真依赖于"确定"的方法），故命题 D 为真；如果在命题 A 和 B 中"确定"方法并非一致，则命题 D 仍为假命题。上述分析表明，对命题 D 的真假性分析已经超出了命题逻辑的研究范围，如果我们仍然机械地运用命题逻辑的方法进行分析，这就好像用实数范围内的定理来研究复数一样，迟早会产生"不可调和的矛盾"。这是产生困惑的原因之三。

第二节 "一步到位"与"螺旋式"课程

众所周知，在课程理论中，课程内容的呈现方式有"直线式"与"螺旋式"之分。"直线式"是将课程内容组织成一条在逻辑上紧密联系的直线，使前后内容基本上互不重复；"螺旋式"是在不同的阶段，课程内容会不断地重复出现，但是这些重复出现的内容在深度和广度上都有所加强。直线式组织与螺旋式组织对学生思维方式有不同的要求，前者要求较强的逻辑思维，后者比较适应直觉思维。所以，当学生逻辑思维还没有达到一定水平时，直线式课程将增加学习难度。

在新课程标准的设计中，虽然高中课程没有像九年义务教育阶段完全按照"螺旋式"的模式来安排课程内容，但其"模块化"设计已经打破了原来的"直线式"模式，可以说是"直线式"与"螺旋式"的一种折中。这种折中从课程模式角度来看，一方面是针对初中"螺旋式"模式所做衔接工作，另一方面又可以为学生今后进入大学学习直线式课程作一些准备。

对应于原来的"直线式"教材，"一步到位"的做法是比较流行的。因为在"直线式"教材中,大多数知识点只在教材中研究一次后就不再进一步研究,如果不"一步到位"就不太有机会进行补救。但是,在"螺旋式课程"中,"一步到位"的做法就值得商榷了。

一、在"螺旋式"课程中,"一步到位"没有可行性

例如,在必修 1"1.3.1 单调性与最大(小)值"一节中提到了函数最值(值域)的求法。很显然,由于学生刚进入高中学习不久,相应的知识准备不足以"一步到位"地解决形形色色的"求函数最值(值域)"问题,教材在这里只能把问题局限在"如何运用函数单调性求函数最值(值域)"的范围内。在课时安排上,至多只有 1 课时用来学习"求函数最值(值域)"问题。无论从学生的知识基础角度,还是从课时安排角度来看,如果此时想"一步到位"地总结出"求函数最值(值域)常见题型和方法"当然是不可能的。否则,只会加重"课时紧张"、"学生难适应"等这些新课程实施中"常见病"的症状。其实,"学生难适应"的病症后面,其内在的病理大多是"教师没有适应新课程的变化"。

二、在"螺旋式"课程中,"一步到位"没有必要性

仍以必修 1"1.3.1 单调性与最大(小)值"一节为例,求函数最值(值域)方法将会在《不等式》、《导数》等模块中进一步讨论研究。如果此时"一步到位"地总结"求函数最值(值域)常见题型和方法",必将后续学习内容提前,这完全是没有必要的。

又如,在"集合"这一单元中,很多教辅书上大量出现"平面点集的形式化表述:$\{(x,y)\mid f(x,y)=0\}$"。仔细研读教材,我们可以发现,教材在有关"平面点集"的问题上总共只安排了一个例题(p.11 例 7):

设平面内直线 l_1 上点的集合为 L_1,直线 l_2 上点的集合为 L_2,试用集合的运算表示 l_1,l_2 的位置关系。

一个 B 组习题(p.14 习题 1.1 B 组第 2 题):

在平面直角坐标系中,集合 $C=\{(x,y)\mid y=x\}$ 表示直线 $y=x$,从这个角度看,集合 $D=\left\{(x,y)\;\middle|\;\begin{cases}2x-y=1\\x+4y=5\end{cases}\right\}$ 表示什么? 集合 C,D 之间有什么关系?

在例 7 中,运用自然语言描述平面点集,而没有出现平面点集的形式化表述;在习题 1.1 B 组第 2 题中,虽然出现了这个形式化表述,但题中对其含义作了明确的解释,不理解这个形式化表述的学生可以通过这个解释扫除解这道题

时可能出现的理解障碍,而且这样难度的题被安排在 B 组! 这说明,教材在此处并没有要求学生完全掌握平面点集的形式化表述。因为对这个形式化表述的深刻理解涉及"方程与曲线"的概念,这将在《解析几何》模块中进一步深入。教材此处安排这一习题的用意是让学生在正式建立"方程与曲线"的概念之前,先对这一概念进行一次感性体悟,没有必要在此提前对这个形式化表述进行大量训练。(我们不妨在这个例子中体会一下"螺旋式"课程不同于"直线式"课程的教材特点)

三、很多教辅书没有改变"一步到位"的做法

教师在选用教辅书的时候,必须明确这一点,对有些该删的习题不必有丝毫的犹豫和担心。很多教辅书没有改变"一步到位"的做法,其原因是多方面的:有的是认识局限性所致,没有认识到"一步到位"的做法已经不适应新课标教材;有的是思维习惯所致,因为教辅书作者大多是运用旧教材的成功者,其很多成功的教材处理经验是否适合新课程教材尚未得到实践的检验;有的是为了抢占市场而缩短编写周期所导致的失误;当然,也不排除个别作者缺乏基本的责任心,直接大量拷贝旧版教辅书习题这种可能性。

四、教师必须尽快熟悉高中数学各模块的内容设计安排

对参加第一轮高中新课程实验的教师来说,这是一个必要而又紧迫的任务。一方面,学校等教育行政应该努力创造条件让教师早日拿到高中的全套教材;另一方面,教师也应该积极而又主动地通过各种渠道了解熟悉教材的全部内容。这本来应该是一个不必强调的问题,但针对"一步到位"遭遇"螺旋式"课程的这一情况,这个问题的紧迫性就更加显著了! 在没有拿到全套教材的情况下,认真研读课程标准也可以让我们对高中课程的整体框架有一个宏观的了解。

五、各类统考命题人员要谨防对教学的误导

各类统考命题人员,客观上担负着对教学的指导作用,甚至是"指挥棒"作用,应该明确自己所肩负的重任。必须比一线教师领先一步,深入理解新课程教材的"螺旋式"结构。否则,把教材在"螺旋式"过程的第一轮出现的知识点不负责的按"一步到位"的要求出题,将是对教学实践的严重误导,其负面影响远大于那些不负责任的教辅书! 这有可能彻底打乱正常的教学秩序。因此,在这个问

题上,各类统考命题人员必须提高警惕,慎之又慎!

第三节　关于解方程的一次争论及其联想

"检验"是不是"解一元一次方程"的必要步骤?熟悉方程理论的人看到这个问题可能会觉得奇怪:"这个问题也需要讨论吗?"。但是在网上《教育论坛》的《理科教学论坛》上,的的确确进行了一场争论(要了解这次争论的具体情况,可以根据《教育论坛》的网址 http://www.eduol.com.cn,进入《理科教学论坛》,找到主题为"对中学数学教材的质疑三"这个帖子),笔者也参加了这次争论,并由此联想到了一些问题,本文是对笔者在这次争论中的所思所想所作的整理,希望与更多的关心中学数学教育的朋友交流。

一、缘由

一位网名为 kangxh456 的朋友在论坛上发帖对教材提出了质疑,原文如下(下文把持这一观点者称为"正方必要论"):

《对中学数学教材的质疑三》

人民教育出版社出版初中《代数》第一册第四章《一元一次方程》中讲一元一次方程的解法时说:第一步:去分母;第二步:去括号;第三步:移项;第四步:合并同类项;第五步:系数化为1。

质疑:这中间的一、二、三、四步都是动名结构,为什么第五步不写成动名结构,方便学生记忆,方便老师讲授?

建议:1、第五步:化系数为1;2、增加第六步:检验。

因为解方程时检验应是其中的一步! 而且对中学生来说,应该养成检验的习惯,因此在此处应提醒学生一下!

笔者的一个跟帖是争论的开始(下文把持这一观点者称为"反方非必要论"):

争鸣一下:

检验是解方程的必要步骤?在解一元一次方程时强调检验,会不会让学生产生教师总是没事找事的感觉?是不是在增加学习负担?

只有让学生真正体会到检验的必要性,才能使学生信服,教数学最重要的是什么?尊重科学,而不是屈服权威!

二、正方观点集锦

以下是一些持正方观点的网友的跟帖内容(为保持材料的原始性,未将其中的错别字和病句改正,只是为了节省版面,重新分段整理):

1.不是必要步骤,但对初一学生来说,他们刚从小学步入初中,计算能力特别差,你们高中老师无法想象,所以,检验对学生来说,非常重要,这可以使学生养成一个良好的学习习惯,而且有助于提高他们的计算能力。(网名:康晓红)

2.计算题也要检验,只是书上没有说过计算题的具体步骤及具体的检验方法,但我们都很强调检验的。而解方程就不同了,在学习方程的解法(第四章第三节)之前,书上就专门为解方程如何检验列了一节(第二节),因此,我觉得还是要检验!(网名:康晓红)

3.教学应面向未来哦,卫星放射还要几十检验呢,养成科学精神是好的,但还是要求学生开始检验,以后无须检验,应为以后这类问题会成为简单问题,再要检验就可笑了!(网名:xuchangjun)

4.不见得,学生在做题时,还会有笔误还有很多非知识性的错误。比如马虎什么的。从长远来说。检验是必要的。我们都有体会——往往在最不该犯错的地方犯错。从另一方面来说,检验可以使学生养成严谨思维的习惯和科学精神,我觉得还是有必要提一下。(网名:画船听雨)

5.初一学生中马上就强调数学的严谨,检验这一步骤应该写进教材(网名:向量)

三、对正方观点批判

以下是对上述观点的逐一批判,序号与上面相对应。

1.这一观点严格上不能成为正方观点,因为她已经承认了"不是必要步骤",只是强调了这一步骤的重要性。但从康晓红网友的下面的几个跟帖看,她还是持正方观点的,因此把这一观点也作为一个正方观点,但看来无需批驳。

2.首先,"计算题也要检验",解方程也是一种计算题,这似乎可以看成正方观点的最有力的论据。

事实上,"计算题的检验"与这里所说的"把检验作为解方程的必要步骤"这是两个不同的问题。

对于不同学习风格的人,可以对"计算题的检验"有不同的看法(教师中就有两种观点):有的人计算的准确率很高,这种教师常常强调要一次计算准确,靠检验浪费考试时间;有的人计算准确率不高,这种教师常常强调检验的重要性。其实这两种教师都没有注意到不同的学生有不同的学习风格,应该强调什么,不应根据教师的学习风格,而应该根据学生的学习风格而定。

如果把解方程的检验看成是一般的"计算题的检验",我想也应该采取以上的态度;但这与"解分式方程、无理方程中的检验步骤"完全是两回事! 前者只是对粗心的一种补救,没有这一步,在解题逻辑上没有问题;而后者是在针对进行不等价变形后的一种必不可少的补救措施。没有这一步,在解题逻辑上就有问题。在解一元一次方程时,不进行检验,即使答案错了,解题在逻辑上没有错误,其错误的性质是计算性错误。而在解分式方程时,不进行检验,即使答案对了,也犯了逻辑性错误,因为其使用了不等价变形。

其次,"我们都很强调检验的",并不能说明就是必要的。很多人都在搞题海战术,这不能说明题海战术是必要的。

再者,"教材专门为解方程如何检验列了一节",这同样不能说明"检验是必要的步骤"。我们应该研究一下教材编者安排这一节的主要意图是什么,我们认为主要意图有三:一是介绍方程检验的方法;二是通过这一节的学习进一步理解方程的概念;三是渗透"正反相辅"的哲学思想(做减法用加法检验、做除法用乘法检验、解方程用代入检验,这些都是用相对对原问题更简单一些的逆问题来辅助原问题,体现一种"正难则反"的思想)。而后面二个更为重要,我相信如果这一节内容没有后两个教育价值,仅仅为了第一个目的,教材编者是不会为此单独列一节的。这一节内容要告诉学生的是"解方程有一个很好的检验方法",为以后学习分式方程写下一个伏笔;而不是强调"解方程必须进行检验"。

3.首先,"还是要求学生开始检验,以后无须检验"这句话似乎并不是坚定为正方辩护,反而论证了反方"非必要论";其次,从表面上看,"养成科学精神"似乎又是一个正方的有力论据(后面三个观点都谈到这一点),但是我们认为在这里用"养成科学精神"这一论据说明正方观点,好像对"科学精神"的理解太表面化、单一化了。"科学精神"的内涵相当丰富,这里不可能系统论述,但是仅仅从争论双方提及的两个方面进行比较:反方的"尊重科学,而不是屈服权威"和正方的"精益求精"(正方没有这样明确提出,但从论述的前前后后看,大概就是这个意思)这两种科学精神,哪一个更重要? 教师引导学生重视检验这一步,这从培养精益求精的态度出发没有错。但如果你把态度问题与真理问题混为一谈,不是引导学生重视检验这一步,而是武断地要求学生必须进行检验,这反而让学生抓住把柄,使你的话缺乏说服力,学生的感觉是在屈从你的权威,而不是对真理的捍卫。

4.这一观点所涉及的几个问题"计算性错误"问题已在第 3 点的批判中谈

过,"严谨性"问题将在第5点的批判中一并论述;而一句"我们都有体会"可以成为正方的第三个有力论据:"真理必须由实践来证明,我们的实践证明了这一点,你还有什么话说!"遗憾的是,事实上这种实践体会只能说明检验的"重要性",而不能证明其"必要性"。这里要区分"重要性"与"必要性"是不同的,重要的不一定是必要的。比如对中学生而言,考上大学是重要的,但不是必要的。把两者混为一谈,就会出现考不上大学就没法活而自杀的情况。没有分清重要性与必要性的人,针对高考落榜生自杀现象就会走向另一个极端,否定考大学的重要性。回到我们讨论的问题上来,对某种学习风格的学生(计算准确率不高的学生)而言,"解一元一次方程必须进行检验"是重要的,但不是必要的(至少对计算准确率很高的学生来说是不必要的)。

此外,数学对其真理性的捍卫,主要是通过逻辑证明,而并不是实践证明的(这又是一个可以写一本书的论题),这是数学严谨性的特点之一。数学史的经验告诉人们,有时逻辑上的证明比实践更可靠,因为实践上与逻辑上的不符大多情况是由于人们的视野不够开阔,没有看到事实的本源(比如非欧几何的历史)。

5. 几乎所有的正方必要论者都认为,承认检验的必要性就是严谨的,不承认检验的必要性就是不严谨的。甚至有些反方非必要论者也默认这一点。但事实上恰恰相反:承认检验的必要性在数学上是不严谨的,不承认检验的必要性才是严谨的!

为什么?正如以上所述,"解一元一次方程必须进行检验"是重要的,但不是必要的。查《中学百科全书(数学卷)》中对"解方程"这一条目是这样解释的:"在规定范围内,求出方程的所有解或确定方程无解的过程。如果解方程的过程中,施用了非同解变形,那么检验应该是解方程中的必要步骤。"这就是说,"检验成为解方程的必要步骤"的前提是"解方程的过程中施用了非同解变形"。在解一元一次方程中并没有施用非同解变形,如果把"解一元一次方程必须进行检验"写入教材,这就是把"重要性"当成"必要性"写入教材,这非但没有增强教材的严谨性,反而削弱了教材的严谨性!

四、几点联想

1. 在教育科研中,要注意"价值逻辑"与"事实逻辑"的区别

事实逻辑是就关于"事实是什么"的逻辑;而价值逻辑是关于"我们需要什么"的逻辑。"培养精益求精的科学态度"应该属于"价值逻辑"的范畴(能满足某种需要的就是有价值的),而真理问题是属于"事实逻辑"范畴的(符合事实的就是真的),有价值的不一定是真的(如善意的谎言),真的也不一定是有价值的(如

在 K12 上有教师提出"课堂上什么不能少?"这个讨论题时,我曾开玩笑地说:"少不了学生",这句话是真的,但没有价值)

"解一元一次方程必须进行检验",这句话对有些学生是有价值的,但不是真理。

没有区分这两种逻辑,就可能导致错误或者产生逻辑混乱。以上必要论者就是把价值逻辑的推论当成事实逻辑的论据,把有价值的当成"事实上"是这样的;反过来,把事实逻辑的研究方法错误地运用于价值范畴,同样会产生混乱,比如,对于课堂教学的"情感目标",由于当前还没有一种科学的检测手段,用事实逻辑的标准来看就是不科学的,有人以此为由排斥这类无法检测的教学目标(甚至有些在大学搞教育理论的学者也有这种观点),从而否认这类目标的价值,这就是导致素质教育在理论上混乱的原因之一。

2. 要正确对待数学的严谨性

在对待数学的严谨性问题上,存在着一些值得我们注意的倾向:

(1)不了解学生数学发展水平,过分强调严谨性。甚至有的教师自己并不十分严谨,而对学生却很苛求。能不能也来一个"严于律己,宽以待人":在学生的水平上,对学生恰当地要求严谨性;在教师的水平上,对自己相对严格地要求严谨性。

(2)对数学严谨性的培养上,不是引导学生感受严谨性对数学来说是多么重要,而是采用一种权威的压制来强制学生进行严谨的数学证明。我们应该让学生明白数学家对严谨性的追求是在追求真理的过程中被"逼出来"的,并不是数学家"没事找事",也就是说,"严谨性要求"是数学发展的内在逻辑所致,而不是外加的。现在有很多学生以为数学老师"没事找事,明明是对的,还硬要我们进行证明"。产生这种情况的原因,可能就是我们在严谨性要求上忽视了这一点。

3. 把素质教育落到实处

其实,深入分析一下必要论者的观点,不难发现有一个"幽灵"始终在这些教师身边游荡,这就是考试:为什么检验是必要的? 因为不检验就有可能在考试中失分! 从而不管检验对解一元一次方程是不是必要的,我就规定它是必要的,这可以提高考试分数。实际上,你承认一元一次方程不是必要的,但对提高考试分数是重要的,我想学生也会理解的,我们不必"讳言"应付考试,学生也明白无法逃避考试。现在对素质教育的理解上一般并不排斥应试。考试是一种教学手段,应试是一种教学过程。这些只是外在的、物化的教育措施,关键还在于其装载的教育思想和理念。如果我们思考问题不是从"应试"作为基本出发点,而是通过"应试"的过程来促进学生素质的发展,那么我们的思路和做法就会不一样:

我们就会实事求是地来分析"检验对解一元一次方程是不是必要的";

我们就不会把数学的严谨性作为一种"数学的戒条"强加给学生；

我们就会想办法让学生明白检验计算结果的重要性而自觉地进行检验，而不是期望通过教材的权威性来让学生屈从地进行检验；

我们就会更多地关注我们的每一种做法有没有损害对学生素质的培养，尤其是一些考试无法检测到的其他素质要素的培养。

——再不要把素质教育当成空洞的理论或者写论文的口号，让我们从平时教学实践中的每一个想法和做法中去努力探索素质教育的途径！在实施素质教育过程中，这是我们一线教师能做的，也是只有一线教师才能做的贡献。

第四节　二次分式函数的值域

我们把形如 $y=\dfrac{a_1x^2+b_1x+c_1}{a_2x^2+b_2x+c_2}$ 的函数称为"二次分式函数"。

对于二次分式函数的值域问题，比较流行的方法是判别式法，但此法并不可靠。这一点已有不少文献指出，但这些文献基本上只是面向中学生的解题易错点提醒，未从解法的理论依据这一深度进行研究。本文拟对此作个补遗，同时给出二次分式函数值域问题的另一种新的解决思路，在笔者所能查到的文献中，均未讨论这种思路对此类问题的普遍有效性。

1. 判别式法的理论依据

判别式法实质上就是运用函数与方程的思想，以及化归思想，把函数值域问题化归为二次方程的根的讨论问题. 为了看清判别式法的理论依据，我们把这一化归过程细化为以下问题链：

（Ⅰ）求函数 $y=\dfrac{a_1x^2+b_1x+c_1}{a_2x^2+b_2x+c_2}$ 的值域；

（Ⅱ）若关于 x 的方程 $y=\dfrac{a_1x^2+b_1x+c_1}{a_2x^2+b_2x+c_2}$ 至少有一个实根，求 y 的取值范围；

（Ⅲ）若关于 x 的方程
$$(a_2y-a_1)x^2+(b_2y-b_1)x+(c_2y-c_1)=0 \quad ①$$
至少有一个实根，求 y 的取值范围。

问题（Ⅰ）是原问题，将问题（Ⅰ）化归为问题（Ⅱ）的理论依据是函数的概念，这一过程不存在什么问题，这是一个等价转换；从问题（Ⅱ）转化到问题（Ⅲ）是一个方程同解变形过程，根据方程同解理论可知，这里"去分母"有可能产生增根，所以这在理论上讲是一个不等价转换,很多人以为判别式法的问题主要源自于这个不等价转换。但追问一下"何时产生增根?"就不难发现,当且仅当分子分母可约时有增根,而此时这个函数可以化简为一次分式函数甚至常函数。所以,对于分子分母不可约的一般情况而言,这个不等价转换并不影响结论。

判别式法的一个主要易错点是,解决问题(Ⅲ)时,用判别式法还要对方程①的二次项系数是否为 0 进行讨论。当 $a_1:b_1\neq a_2:b_2$,并且 $\dfrac{a_1}{a_2}\notin\{y\mid\Delta\geqslant0\}$ 时,如果再把 $\{y\mid\Delta\geqslant0\}$ 当成函数的值域就出错了!

2. 判别式法的局限性

从以上讨论可以看出,只要当心在问题(Ⅲ)中不忘记讨论方程①的二次项系数是否为 0,用判别式法求二次分式函数的值域并不存在太大的问题。

事实上,判别式法的局限性主要还在于当函数定义域不是自然定义域时,问题(Ⅱ)、(Ⅲ)中的"至少有一个实根"这些文字将相应改成"在规定的定义域内至少有一个实根",此时,问题化归为二次方程根的分布问题,要分"两根均在定义域内(包括重根)"和"一根在定义域内一根在定义域外"两种情况讨论,再加上二次项系数是否为 0 的讨论,共需讨论三种情况。如下例所示:

[例 1] 求函数 $y=\dfrac{x^2+2x-1}{x^2+x+1}(0\leqslant x\leqslant1)$ 的值域。

解 原问题等价于:关于 x 的方程
$$(y-1)x^2+(y-2)x+(y+1)=0 \quad ②$$
在区间 $[0,1]$ 上至少有一个实根,求 y 的取值范围。

(1)当 $y=1$ 时,$x=-2\notin[0,1]$;

(2)当 $y\neq1$ 时,$\Delta=-3y^2-4y+8$,

记:$f(x)=(y-1)x^2+(y-2)x+(y+1)$,

$x_0=-\dfrac{y-2}{2(y-1)}$,

ⅰ)如果方程②有两实根(包括重根)在区间 $[0,1]$ 内,那么:

$$\begin{cases} \Delta\geqslant0\Rightarrow\dfrac{-2-2\sqrt{7}}{3}\leqslant y\leqslant\dfrac{-2+2\sqrt{7}}{3} \\ 0\leqslant x_0\leqslant1\Rightarrow\dfrac{4}{3}<y\leqslant2 \\ f(0)\geqslant0\Rightarrow y\geqslant-1 \\ f(1)\geqslant0\Rightarrow y\geqslant\dfrac{2}{3} \end{cases}$$

由于 $-2+2\sqrt{7}<4$,故 y 的取值集合为 $\varnothing$;

ⅱ）如果方程②有一实根在区间 $[0,1]$ 内，另一实根在区间 $[0,1]$ 外，那么：

$$f(0)f(1) \leqslant 0 \Rightarrow -1 \leqslant y \leqslant \frac{2}{3}$$

综上，所求的函数值域为 $[-1, \frac{2}{3}]$。

根据笔者的经验，能熟练掌握这种讨论并且运算不出错的高中学生很少。这样，一个原本不是很难的问题被化归为大部分高中学生不易解决的难题。所以，这个解题思路方向并不能令人满意。

3. 另一种解题思路

[例 1-1] 由 $0 \leqslant x \leqslant 1$ 知 $x - 2 < 0$

$$y = \frac{x^2 + 2x - 1}{x^2 + x + 1} = 1 - \frac{1}{|x-2| + \frac{7}{|x-2|} - 5} \qquad ③$$

因为函数 $f(u) = u + \frac{7}{u}$ 在 $[0, \sqrt{7}]$ 上单调递减，由 $0 \leqslant x \leqslant 1$ 知 $1 \leqslant |x-2|$ $\leqslant 2$，而 $[1,2] \subseteq [0, \sqrt{7}]$，故：$\frac{11}{2} \leqslant f(|x-2|) \leqslant 8$

又因为函数 $g(v) = 1 - \frac{1}{v-5}$ 在 $(5, +\infty)$ 上单调递增，而 $[\frac{11}{2}, 8] \subseteq (5, +\infty)$，从而：

$$y = g[f(|x-2|)] \in [-1, \frac{2}{3}]$$

此即为所求的函数值域。

这一解法中，③式的代数变形能力要求稍高，如果遵循以下的问题化归思路，就会有章可循，十分自然了。

4. 求二次分式函数值域的化归思路

对于二次分式函数 $y = \frac{a_1 x^2 + b_1 x + c_1}{a_2 x^2 + b_2 x + c_2}$，以下我们用化归的思路说明上述第二种解法对于解决"求二次分式的值域"这类问题具有普遍有效性并且适合于高中学生：

（Ⅰ）当 $a_2 = c_2 = 0, b_2 \neq 0$ 时，

$$y = \frac{a_1 x^2 + b_1 x + c_1}{b_2 x} = \frac{a_1}{b_2} x + \frac{c_1}{b_2 x} + \frac{b_1}{b_2}。$$

这就化归为打勾函数 $y = kx + \frac{b}{x}$ 的类型，利用基本不等式解决此函数的图像与性质，这在目前的高中阶段是属于比较常规的题型，大多数高中学生能够比较熟练地掌握。

[例 2] 求函数 $y = \dfrac{x^2 - 2x + 4}{2x}(0 < x < 4)$ 的值域。

解 $y = \dfrac{x}{2} + \dfrac{2}{x} - 1 \geqslant 2\sqrt{\dfrac{x}{2} \cdot \dfrac{2}{x}} - 1 = 1$

当且仅当 $x = 1$ 时等号成立，且当 x 无限接近于 0 时，y 无限增大，故 $y \in (1, +\infty)$。

这是二次分式函数值域问题的最简单基本的情形，以下讨论显示，除一些平凡的或者退化的情形外，其他情形均可化归为此类情形：

（Ⅱ）当 $a_1 = c_1 = 0, b_1 \neq 0$ 时，只需先研究 $\dfrac{1}{y}$，即化归为情形（Ⅰ），此时需要对 $y = 0$ 这一特殊点进行验证。

[例 3] 求函数 $y = \dfrac{x}{x^2 + 3x + 4}(-2 \leqslant x \leqslant 2)$ 的值域。

解 （1）当 $x = 0$ 时，$y = 0$；

（2）当 $x \in [-2, 0) \cup (0, 2]$ 时，

由 $x + \dfrac{4}{x} \in (-\infty, -4) \cup (4, +\infty)$ 得

$$\dfrac{1}{y} = x + \dfrac{4}{x} + 3 \in (-\infty, -1) \cup (7, +\infty),$$

从而 $y \in (-1, 0) \cup (0, \dfrac{1}{7})$。

综上，$y \in (-1, \dfrac{1}{7})$。

（Ⅲ）当 $a_2 = 0, b_2 \neq 0, c_2 \neq 0$ 时，作变量代换 $u = b_2 x + c_2$，问题化归为情形（Ⅰ）。

[例 4] 求函数 $y = \dfrac{x^2 + x - 3}{x + 4}(0 \leqslant x \leqslant 2)$ 的值域。

解 令 $x + 4 = t$，则 $t \in [4, 6]$，于是：

$$y = \dfrac{t^2 - 7t + 9}{t} = t + \dfrac{9}{t} - 7 \in [-\dfrac{3}{4}, \dfrac{1}{2}]。$$

（Ⅳ）当 $a_1 = 0, b_1 \neq 0, c_1 \neq 0$ 时，作变量代换 $u = b_1 x + c_1$，问题化归为情形（Ⅱ）。

[例 5] 求函数 $y = \dfrac{x - 3}{x^2 + x + 4}(0 \leqslant x \leqslant 2)$ 的值域。

解 令 $x - 3 = t$，则 $t \in [-3, -1]$，于是：

$$\dfrac{1}{y} = \dfrac{t^2 + 7t + 16}{t} = t + \dfrac{16}{t} + 7 \in [-10, -\dfrac{4}{3}],$$

从而 $y \in \left[-\dfrac{3}{4}, -\dfrac{1}{10} \right]$。

（Ⅴ）当 $a_1 a_2 \neq 0$ 时，作以下变形：

$$y = \frac{a_1 x^2 + b_1 x + c_1}{a_2 x^2 + b_2 x + c_2}$$

$$= \frac{a_1}{a_2} + \frac{\left(b_1 - \dfrac{a_1 b_2}{a_2} \right) x + \left(c_1 - \dfrac{a_1 c_2}{a_2} \right)}{a_2 x^2 + b_2 x + c_2}$$

问题化归为情形（Ⅳ）. 例 1 就是这类情形的实例。

以上忽略了一些平凡和退化情形的讨论，最后对此作一个交代：

（Ⅵ）当分子分母可约，或 a_1, a_2 同时为零时，函数可化为（或退化为）一次分式函数或常函数，一次分式函数均可利用图象平移化归为反比例函数。

（Ⅶ）当 $a_2 = b_2 = 0$ 时，函数退化为二次函数，当 $a_1 = b_1 = 0$ 时，函数是二次函数与反比例函数的复合。

（Ⅷ）当 $\dfrac{a_1}{a_2} = \dfrac{b_1}{b_2} \neq \dfrac{c_1}{c_2}$ 时，利用以下变形可化归为情形（Ⅶ）：

$$y = \frac{a_1 x^2 + b_1 x + c_1}{a_2 x^2 + b_2 x + c_2} = \frac{a_1}{a_2} + \frac{c'}{a_2 x^2 + b_2 x + c_2}$$

限于篇幅，对以上几种平凡和退化的情形不再举实例说明。

第五节　传统讲授法的现代演绎

这是对一堂公开课（借班上课）的教学设计的一个说明。

一、PPT 课件及教学细节设计说明

同角三角函数的基本关系式	显示网名以及网上的两个头衔，是从以下两个目的的考虑：
主讲：龚　雷 （网名：田雨） K12 数学论坛版主（www.k12.com.cn） 中学学科网数学学科总站长（www.zxxk.com）	• 给学生提供一个进一步交流的途径； • 借班上课，教师不可能在短时间内通过向学生显示个人魅力来提高学生的听课兴趣，所以用这种方式让学生更容易接受教师的这堂课，从而省去了一些组织教学的时间。

本节知识在整章的地位  	• 点题,明确本课研究任务,以及本课在整章中的地位 • 用练武功比喻学数学,增强数学课的文化因素,暗示"事物是普遍联系的"这一哲学原理。 • 及早接触三角恒等变形的三个关注点"变角""变函数名""变式子结构",让学生在今后的学习中更有的放矢。 • 重视"结构",渗透"数学是关于结构的科学"这种现代数学哲学。
引例 已知:$\sin\alpha=0.8$,填空:$\cos\alpha=\pm0.6$ 	• 用"换马甲"这种学生熟悉的网络行为来作比喻,让数学更接近学生的生活。"换马甲"将成为本课的关键词之一。 • "小样!别以为你换了马甲我就认不出你了!"这是学生在网络上使用频率较高的句子,引用到这里,暗示学生要有一种自信的态度。
复习:三角函数的符号 已知:$\sin\alpha=0.8$,填空:$\cos\alpha=\pm0.6$ 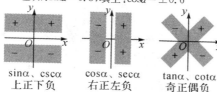	• 三角函数符号的记忆方法有多种,这里介绍的这种是由我原创的。创造这种方法的理论依据是当今学生在信息处理上的特点。(详见后文的学生特点分析)
还需重新证明! 已知:$\sin\alpha=0.8$,填空:$\cos\alpha=\pm0.6$ 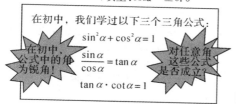	• 本课引入的方法有多种,这里选择这种方法,先说明"为什么要证明公式?"这一问题,一是为了促使学生理解下面公式证明的意义,激发学习的内部动机;二是为了进行数学文化的渗透。

波利亚："回到定义去！" 正弦 $\sin\alpha=\dfrac{y}{r}$　余割 $\mathrm{cec}\alpha=\dfrac{r}{y}$ 余弦 $\cos\alpha=\dfrac{x}{r}$　正割 $\sec\alpha=\dfrac{r}{x}$ 正切 $\tan\alpha=\dfrac{y}{x}$　余切 $\cot\alpha=\dfrac{x}{y}$ 其中：$r=\sqrt{x^2+y^2}$	• "当你找不到现成的公式和定理来解题时，请千万不要忘了这5个字"，这不但是为了本节课的证明能够顺利完成，更重要的是一种解题原理的揭示。
同角三角函数的倒数关系 正弦　余割互为倒数 　$\sin\alpha\cdot\mathrm{cec}\alpha=1$ 余弦　正割互为倒数 　$\cos\alpha\cdot\sec\alpha=1$ 正切　余切互为倒数 　$\tan\alpha\cdot\cot\alpha=1$ 其中：$r=\sqrt{x^2+y^2}$	• 利用"U"字形排列来记忆三种倒数关系，这也是由我原创的记忆方法。创造这种方法的理论依据，与上面的正负号规律记忆方法相同，也是当今学生在信息处理上的特点。（详见后文的学生特点分析）
平方关系和商数关系 $\sin^2\alpha+\cos^2\alpha=(\dfrac{y}{r})^2+$ $(\dfrac{x}{r})^2$ $\because y^2+x^2=r^2,$ $\therefore \sin^2\alpha+\cos^2\alpha=1$　$\alpha\in\mathbf{R}$ 其中：$r=\sqrt{x^2+y^2}$ $\dfrac{\sin\alpha}{\cos\alpha}=\dfrac{\frac{y}{r}}{\frac{x}{r}}=\dfrac{y}{x}=\tan\alpha$ $\alpha\neq k\pi+\dfrac{\pi}{2},k\in Z$	• 这个证明并不难，当然可以选择由学生来完成，但一个教学环节的设计要服从整堂课的总体设计，"得失权衡取其利"，个人认为在此选择由学生来完成只是追求一种表面的课堂学生活动效果，为使学生有更多的时间来突破本课的难点，提高课堂效率，这里大胆采用了这种可能招致更多反对意见的方案。此处利弊得失是否得当？愿在此求教于各位专家、同行。
同角三角函数的基本关系式 平方关系：$\sin^2\alpha+\cos^2\alpha=1$，　第一件事：记住它 商数关系：$\dfrac{\sin\alpha}{\cos\alpha}=\tan\alpha$， 倒数关系：$\tan\alpha\cdot\cot\alpha=1$， 　　　　　$\cos\alpha\cdot\sec\alpha=1$， 　　　　　$\sin\alpha\cdot\csc\alpha=1$，	• 提出"学习数学公式需要做好哪几件事？"这个问题显然是一般性的学习方法指导。 • 记忆要关注"结构"，与本课开始的数学哲学渗透相呼应。
学习数学公式需要做好哪几件事？ 记住它！（通过分析式子的结构来记忆） 明确公式成立的条件（何时"不必疑"）	• 顺便介绍数学史知识（徐光启翻译《几何原本》），更是数学文化的渗透，以及数学学科精神的陶冶。

公式成立的条件 平方关系：$\sin^2\alpha+\cos^2\alpha=1$，$\alpha\in R$ 商数关系：$\dfrac{\sin\alpha}{\cos\alpha}=\tan\alpha$，$\alpha\neq k\pi+\dfrac{\pi}{2}(k\in Z)$ 倒数关系：$\tan\alpha\cdot\cot\alpha=1$，$\alpha\neq\dfrac{k\pi}{2}(k\in Z)$ $\cos\alpha\cdot\sec\alpha=1$，$\alpha\neq k\pi+\dfrac{\pi}{2}(k\in Z)$ $\sin\alpha\cdot\csc\alpha=1$，$\alpha\neq k\pi\,(k\in Z)$ 两边都有意义	· 教材第 24 页倒数第 5 行有一个约定需要在此提一下。
游戏：判断对错 1 $\sin^2 27°+\cos^2 63°=1$　　27 2 $\sin\beta=\cos\beta\cdot\tan\beta$ 3 $\cos\alpha=\sqrt{1-\sin^2\alpha}$　　± 4 $\cot\pi=\dfrac{\cos\pi}{\sin\pi}$　　$\sin^2$　$\cos^2$　1 5 $\tan^2\alpha+1=\dfrac{1}{\cos^2\alpha}$ 6 $\cos(x+30°)=\sin(x+30°)\cdot(x+30°)$	· 高中学生是否有必要设计动作来回答对错？研究表明，大脑学习在 20 分左右将出现一个低沉期①，这一环节就是根据人脑的这一学习规律设计的，通过肢体运动来消除大脑的疲劳，提高后续本课难点的学习效率。 · 此处对知识性学习的处理比较容易理解，不再赘述。强调一下，新教材已删除的公式的处理原则是：给学生一个机会，但不加重学生负担。
学习数学公式需要做好哪几件事？ 记住它！（通过分析式子的结构来记忆） 明确公式成立的条件（何时"不必疑"？） 熟悉公式的变形（换马甲） 熟悉公式的一些典型应用 熟悉应用公式时的易错点	· 这里是对"学习数学公式需要做好哪几件事？"这个问题的完整回答。这个学习方法的指导也是本课的重点，明确这几点对后续学习可以产生积极的影响。因此，这一设计也同时考虑了学生的"可持续发展"。
公式运用 已知一个角的一个三角函数值，求这个角的其他几个三角函数值。 三角函数式的化简 三角恒等式的证明 ｝下节课	· 明确本节需要学习掌握的三种题型，可以让学生更有效地安排自学。给学生一个发展元认知的机会。 · 机会是能力的要素之一，并不是所有学生都会在这个机会中发展元认知，但如果教师从来不考虑这种机会的创建，就会阻碍学生在这一方面的发展。 · 个人认为：能力不是"培养"出来的，而是在各种机会中"锻炼"出来的。

---

① ［美］David A. Sousu 著，"认知神经科学与学习"国家重点实验室脑与教育应用研究中心译. 脑与学习. 北京：中国轻工业出版社. 2005.

公式运用

已知一个角的一个三角函数值,求这个角的其它几个三角函数。

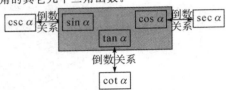

- 化归思想:六种三角函数的关系化归为三种三角函数的关系;
- 消元思想:六元问题转化为三元问题;
- 哲学思想:要善于抓住主要矛盾。

公式运用

已知一个角的一个三角函数值,求这个角的其它几个三角函数。

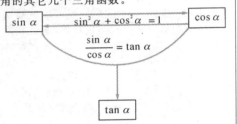

- 做题的数量不是鉴别题海战术的唯一标准,甚至不是重要标准;重要的标准是解题的质量。引导学生进行题型总结,这可以提高解题的质量。

例题(一)

例 1 已知:$\sin\alpha = -0.8$,且 α 为第三象限角,求:$\cos\alpha$,$\tan\alpha$,$\cot\alpha$ 的值。

解:$\because \alpha$ 为第三象限角,$\therefore \cos\alpha < 0$,于是

$$\cos\alpha = -\sqrt{1-\sin^2\alpha} = -0.6$$

从而 $\tan\alpha = \dfrac{\sin\alpha}{\cos\alpha} = \dfrac{4}{3}$

$\cot\alpha = \dfrac{1}{\tan\alpha} = \dfrac{3}{4}$

- 最最基本的题型,当然没有多大难点,但还是需要给学生接触的机会。不能因为太简单而略去不讲。
- 书写格式的指导尽量不要用教师的权威来硬性规定,渗透"人与人之间的相互尊重"来进行学科德育教学也是一种尝试。

例题(二)

例 2 已知:$\cos\alpha = m \in (0,1)$,求 $\tan\alpha$ 的值。

解:$\because \cos\alpha = m \in (0,1)$,$\therefore \alpha$ 为第一、四象限角,当 α 为第一象限角时,$\sin\alpha > 0$,于是

$$\sin\alpha = 1\sqrt{1-\cos^2\alpha} = \sqrt{1-m^2}$$

从而 $\tan\alpha = \dfrac{\sin\alpha}{\cos\alpha} = \dfrac{\sqrt{1-m^2}}{m}$ ✗

当 α 为第四象限角时,同理可得:

$\tan\alpha = -\dfrac{\sqrt{1-m^2}}{m}$

找不出其中草稿的'错误'你能误?否

- 这里有一个我个人创新出来的课件使用新方法:有些学生抱怨使用课件的课堂信息量太大,学得快,忘得快。在这个"分类讨论"的难点中,我有意在课件中设置一点错误,让学生来找错误,这样就自然地延长了学生对这一学习材料的感知时间和强度。这一创新灵感来自于"大家来找碴"的电脑游戏。
- 这一错误与教材第 25 页例 2 的解答中"且 $\cos\alpha \neq 1$"这个易被忽视点有关。

公式运用

已知一个角的一个三角函数值,求这个角的其他几个三角函数值。

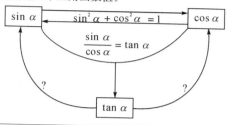

- 重点内容就要不断反复。
- 这两个问号是本课的难点之一。

例题(二)

例 3 已知:$\tan\alpha\neq0$,用 $\tan\alpha$ 表示 $\sin\alpha$.

解:$\sin\alpha = \dfrac{\sin\alpha}{1} = \dfrac{\sin\alpha}{\sqrt{\sin^2\alpha+\cos^2\alpha}}$

$= \dfrac{\tan\alpha}{\sqrt{\tan^2\alpha+1}}$ ✗ 错在哪里?

正难则反!

$\dfrac{\tan\alpha}{\sqrt{\tan^2\alpha+1}} = \dfrac{\dfrac{\sin\alpha}{\cos\alpha}}{\sqrt{\dfrac{\sin^2\alpha}{\cos^2\alpha}+1}}$

$= \dfrac{\sin\alpha}{\dfrac{\cos\alpha}{|\cos\alpha|}\sqrt{\sin^2\alpha+\cos^2\alpha}}$

此题有其他很多更自然的解法,至少教材上的解法比这个解法就自然得多。那么为什么在此要选择这个很不自然的解法? 这有两点考虑:

一是自然的解法教材上有,学生还有机会通过自学获得。而这种不自然的解法如果教师不讲,学生就没有机会接触了。当然,这还不能成为这一选择的主要理由,主要理由应该从这一解法的重要性角度去理解,这要从被新教材删去的公式谈起。(接下表)

例题(三)

例 3 已知:$\tan\alpha\neq0$,用 $\tan\alpha$ 表示 $\sin\alpha$.

解:$\sin\alpha = \dfrac{\sin\alpha}{1} = \dfrac{\sin\alpha}{\sqrt{\sin^2\alpha+\cos^2\alpha}}$

$= \dfrac{\cos\alpha}{|\cos\alpha|}\dfrac{\tan\alpha}{\sqrt{\tan^2\alpha+1}}$

$= \begin{cases} \dfrac{\tan\alpha}{\sqrt{\tan^2\alpha+1}}, & \text{当 } \alpha \text{ 为第一、四象限角时} \\[2ex] -\dfrac{\tan\alpha}{\sqrt{\tan^2\alpha+1}}, & \text{当 } \alpha \text{ 为第二、三象限角时} \end{cases}$

(接上表)新教材删去了余弦与正切的关系公式,没有了这一公式,等于切断了从正切到正余弦的通路,虽然教材利用例3指明了这一通路,但这相当于每次用到这一公式时要求把这一公式重新证明一遍,如此的"减负"方案本人实在不敢苟同! 而这里采用的这种方法却以"一解多题"的方式统一解决了已知正切,求与正余弦相关的三角式值的所有问题! 可以这样说,这是被这套新教材"逼出来"的一个问题解决方案。(接下表)

公式运用

已知一个角的一个三角函数值,求这个角的其它几个三角函数值。

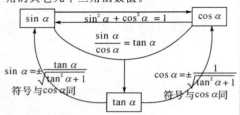

（接上表）

　　第二点考虑是,从向学生介绍教师个人的研究成果作为介绍这种方法切入点,是希望用个人的钻研精神来感染学生,激发学生的钻研斗志,就算是对"身教重于言教"这一教育原理的一种实践尝试吧!

- 用这个完整的一个三种三角函数之间的"导游图"来帮助学生明确本课学习的主要题型,形成知识结构。

练习

已知:$\tan \alpha = 2$,填空

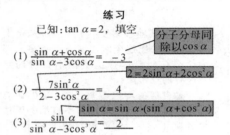

(1) $\dfrac{\sin \alpha + \cos \alpha}{\sin \alpha - 3\cos \alpha} = $ ___-3___

分子分母同除以$\cos \alpha$

(2) $\dfrac{7\sin^2 \alpha}{2 - 3\cos^2 \alpha} = $ ___4___

$2 = 2\sin^2 \alpha + 2\cos^2 \alpha$

(3) $\dfrac{\sin \alpha}{\sin^3 \alpha - 3\cos^3 \alpha} = $ ___2___

$\sin \alpha = \sin \alpha \cdot (\sin^2 \alpha + \cos^2 \alpha)$

- 这组题是对上述"一解多题"的具体阐述和巩固练习。

小结(1)公式

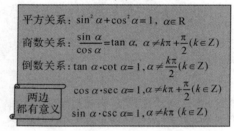

平方关系:$\sin^2 \alpha + \cos^2 \alpha = 1$, $\alpha \in \mathbb{R}$

商数关系:$\dfrac{\sin \alpha}{\cos \alpha} = \tan \alpha$, $\alpha \neq k\pi + \dfrac{\pi}{2}(k \in \mathbb{Z})$

倒数关系:$\tan \alpha \cdot \cot \alpha = 1$, $\alpha \neq \dfrac{k\pi}{2}(k \in \mathbb{Z})$

$\cos \alpha \cdot \sec \alpha = 1$, $\alpha \neq k\pi + \dfrac{\pi}{2}(k \in \mathbb{Z})$

$\sin \alpha \cdot \csc \alpha = 1$, $\alpha \neq k\pi \,(k \in \mathbb{Z})$

两边都有意义

小结(2)公式运用

已知一个角的一个三角函数值,求这个角的其它几个三角函数值。

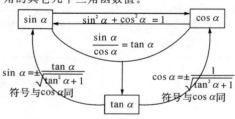

课后拓展

- "1"还有哪些不同的"马甲"?
- 猜谜:下面这个材料暗示着一些什么公式?

同角关系要熟记　倒三角形有勾股
勾股倒数与比例　对角线上是倒数
正六边形显联系　相邻三个成比例
统一　　　　　　有趣
上弦中切下是割
左边正来右边余
六角连心写个 1
好记

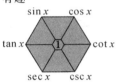

- 每二个猜谜是在"公式是否需要补充"这一问题上采取的一种折中方案,仍然坚持着上述所讲的原则:给学有余力的学生一个进一步发展的机会,但不加重学习有困难的学生负担。这就是我对新课标中"人人学有用的数学,不同的人学习不同的数学,不同的人在数学上得到不同的发展"这三句话的理解和实践探索。

二、本课为什么选择传统"讲授法"?

教无定法,教法选择上应该"扬长避短",根据教师风格、学习环境、师生关系等各方面要素来进行分析选择才是正道。那种机械地理解新课程理念,认为"课堂上没有学生的外在形体活动就是观念落后的表现",这是对新课程的一种误读,只能为新课程招来更多的骂名,不利于课程改革的顺利进行。

诚然,探索性活动课更是新课标所倡导的新型学习方式,但是考虑到这类课型的前提是"良好的师生关系",在"借班上课"这一客观前提下,不可能在短时间内建立与这类课型相适应的师生关系,因此这里还是选用了传统的"讲授法",教法类型虽然是传统的,但是这并不意味着这是一堂典型的传统课,其中还是包含了很多个人的创新元素。因此,我把这堂课的教学法主题称之为"旧瓶装新酒",是对传统"讲授法"的一种现代演绎。

"讲授法"是我国传统的数学课堂中运用最为广泛的一种课堂教学方法,其优点是:针对班级学生数较多的实现情况,具有较高效率。但是,这一方法的不当运用,甚至滥用的情况,使单一的"讲授法"显示出越来越多弊端,在很长时期内,西方对我国数学教育采取了完全否定与严厉批判的态度。新一轮的课程改革方案,在很大程度上就是针对这些弊端而提出的。然而一些新的研究成果却促使西方数学教育界对上述传统观念进行了深刻的反思:东亚各国的学生与西方学生相比在多次大型的国际测试中普遍取得较好成绩。这就是所谓的"中国学习者悖论"：一种较为落后的数学教学怎么可能产生较好的效果[①]？由此看来，对传统的"讲授法"采取全盘否定的态度未免有点武断。本课采用传统的"讲授法"，旨在作一种尝试：将传统的"讲授法"与一些"现代教学理念"相结合，比如"教师的作用是帮助学生开展学习活动"，"学习应该与学生的生活经验相联系"等。然而，本课的这种尝试并不是停留在对这些现代教学理念的表面的浅层次认识上，而是努力挖掘其新内涵，也许所思并不成熟，也许所行并未体现所思，无论如何，笔者真正目的是借此机会向各位专家同行学习。

三、我是怎样理解这节教材的

本章教材主要由三块知识构成，本节课之前学习了研究三角函数要涉及的一些基本概念，在正式研究三角函数的图象与性质之前还需要做一个准备性的工作，这就是三角式的恒等变形，通俗地讲，就是学习很多三角公式。

本章的知识地位可以从两个方面来理解：首先三角函数是描述周期性的数学模型，法国数学家傅里叶发现了所有复杂的周期性都可以用三角函数来描述。因此三角函数在其他学科特别是物理学科具有广泛的运用；其次，众多三角公式使代数解析式的变形更加灵活多变，因此本单元学习除了为研究三角函数的图象与性质作准备以外，还是一个绝佳的代数运算训练的机会。

三角公式主要包括三大类："同角三角函数的关系式"、"诱导公式"，以及"和差倍半角公式"（另外还有一类特别关注式子结构的"和差化积与积化和差"新教材已经删去，只作为练习、习题出现，在此暂且不表）。本节学习的是其中的第一类：同角三角函数的基本关系式。三角变形的三大关注点是"变角"和"变函数名"和"变式子结构"，同角三角函数的基本关系式就是解决在角不变的前提下如何实现六种三角函数之间的相互转化。

因此，本节是学习众多三角公式的第一课，除了知识学习以外，对这些知识的学习特点与注意点也需要在本课中适当地交代，以有利于后续公式的学习。

四、我所理解的当今学生的两个特点

由于"借班上课"，不可能对这个班的学生特点进行分析，以下的分析是对这一代学生的共性分析。

---

① 郑毓信.数学课程改革：路在何方.数学教学.2006(1~2 合刊).

1. 视听环境下长大的一代人

与他们的父辈相比,他们更容易接受形象的视听信息;对抽象的文字、符号信息的接受能力远不及对视听信息的接受能力。

2. 信息海洋中长大的一代人

他们对信息的接受有更强的选择性。他们不会再像父辈的孩提时代那样,老师教什么就学什么(因为在当时,除了老师所教的知识,很少有其他新奇的信息在诱惑)。他们的选择结果常常是:老师所教的并不是他们所想学的;而他们所想学的,老师又往往不敢教、不愿教或不能教。

本课中的很多细节设计,均是基于以上两点认识而考虑的,这已经在以上的细节分析说明中进行了相应的解释,在此不再赘述。

五、K12 数学教学论坛上对这节课的评议

【Ennve】看了龚老师(田雨版主)的公开课,我推荐同事们进行了学习,现正在研讨中,本人也深受启发,相信大家也有同感,能否都发表一下各自的看法呢??

【秦风万里】田版那堂课的设计,有很多值得我们学习:

首先是以学定教,充分考虑当代学生的心理特点来设计课堂教学,抓住学生的注意力,创造情节。比如网络术语的应用,拉近了与学生交流的距离,比如找错误情节的设计,比如……多着呢,慢慢体会吧。

第二,充分注意在学生的原有知识体系上构建新的知识体系,这几个公式在锐角三角函数中成立,那么,推广到任意角的三角函数是否成立呢? 就需要证明了,怎么证明呢,"回到定义去!"引入干净利落,脑图(框图)设计等,符合大脑神经科学,符合建构主义学习理论的教学观和学习观的顺应与同化。

第三,善于"授之以渔",教给学生学习的方法、记忆的方法,框图体现出解题规律,从错误中学习等。

第四,始终突出思维训练,训练思维的条理性、深刻性、灵活性……多题一解,一题多解,多角度思考,突出学生思维的深度参与。

第五,课案中有不少田版的独创,学习田版对教材的驾驭的深厚功力。有的东西是一种长期的修炼和积淀,我们一时半会儿学不到的。

第六,注重了数学哲学与文化的渗透!

抛砖引玉,各位谈谈?

【huangsq2516941】我虽然教初中,但认真看完了田版的教学设计与教学意图分析,精彩! 精彩! 精彩!

感受最深的是田版充分地考虑学生的学习情况,在学生记忆知识上采用各种方式进行帮助,这节课下来,学生无需要另外多花时间,基础知识自能了然于胸,采用图形的记忆,框图的记忆,对比记忆,是最省事的记忆了。

【聚散皆是缘】像这种内容较平凡简单(在教师看来)的课,田老师上得如此丰富多彩,生动有趣,是值得我们学习的。要有创新,看得出田老师肯定动了不少脑筋。我在上公式多的章节课时,也是坚持两点:要会证公式,要会记忆公式(才能准确熟练运用公式)。常介绍公式的结构特点,一组公式在结构上的异、同,便于理解和整体记忆。但实际情况是,每个人有自己的记忆特点,对数学符号和结构有自己的感知特点和心理图式,有些学生就是记不住公式,而有些学生(尤其是优生)不用老师介绍如何记忆,他也很快能掌握下来。所以田老师的这节课,对中下学生(占多数),是很好的,对尖子生来说,可更省略一些,用更多的时间投入到运用上。

～～【田雨】高见! 的确如此,如果学生感觉背出这些公式没有什么困难,这设计就是画蛇添足了。

～～【安分的心】很有道理。对于尖子生,不如学学普林斯顿,把孩子扔到河里.

给他们一些问题让其独立去解决。

不过大家始终不要忘了一个重要的背景:龚老师的这堂课是公开课,课堂的安排是为了让学生更好地学习,还是更多地向评委展现自己呢?

——【数学一师】我个人认为:公开课主要还是展现给评委看的,在不违背给学生传授知识的情况下,向评委展开教师个人对教材的理解、对教法的理解、对学生学习知识层面的理解,还包括自己对数学独特的理解,教师扎实的解题功底。而评委也是在评价学生学的基础上主要是评价教师的教,虽然这有点失重,但是现在的课堂教学评价现实是如此的。而田老师在这方面都演绎得特别的完美,应该说一堂课让人完全满意是不可能的,但是能够这样上下来,真是让听课的老师觉得特别的爽。如果我能坐在教室里听这堂课真是太好了。

【数学一师】有个问题想问田老师,这应该说是您这堂课的教学设计,但是不同的课堂要想完全演绎您对某堂课的设计也是不大可能的,您当时上课的过程中是全部按照您的设计来的,还是课堂中间您对某个小的设计环节进行了现场的修改。就是想问您哪堂课上完后有什么反思和心得。也想问您的教学设计和思想在一个陌生的班级如果不完全的演绎,您有什么可以指导我们年轻人的。

～～【田雨】要说这堂课的心得,最遗憾的是学生的活动太少了。这主要有以下几个原因:

一是想照顾的方面太多了,客观上留不出更多的时间给学生自主活动;如果青年老师开一些比较平常的对个人影响不是很大的公开课,不需要照顾这么多方面,有一两个地方出彩也就可以了,如果是自己上课就更没有这么多的顾虑了,这堂课涉及的很多东西并不是靠一堂课可以解决的,长期的渗透当然就不必集中这么多东西,比如三角函数的符号是上一节课讲的,这个图早在上一堂课给学生了,这堂课就应该检查一下学生有没有记住,但我为了向评委展示自己的研究成果,让评委通过这堂课了解我平时的研究,就硬凑上去了。

二是在中间设计的一个找错活动,原设计让全体学生用手势回答,希望在节约时间的同时解决学生参与面的问题,结果积极参与的学生并不是很多,好多学生没有把手势打出来,这可能与原任课老师的教学风格与我不相匹配有关,也可能与我国传统的课堂文化有关,怎样用最短的时间激发学生对活动的参与欲,对高中数学课堂看来也是一个难题。另外,被借班的班主任对这堂课的格外关照(课前班主任有一个简短的讲话,要求学生好好听课),也许让学生感觉到这节课不同寻常,反而有些拘谨了。

三是学校对这堂课的期望值太高,我没有勇气面对失败,因此选择了最不容易发生意外的方案,学生的活动是最容易发生意外的,因此在潜意识中就自然减少了学生的活动。但有教学经验的教师都知道,很多课堂上的精彩场面都是由意外引出的,对年青教师来说,我觉得还是应该有一种不怕意外的勇气,毕竟这是年轻人的财富,同一种错误在年轻人身上是可以原谅的,而在年长的人身上,人们就不太容易原谅他了。

最后,我觉得还是一句老话:"功夫在诗外",这节课的很多设计都不是刻意查找资料设计的,都是在备课过程中,随着思考的深入自然想到的。关于公式运用的结构图有很多教师觉得很出彩,但我自己反而觉得这个设计只是信手拈来,要把公式运用的题型总结清楚,我首先想到的就是这么一张图。这也许得益于多写论文,习惯于把问题整理得更有条理,更容易表达。

【ennve】我认为:

一、课程设置体现了承前(复习)、承后(后边要讲什么)便于学生构建知识网络。

二、增加了课堂的兴趣和时代特点,可以让学生产生兴趣,学生自然愿意配合学习。

三、理论性强,结合学生的认知特点、记忆特点等来设计,尤其是渗透不少学习数学的好方法……

不过有一个问题:每一个课都这样设计需要多少时间? 田版平时每节课都这样吗?

～～【田雨】这节课备课包括做课件用去了双休日整整两天时间,显然平时每节不可能有这么多的备课时间。

但所有这些方法也不可能全部在两天时间内凭空想出来,而是在平时经常性的注意这方面的思考。如果是平时的上课,这堂课里的有些东西不一定要集中在一堂课中体现,可以在这堂课中体现其中的某一点,在另一堂课中体现另一点,每堂课都能体现一点教材的"潜台词",重要的东西反复多次体现,总会有效果的。

真如安版所说的,这堂课的主要任务是给评委看的(否则就没有必要借班上这堂课了),因此我在设计的时候的确更多地考虑如何向评委展示我的优势,也就是如何把我平时经常做的事都集中在这一堂课中展示。当然这并不是说不考虑学生的学习,因为平时的上课也就是一直在关注怎样才能让学生更好地学习,所以在展示这些优势的过程中,会自然地展示我是怎样思考学生的学习方式的。

最后,安版的问题提得很尖锐,就是这堂课的设计考虑评委多一些,还是考虑学生多一些。说实话,肯定是考虑评委多一些,但是我在设计时对这两者是这样统一的:只要是考虑学生的东西,评委是不会反对的。

【ennve】学习公式要做什么?我觉得田版问得好、回答得也好。我感觉,学生对公式多是机械地使用,没能理解,更谈不上灵活使用。

我用田版的第二道例题让尖子班做,可是半数的人不考虑 M＝1,可见学生考虑的过程是有缺陷的,这是否是平时课堂中我们强调得过少?

【wy147】个人觉得总的还蛮好蛮好,但是否太时尚了点,让学生分心,本节课下来重点在哪儿难点在哪儿呢?留在学生脑中的会不会只是一些可爱的符号了?

～～【数学一师】我个人觉得,其实学生是非常喜欢这样的数学课的,同学们和老师一起开开心心的学习,又学到了知识,又有了快乐。何乐而不为呢?

数学课不能上成全是讲授知识的课堂,不时来点幽默,调节课堂严肃的气氛。学习应该是快乐的,快乐的才会更好地学习!否则讲的学生睡着了并不是什么好的课堂,想不到田版主这样的老教师也是哪样的风趣幽默,难得啊!

第六节　一堂开放题教学课纪实

为了探索适应我国普通中学的开放题教学模式,笔者自 1994 年秋季以来,在本人执教的两个高中班级进行了开放题教学试验。具体做法是:从高一开始,在平时常规教学的基础上,每学期安排 1～2 次开放题教学,作为对常规教学的补充。本文介绍高三第一学期的一次试验。

一、试验基本情况

试验于 1996 年 11 月 21 日进行, 授课班级为浙江省嘉兴市郊区新丰中学高三理科班, 该校是一所农村普通中学, 学生基础较差。嘉兴市近三十位教师参加这次听课评课活动, 其中有两位特级教师。教学时间为 42 分钟。

二、教学材料简介

1. 问题一

制作一个 3×3 的正方形数表, 满足：①各行成等差数列, 且公差不为零；②各列成等比数列, 且公比不为 1, 试尽可能多地考虑各种不同答案。

(1) 可能答案举例：

1	2	3
2	4	6
4	8	12

1	3	5
2	6	10
4	12	20

2	4	6
6	12	18
18	36	54

-1	1	3
1	-1	-3
-1	1	3

1-i	1	1+i
1+i	i	1+i
-1+i	-1	-1-i

(2) 此问题的答案有无穷多个。下表是问题的公式解, 表中字母 a, d, q 均为任意数；并且, 该公式给出了问题的所有答案；因本题中有三个基本量, 自由度为 3。

a	$a+d$	$a+2d$
aq	$(a+d)q$	$(a+2d)q$
aq^2	$(a+d)q^2$	$(a+2d)q^2$

2. 问题二 (问题一的发展)

试尽可能多地找出有关问题一的规律, 或提出猜想, 并尝试进行证明或证伪。

(1) 可能答案举例

①各数不为 0；

②当左上角的数、公比和公差均为偶数时, 表中各数均为偶数；

③当左上角的数、公比为奇数, 公差为偶数时, 表中各数均为奇数；

④第 2、3 行各数的奇偶性, 与公比 q 和首行公差 d 之积 qd 的奇偶性相同；

⑤三列的公比相等；

⑥三行的公差成等比数列, 且公比等于三列之公比；

⑦对角线上各数的通项为：(其中 a_1 是左上角的数, q 为公比, d 为首行

公差;)

$an=(nd+a_1-d)qn-1$

⑧设 $a(m,n)$ 为第 m 行、第 n 列上的数,则

$a(m,n)=[a_1+(m-1)d]qn-1$

由此可知,数表的自由度为3;

⑨每相邻四个数(构成小正方形)中,对角之积相等;

(此规律可推广为任意矩形的对角之积相等)

⑩每行每列各取且只取一数,所得三数之积与取法无关,而只与数表本身有关。

(2)关于规律⑤⑥的证明

设这个数表为如右表,则

$$(b-d_2)^2=(a-d_1)(c-d_3) \qquad (1)$$

$$\begin{array}{|ccc|}
\hline
a-d_1 & a & a-d_1 \\
b-d_2 & b & b-d_2 \\
c-d_3 & c & c-d_3 \\
\hline
\end{array}$$

$$b^2=ac \qquad (2)$$

$$(b+d_2)^2=(a+d_1)(c+d_3) \qquad (3)$$

(1)−(3),得:$2bd_2=ad_3+d_1$ $\qquad (4)$

(1)+(3),得:$b^2+d_2^2=ac+d_1d_3$

将(2)代入,得:$d_2^2=d_1d_3$

不妨设 $d_2=d_1q, d_3=d_2q$,

代入(4)并整理得:$aq^2-2bq+c=0$

此为关于 q 的一元二次方程,其判别式 $\Delta=4b^2-4ac=0$

$\therefore q=\dfrac{b}{a}$ 于是由等比定理:$\dfrac{b-d_2}{a+d_1}=\dfrac{b+d_2}{a+d_1}=\dfrac{b}{a}=q$. 证毕。

三、教学过程摘要

1.组织教学

通过对 3 阶幻方的介绍,使学生理解"3×3 数表"的含义,激发学习兴趣,同时渗透爱国主义教育;引出问题一,并通过解答示例,使学生进一步理解题意。

2.制作数表

学生独立制作数表,随时请成功的学生在黑板上发表成果,并以该学生之姓氏命名为"王氏表"、"李氏表"等。课堂巡视发现:每位学生至少能制作出一张表,全体学生已投入活动。

3.发展问题

在教师的引导下发展问题,引出问题二。

4. 猜想、证明

在教师的启发下,一位学生基本上提出了上文"问题二"中的⑤⑥两个猜想(在教师的帮助下逐步完善,此间的师生对话见后面的"教学札记");另一位学生在承认上述猜想的前提下,进一步猜想问题一的公式解[参见上文"问题一"第(2)点]。

教师:这个猜想可以圆满地解决问题一,但它是建立在第一个猜想基础上的。所以我们现在最迫切需要解决的是什么问题?

学生:(集体回答)证明第一个猜想。

教师:好,让我们试着来证明……

[以下在教师的指导下,学生集体口述,教师板演证明过程,详见"问题二"第(2)点]

教师:现在我们已证明了第一个猜想,从而也就肯定了第二个猜想的公式。我们自然会问:这个公式是不是给出了问题一的所有解? 回答是肯定的,这可以从分析问题的自由度来解释……

5. 小结、尾声

回顾这堂课的活动过程,点明"试验—猜想—证明"的活动模式及其意义。作为下课前的余兴节目,请学生进一步就问题二寻找规律:

学生甲:每个正方形的对角之积相等。

教师:记 a_{ij} 为第 i 行第 j 列的数,这个规律可表述为:

$$a_{ij}a_{(i+1)(j+1)} = a_{(i+1)j}a_{i(j+1)}$$

学生乙:这里并不一定是加 1(指足码)。

教师:也就是说此规律中的正方形可推广至一般的矩形。

学生丙:两条对角线上的数之和相等。

教师:对,这可由前面的规律直接推出。

……

四、评课观点摘录

在评课活动中,大多数教师对这样的教改实验给予充分地肯定,认为方向正确,是一次很有意义的尝试。近年来,为全面提高教学质量,不少学校提出了"苦教、苦学"的口号,但实践证明,这种做法有很大的局限性。数学教学的出路在于改进教法、学法而不是单纯地"苦教、苦学",这堂课正是一种教法、学法改革的尝试。也有部分教师认为这样的试验安排在高三复习阶段不太适宜。这说明开放题教学可以被大多数教师所接受。

一位特级教师如是说：素质教育要求培养学生综合的素质，从基础知识到能力培养，一直到做人的道理，这些在这堂课中都能得到贯彻；而且，更重要的是教师能在思想上统一"素质教育与高考应试"这对矛盾，在能力要求上与高考应用题是一致的。

从课堂效果来说，大多数教师认为，学生参与非常投入，反应较快，师生关系融洽。特别是在激发学生学习积极性方面效果尤为显著。在普通中学，数学基础薄弱的学生较集中，教师很难调动全体学生投入数学活动，这堂课却真正做到了这一点。按照一位教师的说法："至少能使基础很差的学生也在课堂上跟着老师思考数学，这本身就是一种成功。"同时，这堂课也给优秀生一个较大的发展余地，锻炼其综合的能力。这再一次证实了开放题教学可较好地解决"面向全体与发展学生个性"、"班级授课制与因材施教"的矛盾。

关于问题的设计，一些教师认为这个问题选得好。粗看很容易，这保证了让全体学生参与活动；仔细研究却有深度，这又让基础较好的学生有充分的发展余地。作为课外兴趣活动，这个问题可发展成一道竞赛题："是否每一个自然数都在下表中出现？若出现是否唯一？"（用二进制不难证明：每个自然数都在表中出现，且只出现一次。事实上，这个命题等价于"任意自然数可表示成 $(2n-1) \cdot 2^m$ 的形式，且 m, n 由这个自然数唯一确定"）。此表是"问题一"第二表的延拓。

$$
\begin{array}{lllll}
1 & 3 & 5 & 7 & 9 & \cdots \\
2 & 6 & 10 & 14 & 18 & \cdots \\
4 & 12 & 20 & 28 & 36 & \cdots \\
8 & 24 & 40 & 56 & 72 & \cdots \\
\cdots
\end{array}
$$

五、教学札记

以下是一段师生对话：

（发现规律⑤的过程）

教师：（提出问题二，让学生思考一下后提问）

学生：各行的公差之比等于公比。

教师：等于哪个公比？这里有三个公比。

学生：三个公比都一样。

教师：那么也就是说，你首先认为三个公比都相等，这是不是也是一个猜想？

学生：嗯……

教师：那么我们就把它作为第一个猜想。

……

这里,教师的引导轻松自然。但同一内容,在另一个班上时,在提出问题二后教师提示:"公比是不是一定相等?有哪位同学试着制作公比不等的数表?有没有成功?"这一设计基于以下两点考虑:(1)控制发散度;(2)节省课堂时间。但结果却适得其反:接连有三位基础较好的学生说曾经试过,但没有成功。然而,三位学生却一致认为公比不一定相等,只是"我做不出来"("还是您写给我们看吧"是这句话的潜台词)。

究其原因,"有哪位同学试着制作……"这种问法给学生以"可以制作"的暗示,学生的逻辑是:"凡是老师提的问题,老师总有办法解决;既然老师问我有没有制作出来,那一定是可以制作的;我不会作,但等会儿老师会作出来",长期的常规题教学使学生养成了依赖老师的习惯,逐渐丧失了对自身创造力的一种自信心。这的确值得我们深思:当我们在向学生炫耀解题技巧时,千万要注意是否对学生非智力因素产生了负效应!

上述对比说明,在开放题的教学设计中,老师在设计启发性问题时一定要真正站在学生的立场上。从这一点上来讲,研究开放题教学可以使教师从只重视教材研究转向对学生的研究。

第七节　课堂事件一则(附点评)

一、歪打正着——一次变失败为成功的数学答疑课

在我刚接班不久的一节答疑课上,有学生拿出一道课外书的习题来问我,该题为:

设函数 $y=f(x)$ 定义在 R 上,对任意的实数 x,y,恒有 $f(x+y)=f(x)f(y)$,且当 $x>0$ 时,$0<f(x)<1$。求证:

(1)$f(0)=1$;

(2)当 $x<0$ 时,$f(x)>1$。

匆匆扫了一眼,头脑中闪出的第一反应是这种问题肯定是用一些数或式代换已知式中的变量。我决定把球踢回给学生,让全班学生一起来试着解这道题。

我刚刚在黑板上把题抄完,学生甲已经叫起来了:"令 $y=-x$……"

为了让大家听明白他的解法,我把他讲的要点在黑板上板书出来:

令 $y=-x$,得:$f(0)=f(x)f(-x)$,

接下来他做不下去了。显然他并没有经过深思熟虑,但急于表现自己。

有学生开始起哄、嘲笑学生甲。我沉下脸说："只有肤浅的人才会笑话别人的失败！聪明的人应该借此机会从中吸取一些教训。"

话音刚落，学生乙讲出了他的解法，在我板演他的解题步骤的过程中，全班同学一起得到了第 1 小题的正解。

因为黑板上还有空，我在板演学生乙的解法时没有把前面学生甲的解法擦掉。我想等正确的解法出来后，可以让学生比较一下，看看甲的解法为什么不能成功，从中"吸取教训"。

正当我准备按原计划让学生反思一下学生甲的方案时，学生丙插话说："甲的方法有用的！第 2 小题用他的式子，一下子就解出来了。"

我只好暂时放弃原计划的讨论，让学生丙把他的想法说完整，他一边说，我一边在黑板上书写。

丙是对的，学生甲前面不成功的方法刚好能用到第 2 小题上去。

写完丙的解答后，我注意到甲的表情比刚才要放松多了，我暗自庆幸自己没有随手把甲的尝试从黑板上擦掉。这一偶然的决定将学生甲原来的失败体验变成了成功体验，这可能比我教给他 100 种解题方法更重要。但这并不是我有意的安排，而是"歪打正着"。

最后作总结时，我只说了一句话："不要过早地把草稿纸扔掉！"

这带来了学生的笑声一片。

二、引导更可"正打正着"

华东师范大学课程与教学研究所教授汪纯中的点评：

面对一个数学问题，尤其是一个不熟悉的陌生题，学生在解题过程中往往会经历错误尝试的过程。从中探索正确的解题途径。从这一点上来说，错误尝试是成功之母。因此，在课堂教学过程中，面对学生的错误尝试，作为教师如何加以积极引导，显得尤为重要。

在课堂教学中，对于学生的错误尝试，教师可以有三种应对策略：全盘否定、置之不理、积极引导，我们当然赞成最后一种。在龚老师经历的这个教学事件中，遗憾的是没有看到龚老师对学生甲提出的解法如何加以引导。却使结果成为"我暗自庆幸自己没有随手把甲的尝试从黑板上擦掉。这一偶然的决定将学生甲原来的失败体验变成了成功体验……但这并不是我有意的安排，而是'歪打正着'。"我想。这里"甲的成功体验"大概只是龚老师自己的感受，因为两个小题的正确解答最终是由学生乙与丙分别给出，而并非来自学生甲，尽管学生丙受到学生甲最初尝试的解法的启示。

对于学生甲,他提出的方法不适用于解第 1 小题,而对解答第 2 小题却是有用的。这看上去是一种偶然的巧合,其实在偶然中却隐含着必然。因为学生甲已有这样的解题经验:在抽象函数问题中,取字母的特殊值或将一个字母用另一个字母的解析式替换,往往是一种有效的解题策略。鉴于这一点,当他提出解法:"令……得……",随后思维中断时,教师应及时引导:"当取什么数值时,从等式中可以求出?"相信学生甲会由此受到启发。给出正确的解题过程。如何积极引导,这是一门艺术,它需要教师具备比较深厚的学科知识,同时也需要教学经验的不断积累。

对于本教学事件中的这个数学问题,在完成解题方法的小结后,教师还可以启发学生进一步思考,能否举出一个具体的满足题中条件的函数? 由题设条件,还可以证明函数具有什么性质? 这些问题的探讨与解决,对于学生数学学习兴趣的提高与探索精神的培养都是十分有益的,它能使这节答疑课变得更加精彩。

当然,在答疑课上将一个值得探讨的数学问题提交给全班学生集体参与讨论,以提高全班学生的数学学习能力;及时批评那些嘲笑学生甲的学生,以保护学生甲的学习积极性,龚老师的这些做法还是值得肯定的。

三、重视教学过程,开发课堂资源,做反思型教师

上海市教委教研室中学数学教研员黄华的点评:

数学课堂上面对学生的"错误",教师会有多种处理。有的是留下对自己教学有利的内容,无利的就忽略;有的是对只要与本课无关的内容统统"灭"掉,而且不留痕迹;更有甚者,对学生讽刺、挖苦。龚雷老师的做法,是将学生甲的思维过程展示出来,留下痕迹(虽然是无意识的),并对讽刺他人的学生进行了教育。然而意想不到的是,学生甲的"错误"却在后续的数学学习中发挥了作用。这个教学片断至少给我们以下几点启示:

1. 数学课堂教学要重视过程

数学教学不只是公式、定理以及现成结论的堆积,数学教学要体现过程性,因为许多数学的思想可以在过程中体会,许多数学的方法要在过程中发现,还可能有许多"错误"会在过程中显现,应该将学生的思维过程充分地展示,使教学更有针对性和实效性。龚雷老师由于关注了过程,取得了意想不到的效果。

2. 允许学生在"试误"中学习

学生的数学学习是在不断地尝试错误中进行的。教师要允许学生犯"错

误"，要以亲切的语言、鼓励的态度与学生共同、平等地交流，不断地修正错误，从而提高学生自主学习数学的兴趣，切不可采用粗暴、蔑视的态度对待学生。设想一下，如果龚雷老师换一种简单的处理方法，对甲同学说"你这种方法错了"，也许甲同学以后再也不愿去思考和主动回答问题了，也许以后的数学课堂不再有甲同学与教师的对话，不再有师生的交流，课堂也将逐渐失去生命活力。

3."错误"是课堂生成资源之一

教师往往对已准备的数学知识内容胸有成竹，津津乐道，而对课堂中生成的东西，却有意无意地忽略掉。其实，数学课堂教学不仅仅是一种预设的显现，更需要开发和利用即时生成的课堂教学资源。这不仅需要教师的教学机智，也需要教师具有扎实的数学功底。数学课堂教学可供开发的资源有很多，学生的"错误"是课堂生成资源之一，而且这也许就是后续教学的起点。

如果龚雷老师忽略了甲同学的回答，那么就必将失去一次很好的教学资源开发的机会。也许后续教学又要另起炉灶，无论是教学效率还是教学效果都要受到影响。

更难能可贵的是，龚雷老师没有忽略教学的细节和片段，而是写出案例与大家分享。因此，课后反思应当是优秀教师必须养成的习惯。

四、以积极的教学态度促进学生的健康发展

上海市第三女子中学数学教师熊秋菊的点评：

龚雷老师的案例为我们呈现了当前教学关注的问题之一，即教师积极的教学态度是促进学生健康发展的必要条件。

教师的教学态度主要表现在：对教学内容及相关知识能进行深入的研究；对课堂教学的设计能从学生的最近发展区出发；对课堂教学能组织开展一种有激情且关注学生思维发展的教学；将自己的角色定位为朋友式的教师等等。在课堂教学中，教师的教学态度就像"指挥棒"一样指引着学生的上课情绪和求知热情。一个专业知识渊博，对教学负责，课上又能发扬教学民主的教师肯定受学生欢迎。

龚雷老师这次"歪打正着"的成功就在于他没有轻易地否定学生的想法。这也启示我们在教学中对学生"独树一帜"的意见，"标新立异"的举止，做到冷静分析，积极诱导。对那些爱提意见、好提问题的学生，以循循善诱、诲人不倦的精神来对待，以保护学生的积极性，不把学生智慧的闪光、创造的幼苗窒息于襁褓之中。

龚雷老师用"只有肤浅的人才会笑话别人的失败,聪明的人应该借此机会从中吸取教训"保护了甲同学的积极性。但我想,如果龚老师能顺势引导甲同学找出为什么做不下去的原因,对甲同学的发展意义更大。甲同学在令已经考虑到了第1小题中要求证明等式左边的需要,即甲同学已具有或潜意识里已具有赋值的数学思想,这值得表扬。甲同学做不下去的矛盾是右边的不能达到要证明等式右边的"1"。如果龚老师能因势利导,我相信甲同学也能像乙同学那样解出第1小题。

龚老师在小结时对学生说了一句"不要过早地把草稿纸扔掉",这句话对教师来说应为"不要轻易地否定学生的想法",以积极的教学态度促进学生的健康发展,让教学更有实效。

五、培养分析能力,注重反思过程

上海市第三女子中学数学教师郑雪的点评:

在中学数学教学实践中,我也遇到过类似的问题,对于"教师应该如何面对学生的错误尝试"有一些个人的想法。我觉得这个问题体现了教师在学生数学学习能力的培养方面必须关注的两个问题:

1. 培养学生分析问题的能力

在课堂教学中,教师的作用不仅仅是让学生理解解题方法,更重要的是从科学正确的解题思路的产生和发展过程中总结经验,汲取精髓。学生往往着迷于精彩绝妙的解题方法和正确的答案。但对于如何将这些内化为自己真正掌握的数学学习能力却不甚明了。因此,对于具体问题,教师应引导学生多思考几个为什么,分析每个具体条件背后隐藏的相关内涵和常见方法、每一步骤可以如何考虑、与熟悉的基本知识点和数学思想方法是如何联系起来的等,让学生真正体会这个合理有效思考的过程,而不是只为得到一个解题方法。在这个过程中,学生就是在不断进行着一次次的思维尝试,逐步理解和掌握各种思想方法,从而进一步培养分析和解决问题的能力,有效避免出现太多的错误尝试。在龚老师的案例中,我想不妨请几位同学把为什么如此考虑解题方法的思路与大家分享,既是对他们自己思维发生过程的有效梳理,又可为其他同学提供一次很好的借鉴机会。

2. 培养学生反思问题的能力

现在提倡教师要反思课堂教学过程,提高教学能力,其实对学生而言。反思又何尝不是一种重要的提升学习能力的有效途径呢?学生在解决新问题的过程中难免会出现错误的尝试。这恰恰是一个锤炼思维能力的好机会。在错误的尝试过程中也可能有正确的思维方向,可引导学生反思哪些是可取的,而导致失败的主要原因又是什么。在这个"反刍"的过程中,对知识结构的把握可以提升至新的高度,从而更加透彻地理解问题的实质。因此,教师要有意识地强调总结反思问题的重要性,并帮助学生掌握进行问题反思的要点。在案例中,学生甲尽管比较急躁,但可以请他说说为什么想到那样做。他想到要构造出 $f(0)$,这是非常值得肯定的,但同时在这个过程中为什么不能很好地解决第 1 小题,这恰恰是值得他以及所有学生认真思考的,对比正确的解题思路,相信每个同学都能有更深刻的体会。学生学习能力的培养并非朝夕之事,这需要教师的逐步引导。只有这样,才能真正实现从"学什么"到"怎么学"的深刻转变。

六、善待错误,给课堂以生命

上海市第三女子中学数学教师庄少南的点评:

课堂是由教师和学生组合而成的一个整体,是教师和学生思想碰撞、情感交流、艺术创造的领地。给课堂以生命,也就是给教师以生命,给学生以生命。

1. 课堂教学是师生互动的过程,师生通过教材这根纽带紧密地联系在一起

通过对问题的思考、解答和交流,赋予课堂教学以情感和生命。从这个意义上讲。龚雷老师这节课的"歪打正着"可说是演绎得恰到好处。我们从学生甲的"跌宕"(做不下去)到"回升"(表情比刚才要放松多了)感觉到了他的情感起伏。而教学过程最重要的环节是学生的体验,无论是失败的体验,还是成功的体验,无疑都是极其深刻的。深刻的体验又是学习知识、掌握知识的最佳途径。我想学生甲在本节课的收获远胜于解出这个习题的收获了,因为他经历了一次人生的"跌宕起伏"。

2. 善待错误就是善待人生

人是不可能不犯错误的,就人的一生来说就是从不断的错误中得到修正,从不断的失败中得到成功。更何况是课堂中想急于表现自己,未经深思熟虑的"冒失"呢?善待错误是龚老师这节课的又一亮点。"只有肤浅的人才会笑话别人的失败!聪明的人应该借此机会从中吸取一些教训。"这句既有震撼作用,又有人生启迪的教训,是龚老师善待学生错误的良好体现。它不仅给错误学生以安慰,而且还给全体学生以做人的指引。另一方面。正是由于龚老师的善待,才有了学生乙的积极思考与回答,有了学生丙"巧借"学生甲的方法解出第 2 问,进而也有了学生甲的一点点成功的喜悦。因此,错误也是一种很有价值的教学资源。如果我们能从有利于学生发展的角度考虑,善待错误,那么就一定会把学生的错误转化成为学生学习的动力。让学生在出现错误、发现错误、纠正错误的过程中。既感受到知识的魅力,又感受到学习的快乐,这便是课堂教学的"快乐人生"。

3.两点建议

失败终究是件不快乐的事,有的人会因此感到沮丧,甚至会消磨意志,丧失信心。因此,我的第一个建议是对学生甲的错误应帮助其寻找错误的原因,引导其逐渐从错误的阴影中走出来。这样有助于其纠正错误,走向成功。第二个建议是看见他表情轻松下来后。可以给一些鼓励的话语,让他感受到教师的信赖,从而树立自信。有人说"教师的一两句话可能改变一个学生的一生"。我不敢肯定几句鼓励的话是否会改变他的一生,但是我敢说改变他对数学的态度和改变他对教师的态度是毫无疑问的。

总之,善待孩子的每一个错误,给课堂以生命关怀,是我们每一个教师应该努力做到的。

第二篇
学校教育研究

　　本篇每一节独立成篇,是在学校这一层面的视角上对教育教学的思考和探索。大都是我担任学校教科研主任以后从学校工作需要出发而写的。把这些文章分为两章是一个简单的分类处理,第七章主要侧重于学校发展理念和办学模式等学校发展决策性问题的思考,第八章主要侧重于与学校日常教育教学工作实务相关的理论与实践问题。

第七章
学校理念与办学模式的探索

第一节　教师是教育资源的开发者

一、新世纪断想

不记得哪一位名人说过："我们留给子孙怎样的世界，这主要取决于我们留给世界怎样的子孙"。

20世纪的中国，经过种种痛苦的磨炼和艰难的探索，终于在新世纪到来的前夕找到了一条正确的发展道路。党中央吹响了"新世纪民族振兴"的号角，中国向全世界宣布："沉睡的东方雄狮已经觉醒！"世界惊呼："21世纪将是中国的世纪"。但是，中国还没来得及为新世纪做好更多的准备，时代的车轮已隆隆飞驰进新世纪的大门。全球化经济、知识经济的晨钟提醒中国必须再次经受深化改革的阵痛。

面对这滚滚的时代潮涌，是惊喜？是迷惑？还是忧虑？我想，作为一名教育工作者，更多的应该是忧虑。因为我们的学生代表着21世纪的中国，我们能否为他们留下一个强盛的中国，这取决于我们是否在他们身上锻铸出能担负起"强盛"两字的肩膀。但是，现实给予我们太多的忧虑：早在20世纪80年代，当欧美国家的教育开始为新世纪摩拳擦掌的时候，我们的教育才刚刚从一场恶梦中醒来，并努力回复到"梦开始的地方"；当发达国家早在20世纪初就发现"英才教育"已不能适应新的生产力发展的时候，我们却直到20世纪末还把"为培养一位天才而扼杀一百位儿童的天资"这种考试筛选模式看成一种唯一公平的教育；当发达国家开始教育学生从"学会生存"到"学会关心"的时候，我们却还在"具有高度责任心"地教育学生"学会考试"！因为"不会考试就无法生存"、"不会考试就没有资格爱和被爱",这似乎是我们普遍认同的游戏规则。

有人说,这些都是社会大环境,普通教师无法改变它。但我认为,这只是中国社会的中环境。如果我们把目光投向全世界,我们不难发现大环境已经改变,并且正在以更快的速度改变。大环境的改变必将影响中环境。江泽民同志指出:"共产党是最先进生产力的代表"。那么共产党领导下的中国教育就理所当然地应该成为最先进生产力的支持者。

中国正在进行一场革命。这场革命的形式不是暴风骤雨式的,而是悄然的;它不需要流血,但有时免不了流泪。这场革命的主阵地不是政治领域,而是经济领域。这是一场生产力的革命,这场革命到达一定的深度,就必然会对教育提出新的要求。

新世纪的中国必须适应新世纪的世界,新世纪的中国教育必须适应新世纪的中国,新世纪的中国教师必须适应新世纪的中国教育。

我们不可能改变一切,但我们可以改变自己;我们不可能解决所有问题,但我们可以解决部分问题;我们的力量是微弱的,但我们是可以有所作为的;一个勇于创新的教师也许还不能推动一个时代,但一万个抱残守缺教师就有可能阻碍时代的发展——我们不奢望能推动时代,但也绝不能成为阻碍发展的万分之一。

二、教育思想的建立

每个教师都有自己的教育思想:系统的或零碎的,全面的或片面的。我们建立怎样的教育思想,决定了我们进行怎样的教育工作。而正确的教育思想来自于对"教育的本质"、"教育目的"等基本问题的正确认识。

什么是教育的本质?教育的目的是什么?《教育学》书上写得很明白,但"纸上得来终觉浅"。而且,随着时代的发展,人们对这些问题的认识也在发展。

"学而优则仕",在把人分成不同的贵贱等级的封建时代,教育是使人"高贵"的途径。在工业化时代,人们发现,只培养"高贵"的统治阶级人才,已不能适应生产力发展的需要,教育必须大众化。因为普通工人虽然地位卑贱,但他们的素质直接影响产品的质量、生产成本和资本家的收益,于是教育又有了培养普通劳动者的任务(这就是"义务教育"首先在资本主义国家提出的社会原因)。到了"后工业化"时代,即所谓的"信息社会"、"全球化经济"、"知识经济"时代,人们逐渐发现,人与人的关系被经济关系所异化越趋严重,人的本性被异化。于是,又提出了"学会生存"、"学会关心","人本主义"的教育思想逐渐成为主流。

"授业、解惑、传道"是我国古代对教育的经典定义。中国长期受儒家学说的影响,强调社会的整体和谐性。教育的"传道"就是要传播稳定封建等第制度的伦理道德,可以说这是一种"社会功利"型的教育思想。那么,在新旧世纪交替、有中国特色的社会主义市场经济环境下,中国特色的教育应该是什么? 是"社会功利",还是"人本主义"? 没有现成的理论,没有前人的经验,我们只能"摸着石头过河",边实践、边总结。现在社会上不少家长有一种观念是把基础教育看成是对将来"就业竞争"的准备,这总的来说是一种"社会功利"型的思想,其中飘荡着"学而优则仕"的幽灵。

基础教育能否负担起"就业准备"的重担? 我认为这是不可能的。据传比尔·盖茨曾经说过:在当前社会中,能预测一个月的人就能赚钱,能预测三个月的人就能赚大钱。而如果基础教育要负担起"就业准备"的任务,就必须能预测三年,五年,甚至十年! 如果说这样的预测只是"纸上谈兵",那么基础教育的"就业准备"也只能是"画饼充饥"。

当然,每一种社会思潮的产生都有其历史的和现实的根源,我们无法把握,但也不能一味地迎合。我们认为,无论是"社会功利"也好,"人本主义"也好,都有其一定的合理性和局限性,我们应该在这两者之间寻找最佳的平衡点。而在倡导"创新教育"的现阶段,"人本主义"应该成为矛盾的主要方面。强调社会和谐的儒家学说从根本上来说是扼杀创新的,创新的前提应该是人性的解放。我们欣喜地看到,在杭九中的发展蓝图中,充满着"为每一位学生提供发展的机会"这样一种"人本主义"的精神,同时又照顾到了社会流行的观念。因此我们认为这是一个具有正确方向,而又具有现实意义的创造和设计。

确立了"人本主义"为主的教育思想,这就要求我们更多地关心学生作为一个人的发展,而不是一种"学习机器"的完善。那么,"人的发展"这一命题的具体含义又是什么呢? 这又涉及"什么是人的本质"这一问题。马克思认为:"人的本质是社会关系的总和"。根据这一观点,我们的理解是:"人的发展"从根本上就是一个人从"自然的人"发展到"社会的人"这样一个"社会化"的过程。具体地说,就是"了解社会文化,理解社会规则,参与社会活动"的过程。(后文将结合具体例子进一步阐述这一观点)

三、教育理论与教育实践

正确的思想固然重要,但我们必须把思想落实到行动中去。不少教师大概都有这样一种无奈,从教育理论上讲应该是这样的,但在教育现实中却行不通。于是就有了"理论无用论"。这里有一个"怎样看待教育理论"的问题。

在看待教育理论的问题上,有两种不好的倾向,这就是"仰着脖子看理论"和

"歪着脖子看理论"。"仰着脖子看理论"就是认为教育理论高高在上，很神圣，事实上没有一种教育理论是十全十美的；"歪着脖子看理论"就是认为教育理论是"空对空"，毫无用处。事实上，每一种被学术界重视的教育理论都有其合理性，或多或少地对教育实践具有某种指导意义。迷信理论的是书呆子，轻视理论的是莽夫。

我们认为，教育理论对教育实践的指导意义是在一个很深的层次上体现的。教育面对的是千变万化的、活生生的人，没有一种理论可以告诉我们如何面对今天的人，因为每一种教育理论都只是对过去的教育实践的总结。教育理论的主要作用是为我们提供可供借鉴的思考问题的方法和追寻问题的线索。正因为如此，很多教育家认为"研究是教师的工作方式"。这也就是为什么对教师提出"要具备一定的科研能力"这一要求的原因。

教育理论常常显示出某种"滞后性"。例如，当一开始提出"素质教育"的时候，理论却无法告诉我们什么叫"素质教育"，如何进行素质教育。理论只能为我们树立一个"素质教育"的对立面，把它取名为"应试教育"（在五年前，我们就认为"应试教育"的提法不科学，词不达意），列举了"应试教育"的种种罪状，试图用这种方式来阐明"素质教育"的含义。但是，由于"应试教育"一词的先天不足，理论始终无法说服教师。因为，有教育，就有考试；有考试，就有应试。事实上，"素质教育"的对立面，并不是"应试教育"，而是那种"一切围绕着考试，忽视与考试无关的所有教育内容"的一种教育，我们把它称为"唯应试教育"。而合理的"应试教育"应该是"素质教育"的一部分。所谓"合理的"，是指把考试和应试看成是一种待开发的教育资源，努力使考试为"素质教育"服务。抛弃一切与素质教育相悖的应试做法，保留并发扬那些与素质教育相符的成功经验。同时，积极探索可以减少考试负面影响的各种配套措施。这才是素质教育下的应试教育。

当我们终于弄清什么是素质教育的时候，我们的口号又变成"创新教育"，所谓"素质教育的核心是培养创新精神，动手实践能力"。然而又没有现成的理论告诉我们"什么是创新教育，如何进行创新教育"！这看起来似乎是教育理论的悲哀，但这恰恰是教育进步的源泉。试想如果对每一个新的问题都可以在现有理论中找到答案，那还要人作什么？按现有理论造一些机器人教师不就可以了！（布鲁姆曾做过这件事，但实践证明他的理论适用范围很窄）如果真有那么一天，我们教师不是要"集体下岗"了吗？不但如此，教育学作为一门科学大概也可以"圆寂"了！（谢天谢地，我们庆幸这一天永远不会到来）

四、积极开发教育资源

那么，前面那些"空对空"的理性思考如何指导实践呢？首先，"新世纪断想"是对时代脉搏的体察，它使我们确立一种积极的态度：世界在变，我们必须跟着变。其次，"教育思想的建立"使我们明确了教育过程归根结蒂是学生的社会化过程，从而使我们认识到那种忽视学生社会化过程的教育是对教育的异化，要回归到教育的本源就必须关注学生的社会化过程。此外，理论与实践的讨论，使我们弄清"做"与"想"的关系：要知道我们该怎么做，首先要弄清我们该怎么想。具体到行动上，我们提出了这样一个命题："一切事物都是待开发的教育资源，教师是教育资源的开发者"。

这一命题可以说是由我们独创的，但也不完全是。首先，它来源于我校"三自教育"的研究成果，从理论上讲，它与"一切学校活动都具有教育意义"这一命题没有多大区别。所不同的只有两点：其一是把教育资源的范围从"一切学校活动"推广到"一切事物"，这有利于拓宽我们的视野。当然我们的研究兴趣主要仍然是"学校活动"。其二，我们改变了命题的提法，强调这种教育意义的"潜在性"，教师的任务是将这潜在的教育意义显化出来。我们认为这种提法操作性较强，更有利于对实践的指导。

其次，这个命题受到"常州经验"的启发，常州教科所一个有关"差生问题"的研究中指出："差生是一种客观存在，不可能完全消灭，应该将这种客观存在看成一种教育资源来开发"。这诱使我们思考"还有什么东西可以看成一种教育资源来开发"。更重要的是，常州的这一做法给了我们一种方法论上的启发：矛盾的双方在一定条件下可以相互转化，我们应该积极创造条件，化不利因素为有利因素。

此外，这个命题明显带有"建构主义"哲学的倾向。"建构主义"认为，人对客观世界的认识并不是客观世界的"摹本"，而是客观世界的"蓝图"。也就是说，一个人所认识的世界，不仅仅依赖于世界的本来面目，而且也依赖于这个人对世界的"解释系统"。如果一个人对世界的"解释系统"是乐观、积极的，那么他就能更多地看到事物的积极一面，他的世界就会更美好；而如果一个人对世界的"解释系统"是悲观、消极的，那么他只能更多地看到事物的消极一面，他的世界只有灰色的。有一个故事很好地说明了这一点：一个鞋业公司的经理，让两位推销员到某一岛国去发展市场。这两位推销员来到这一岛国才发现，岛上居民没有穿鞋的习惯。回来后这两位推销员的报告却截然不同：一位推销员说，这个岛上没有我们的市场，因为这里没有一个人穿鞋；另一位推销员却说，这是一个很大的市场,只要我们花力气让他们接受穿鞋的好处,那么整个市场都是我们的,因为还没有一个竞争对手发现这一市场。前者是"寻找市场",后者是"开发市场",在相同的境遇下不同的思路,产生了不同的结果。我们认为,只要我们具有第二位推销员的那种积极的心态,努力在我们的工作环境中开发各种教育资源,那么我们必定会找到许多学校教育工作的新思路。一方面,为杭九中的发展添砖加瓦;另一方面,也为我们的教育科研开发不尽的宝藏。

21 世纪对中国充满着挑战和机遇。杭州教育的发展,乃至中国教育的发展同样对杭九中充满着挑战和机遇。当我们在为学校教育工作出谋划策的时候,我们并不是在准备行囊,整装待发,事实上,我们早已登上了疾驰的列车。当我们略带彷徨地看着窗外飞速而过的景色时,我们不能因为曾经有过的成绩而故步自封,夜郎自大;更不能因为拥有太多的无奈而怨天尤人,无所事事。我们只有积极开拓,勇于进取,才能无愧于时代,无愧于中国,无愧于九中,无愧于教师的社会责任感。让我们立足本职岗位,积极开发各种教育资源,为世界留下更优秀的子孙!

第二节　杭九中探索"综合高中"办学模式的回顾

一、杭九中探索"综合高中"办学模式的背景

1994 年,省、市先后下发了浙教普字(1994)第 370 号《关于印发〈浙江省普通高中分流教育工作会议纪要〉的通知》和《关于推进普通高中分流教育的意见的通知》。杭州市六中、九中、十一中、十二中、长征中学等 6 所中学实行了"二·一"分流的试点,实行普通高中分流教育试验,旨在打破普通高中比较单一的升学预备教育模式,逐步实现普通高中办学模式的多样化,更好地落实普通高中的教育任务,使部分学生"升学有望",部分学生"择业有门",改变学生终是以一种考试失败者的身份走入社会这种现状。以适应社会主义现代化建设对人才的多样化的需求,鼓励学校根据社会需求和自身各种办学特色、引导学生在打好多方面基础的同时,发展个性和特长。

"二·一"分流的试点,为普通中学探索多样化的办学模式提供了不少经验和教训。但是,受着社会用人普遍盲目追求高学历的影响,以及"二·一"分流模式本身的局限性,美好的愿望并没有取得预期的效果。表 7-2-1 是我校 1996—1999 届分流学生数的情况比较,表中可以看出,要求分流的学生人数比例逐年减少。

表 7-2-1　**1996—1999 届分流学生数的情况比较**

届别	学生总数（人）	分流学生数（人）	分流学生占学生总数的百分比（％）
1996	132	30	22.6
1997	196	30	15.3
1998	96	4	4.7
1999	170	2	1.1

　　面对这一现状,杭九中开始对学校的发展前景的进行探索。而正在此时,"综合高中"作为一种在发达国家已相对发展成熟的新型办学模式被介绍到国内,并悄然兴起。这一"舶来品"能否适应中国这块土壤? 能否适应杭州市的社会现状和教育现状? 能否适应杭九中的实际情况? 我们考察了全国各地正在进行综合高中实践的几所学校,并通过对国际、国内的教育发展和经济发展的理性分析,开始进行综合班的实践探索。在学习和实践中逐步确立了"综合高中"这一办学模式作为杭九中的改革方向,提出了《提高学生综合素质,拓宽学生发展空间——综合教育的研究和实践》,规划课题申报省级示范性综合高中,并获批准。

　　我们为什么要选择"综合高中"作为学校的发展道路? 我们的思考有以下三个基本出发点:

　　1. 从社会经济的发展要求多样性人才的现实出发

　　随着社会主义市场经济的发展,社会对人才的需求越来越呈现多元化的趋向,对人才结构合理性的要求也越来越高。科学技术的高速发展使得科学、技术之间的分界线越来越不清晰,科学技术与生产力之间的转化与促进周期越来越短,越来越需要能将最新科学技术研究成果与生产实际相衔接的人才,因此,高等职业技术教育适时而生。20 世纪 50 年代美国大学 80％的学科都是人文和数理,但今天,哈佛、斯坦福、伯克利这样研究氛围极浓的名校也已经注意应用技术教育的研究,这不是低就,是历史发展的需要。德国的高等专科学校,美国、加拿大的社区学院,都以职业岗位的需求为培养目标,他们从事高等教育起步早,规模大。正因如此,目前发达国家高级技术人员占产业工人数的 32％左右,而我国目前在经济发达的一些城市,如上海的技术工人中,中级工约占 50％,高级工仅占 4％,技师和高级技师只占 0.8％,这表明目前教育还不能适应产业结构调整和技能级提升的要求,它反映了多年来在计划经济体制下形成的教育结构不合理,人才培养模式单一等问题没有改变状况。办综合高中有利于改善教育结构,使教育更好地为培养各类人才服务,为社会主义经济发展服务。

2. 从高中学生个性发展的特点出发

高中阶段是学生自我意识发展的高峰期。在这一时期他们的求知欲和各种能力会得到迅速发展,他们的兴趣、爱好比起初中生要相对确定,他们对理想、前途的思考比初中生更深刻,更切合实际,他们的成长过程需要有更多的个性发展空间和多次的选择机会。综合教育正是能为高中同学的个性发展提供更大的空间和为他们提供多次选择机会,这样既能满足于青年学生成长的需要,也有利于激发学生学习积极性,使一部分原来有厌学情绪的学生,学有方向,学有动力,学有乐趣,学有成就感。综合班班主任在关于综合班学生情况的调查报告中写道:"学生到了综合班后独立完成作业的人数增加了,学习自信心也有了一定的提高,学习使他们重新燃起希望之光。"与原来相比,对学习有信心的、有兴趣的、有成功感的学生从 20% 增加到 90%,有 74% 家长反映"孩子进入综合班后,学习自觉性提高了"。2000 年,原以为与大学无缘的学生中,有 36% 的学生考上了大学,满足了学生、家长,对接受高一层次教育的要求。

3. 从杭州市教育发展的需要和杭九中的实际出发

根据杭州教育总的发展"延长公民受教育的年限"的指向和杭州市教育发展的形势来看,现有重点中学 8 所,省级示范性职高也不少,这是两条人才培养的大道,而综合教育可成为杭州市人才成长的"立交桥"。综合高中学生既具备普通高中的文化基础知识,又掌握一定的技术基础知识和专业技能,有利于学生毕业后进一步深造或就业,可以使学生的成才之路更加畅通。我们根据目前学校生源的实际状况和对综合班的实践初探,从实际情况出发,力求突破传统的普高、职高办学模式,兼取两者之长,探索文化基础扎实,知识结构比较合理,实践能力强,学生在动态发展中可以多次选择学习方向的、流动的、多渠道的、开放的办学形式,寻求杭九中提高教学质量和办学效益的新增长点——走综合教育之路。

综合教育的实践是促进素质教育的理念深入和贯彻实施的一个有力抓手。

二、杭九中关于"综合高中"的实践探索(1999—2001)

1. 思想准备

在"普高热"社会大环境下,由一所普通中学转型为综合高中,在杭九中的校园内一度被认为不是"吃错药"就是"瞎跟风"。因此,要保证综合高中办学模式的实践探索能顺利进行,首先必须统一全校师生,特别是领导班子的思想。

"普高热"能否成为普通中学的"金饭碗"? 我们以"娃哈哈"在保健品市场如火如荼的时候进军饮料市场的案例来说明问题:娃哈哈的这一决策在当时的娃哈哈内部也招来了一片反对声,但后来的事实证明,当"太阳神"、"巨人"、"三株"、"红桃

K"等保健品市场的众多强手在"群雄争霸"的激烈的市场竞争中一个个"人仰马翻","昙花一现"的时候,娃哈哈由于其"富而思进"的超前准备,依靠多个市场支点,在激烈的市场竞争中才始终立于不败之地。这已经成为中国企业成功案例的一个经典。这一案例给我们的启示是:逆水行舟,不进则退。不"富而思进",未雨绸缪,就必定被时代发展所淘汰。实际上,并非"未雨",而是"雨已经下得不小了"!

时不我待。我们不可能等到全校师生的思想完全统一以后再进行实践探索,因此,我们的思想准备工作是与实践探索工作交替进行的。在实践探索的过程中,我们在思想准备方面的工作主要有以下几点:

- 校长在全校教师大会上从"社会发展需要"、"与'面向全体学生','学生全面发展','创新能力和动手实践能力'等素质教育的几个基本理念的关系"、"杭九中发展现状"、"杭九中实现'跳跃式'发展的必要性与可行性"等不同角度多次阐述综合教育的意义。
- 教科室举办国际教育发展形势的讲座。
- 专门举行以"综合教育"为主题的研讨会。
- 多次组织班子成员和相关教师外出考察,提高感性认识。
- 以深化"三自教育"研究为抓手,确立"以学生发展为本"的教育思想,"一切为了学生,为了一切的学生,为了学生的一切"。
- 明确"厚基础,强特长"的学生发展目标,使学生"个个有发展,人人能成才"的学校工作目标,成为杭九中综合教育实践的行动口号。

2. 积极试验

在前期小规模试验的基础上,从 1999 学年开始,我们努力扩大试验范围,在尊重学生自愿的基础上,进行了"2.5+0.5"和"2+1"的综合班实践探索。原先准备开设"旅游"、"文秘"、"计算机"、"烹调"等四个专业,最后由于学生志愿等原因,在 1999 学年开设了"文秘"、"计算机"两个专业,在 2000 学年开设了"计算机"、"电子商务"两个专业(其中"电子商务"是因学生要求而增设的)。

表 7-2-2　近三年杭九中综合班学生数的增长情况

届别	学生总数(人)	综合班学生数(人)	综合班学生占学生总数的百分比(%)
2000	165	37	22.4
2001	249	61	24.5
2002	187	51*	27.3

说明:＊不含高四年级插班生(1 名)

　　表 7-2-2 反映了我校近三年综合班学生数的增长情况,表中可以看出,我校近三年以来综合班的学生数比例呈稳步增长状态。

　　表 7-2-3 反映了我校 2000 届和 2001 届综合班探索实践的初步成果。这不但反映在为高等职业院校提供大量的合格生源上,也反映在 2000 学年的两位未进入高等职业院校毕业生上:我们对这两位毕业生进行的追踪调查,这两位毕业生中,一位正式就业,从反馈回来的信息看,本人认为在杭九中综合班的专业技术学习对他现在的工作有很大的帮助;另一位现在参军,由于他具有初级技术等级证书,因此当上了一名技术兵。

表 7-2-3　杭九中 2000、2001 届综合班学生基本情况

届别	学生总数(人)	综合班学生数(人)	获技术等级证书的人数		高职院校上线人数	就业人数
			初级(人)	中级(人)		
2000	165	37	37	0	14* (37.8%)	2**
2001	249	61	61	52***	58**** (100%)	0

　　说明:* 括号内为上线率;

　　　　** 其中 1 人参军;

　　　　*** 参加考核的总人数为 53 人;

　　　　**** 另外 3 人已被成人高校录取。

表 7-2-4　近几年杭九中综合班专业和课程设置情况

专业	文秘	计算机	电子商务
课程设置	应用文写作 文秘基础 中英文打字 电脑文字处理	电子线路 BASIC 语言 计算机基础 FoxBASE 基础 计算机系统操作	(同左)

　　说明:由于学校条件与学生数量等原因,为便于操作和管理,"电子商务"专业与"计算机"专业的课程暂时相同。

　　从表 7-2-4 反映的我校近几年综合班专业和课程设置情况看,我校综合班的专业和课程设置还有待进一步完善,这主要原因是学生志愿狭窄和学校师资等条件的限制。

在实践过程中,我们还在短期培训的思路上创办了"树范培训学校"这一面向社会的、专门组织实施短期培训的、具有独立法人的"公有民办"学校。拓展了我校与外界的联系交流渠道。

以教育科研促进教育改革是杭九中综合教育实践的一个法宝。综合高中的实践与素质教育在理念上是一脉相承的,要使综合高中的理念深入人心,必须让素质教育的理念深入人心;反过来,对综合高中理念的认同,必将促进对素质教育的理解。因此,我们坚持以教育科研为抓手,深化对"三自教育"的研究,进一步加强德育实效性的研究和课堂教学充分发挥学生主体作用的研究。这一系列的研究,为综合高中的实践探索在思想理念上提供了有力的保证。

尽管我们已经通过实践的探索取得了初步的成效,但我们清醒地看到,对综合高中的实践探索仍处于起步阶段,进一步的探索还有许多事情要做。

3.反思调整

在实践探索的过程中,免不了有这样那样的失误。我们对此的态度是勇于反思、及时调整。比如对 1999 学年的"2.5＋0.5"模式进行反思发现学生利用半年的时间进行专业技术强化,时间极紧,因此,在 2000 学年调整为"2＋1"模式。有的教师在综合教育研讨会上提出,这一模式不能僵化,为了让学生能有多次选择的机会,应该使这一模式更加灵活化,但也有人对此提出了"管理上的难度"等问题,我们将进一步解放思想,积极实践,勇于反思,及时调整。

在 2001 学年我们还对高四年级、"树范培训学校"等具体操作进行了反思,高四年级已在进行尝试,由于宣传等原因,还未被社会所了解,现只有一名学生在综合班插班学习;"树范培训学校"已开办了多种短期培训班,同样由于宣传等原因,社会知名度不尽如人意。我们将加强宣传力度,进一步拓展其办学思路。

在反思调整的基础上,我们在杭州市教委的支持下,制定了《杭州市第九中学综合改革实验高中班学生学籍管理办法(试行)》,提出了《杭九中综合班课程设置计划》的初步设想。

反思的结果是,我们的思想更加解放,我们的思路更加开阔,我们在实践操作上更加灵活。我们将在综合教育这一园地里继续耕耘,努力劳作,争取更大的收获。

第三节　杭九中办学理念和学校愿景

一、杭九中办学理念系统简介

我校办学理念体系包括"学校愿景、办学理念、办学目标、工作信念、教育方法、校园文化、校园环境"等几方面：

1. 学校愿景：让每一位学生都生活在同一片蓝天下；让每一位学生都沐浴在希望的阳光里；让每一位学生都成长在快乐的学习中。

"让每一位学生都生活在同一片蓝天下"是对"教育公平性"的追求；"让每一位学生都沐浴在希望的阳光里"是对"教育回归人本"的追求；"让每一位学生都成长在快乐的学习中"是对"提高学生校园生活质量"的追求。

2. 学校发展理念：学生发展是根本；教师发展是动力；学校发展是基础。

学生、教师、学校应该组成一个"利益共同体"：学校一切工作的根本目的是为了学生的发展；教师的专业成长是促进学生发展与学校发展的动力；但只有不断提升学校办学水平，才能为这两种发展提供一个基础平台。

3. 办学目标：人人有发展；个个能成材。厚基础、强特长。

为实现"人人有发展，个个能成材"的目标，我校对教职工的要求"力争学生人人升学，必求学生个个成材"。教育和教学中，我们以重点普通高中的要求为标准，为学生打下厚实的文化素养基础，同时，我们借鉴综合高中的办学模式，探索普通高中办学新模式，强化学生特长。

4. 工作信念：与学生相关的一切事物，都是待开发的教育资源，教师是资源的开发者。

这一工作信念来源于学校"三自教育"的研究成果，包含以下几层意义：首先，我们坚信学生的一切活动都具有教育功能；其次，我们强调这种教育功能是潜在的，它需要教师来开发；再者，这个工作信念体现出一种积极的态度。

5. 教育方法：自学，学会学习；自理，学会生存；自律，学会关心。（三自教育）

"三自教育"内涵是相当丰富的，"学会学习、学会生存、学会关心"是对"三自教育"在操作层面上的阐述，其中蕴含的是教育"主体观、实践观、整体观"，其具体含义阐述如下：

自学，在教学中充分发挥学生的主体作用，充分关注学科德育，注重学习方法的指导与自学能力的培养，使学生学会学习；

自理,关注学生的学校生活、家庭生活和社会生活,提供学生锻炼正确处理日常事务和非常情况等能力的机会,使学生学会生存;

自律,引导学生关心身边的人和事,通过责任感的培养,树立自律意识,提高自律能力,使学生学会关心。

主体观,教育的最终目标,其价值取向是学生作为一个社会人的全面发展,必须充分发挥学生的主体作用;

实践观,有效的教育过程必须落实到学生的"认知、行动、体验反思、领悟"这四个关键过程中去;

整体观,与学生相关的一切事物都是待开发的教育资源,教师是教育资源的开发者。

6.校园文化:学生获得充分发展的园地;教师实现自我价值的乐土。

围绕"学生发展是根本,教师发展是动力,学校发展是基础"这一办学理念进行校园文化建设,让"人人有发展,个个能成材"的办学目标成为现实,从而形成独特的文化氛围。

7.校园环境:美丽的心灵营造校园的美丽;文明的行为构建校园的文明。

在学校硬件环境上,致力于校园环境的美化、优化、精致化,建造"花园式校园";在学校软件环境上,通过师生文明言行的构建,陶冶情操,提高道德素养。

二、"学校愿景"与"学导制"的前因后果

我全程参与了杭九中学校愿景的提出经过,以及"杭九中学生成长导师制"的起草和修改讨论以及课题研究的过程。在此对这一过程做一个回忆记录。

1996年,学校在陈继红校长的领导下参加了省、市的"二·一"分流教育的实验;1999年创办了"2.5+0.5"的计算机、文秘两专业的综合班,并构建杭九中综合高中办学模式的框架;2000年又办了"2+1"的计算机和电子商务两个综合班;同年高一年级招了二个综合班的学生。

2000年10月被杭州市教委批准为市综合学校,2001年6月由省教育厅督导后,被任命为省级示范性综合高中。

2001年5月8日,《光明日报》以《让每个学生感到:天是蓝的……——记杭州九中综合高中教育》为题报道了我校综合高中办学模式探索的成果。这篇报道的这个标题揭示了当时我校探索综合高中办学模式的核心价值观,对后来提出学校愿景产生了比较大的影响。可以这么说,杭九中"蓝天、阳光、快乐"这一学校愿景在当时正处于酝酿阶段。

2001年7月,学校领导班子进行调整,刘洪法任校长,楼平任书记,来阿芳、

杨秀儿任副校长。

8月,中层班子调整,在第一次中层以上干部参加的学校行政会上,刘洪法校长提出了"蓝天、阳光、快乐"作为学校教育工作的关键词。当时没有对这三个词作进一步的详细解释,也没有明确"学校愿景"这一提法。但很显然这是作为杭九中的校长,根据他对杭九中探索综合高中办学模式的核心价值观的理解,在他心目中形成的对学校发展的一种"愿景"。

2001年10月,我为"三自教育"的研究做了一个全面的回顾,撰写了《认识自我,超越自我——杭九中"三自教育"研究的回顾与展望》一文。文中简述了"与学生相关的一切事物,都是待开发的教育资源,教师是教育资源的开发者"这一学校工作理念。

2002年4月,学校成功举办了全国第三届"综合高中理论与实践研讨会"。国家教育部、浙江省教育厅、杭州市教育局领导都到会祝贺,全国各地50多所综合高中的校长和当地教育行政部门的领导参加了会议,杭城各媒体做了广泛的报道,扩大了学校知名度。我校的办学模式和办学经验得到了与会者的好评,浙江省教育厅的领导说,"杭九中为浙江教育争了光"。

会场设在庆春立交桥边上的四季青大酒店内,为烘托会场气氛以及宣传之需要,我拟写了以下几个宣传直幅挂在四季青大酒店的门口:"个性在责任中张扬;特长在机会中发展!"、"让学生获得充分发展,让教师实现自我价值!"、"让每一位学生都生活在同一片蓝天下!"、"让每一位学生都沐浴在希望的阳光里!"、"让每一位学生都成长在快乐的学习中!"

这是"蓝天、阳光、快乐"这一学校愿景的第一次正式公开亮相。

2003年6月,学校通过申报浙江省二级重点综合高中督导评估,学校的"蓝天、阳光、快乐"六字愿景受到省督导组专家的肯定。

2004年10月,杭州市教育局组成评估组对我校进行了省三级重点普通高中的认定性评估,认定我校达到省三级重点普通高中的要求,并报请省教育厅审批。虽然我校的办学模式有所改变,但"蓝天、阳光、快乐"六字愿景仍旧没变。

在反思近年来学校工作的理论与实践的基础上,形成了系统的"杭九中办学理念",内容包括:"学校愿景、办学理念、办学目标、工作信念、教育方法、校园文化、校园环境"等七大方面,标志着具有杭九中校本特色教育理论达到了一个新的高度。

2005年1月,杭九中第九届教职工代表大会一次全体会议审议通过《杭州第九中学2005-2010年发展规划》,"让每一位学生都生活在同一片蓝天下;让每一位学生都沐浴在希望的阳光里;让每一位学生都成长在快乐的学习中"的学校愿景正式写入这一文件,并固定了这个完整的表述。这标志着这一学校愿景已经得到学校教师的广泛认同,真正成为九中人的奋斗目标。

2005 年 12 月,我参加了杭州市教育局高中处组织的新课程实施考察团,考察了华南师大附中和深圳中学新课程实施情况。这直接催生了实施"学导制"的具体想法。

2006 年 7 月,杭九中 2006 年暑期德育研讨会召开。政教处和教科室联合编印《教育案例集》。通过这个案例集的个案分析,教师们对"与学生相关的一切事物,都是待开发的教育资源,教师是教育资源的开发者"这一学校工作理念有了更深的认识,对学生的时代新特点有了更深的体会,对探索与新时代学生新特点的新的教育教学方法有了更迫切的愿望,这为"学导制"的产生提供了较好的思想准备和舆论基础。

2006 年 12 月,学校行政会讨论决定实施学导制,并决定由我起草《学导制实施方案》。2007 年 3 月,学校行政会讨论修改《实施方案》。2007 年 4 月,杭九中第九届教职工代表大会一次全体会议审议、修改、通过《"杭九中学生成长导师制"实施方案》。随后,在高一年级试行导师制。2007 年 9 月,在全校三个年级全面实施学导制。

2007 年 10 月,杭九中第八届教科研大会召开,大会主题是《"蓝天、阳光、快乐"的学校愿景与"品质教育"》我在大会开始作了以下这段开场白:

刘校长在开学报告中提到了温家宝总理在前些时候发表的"仰望星空"这首诗,他在发表这首诗的前面有一段话,其中一句是这样说的:"一个民族有一些关注天空的人,他们才有希望;一个民族只是关心脚下的事情,那是没有未来的。"这实际上提出了一个"务虚与务实的关系"的问题。全民务实、没有人务虚的民族是没有未来的。同样,一个学校没有人务虚,每位教师不在大量的务实工作之余抽一点时间搞一些务虚的工作,这个学校的发展就有可能迷失方向。学校的教科研工作就是这样一种务虚的工作。在我们脚踏实地地认真做好各项教育教学工作的同时,我们应该不时地浮到半空中去辨辨方向。

显然,这是一次为全面实施学导制解决思想问题的务虚会。会上,刘洪法校长做了题为《努力实现"蓝天、阳光、快乐"的办学愿景》的大会报告,第一次全面系统地阐述了这一学校愿景。

2007 年 11 月,杭九中第一届教师论坛召开,论坛的研讨主题是"学生成长导师制的理论与实践"。召开这个教师论坛的主要原因是教科研大会上对学生成长导师制的研究不够深入,一些教师的研究还没有得到充分的交流。这次论坛上有以下五个主题发言:

《科学理论是"导师制"取得成效的指南》(冯志祥)

《学生成长导师制与新课程背景下的研究性学习》(杨丽超)

《教育叙事一则:亲情的感化》(许丽萍)

《抓住机遇,探求发展》(韦思峰)

《班主任与德育导师的角色差异》(刘洪法)

这五位教师从几个不同的角度对导师制谈一些研究心得。冯志祥向全校教师介绍了研究导师制过程中可供借鉴的几个科学理论;杨丽超老师结合对研究性学习的研究谈导师制在英语研究性学习教学过程中的作用;许丽萍老师向大家讲述了一个受导学生的教育案例;韦思峰老师从学校发展角度谈了个人对导师制的看法。刘校长的报告揭示了班主任与德育导师的角色差异。

2008 年 1 月,课题《德育导师制度下的师生关系的实践与研究》被市教科所批准正式立项。2008 年 4 月,课题组秘书长薛倩和学校教科室主任就《"德育导师制度下的师生关系的实践与研究"课题方案》走访请教了杭州市教科所韩似萍老师。韩就《导师制下的师生关系》这一课题方案的几个问题给我们一些重要的指点和建议。薛倩老师首先向韩老师简要介绍了课题方案的主要内容。我随后向韩老师简要介绍了我校出台导师制的背景和课题研究切入口的选择意图。韩老师首先肯定了这一课题的意义,并主要对研究内容提出了若干建议,韩老师建议课题组主要在"三个层面、六个要素"展开研究。

2008 年 5 月,课题组召开全体会议,研究讨论课题方案的具体实施、子课题分解与招标使研究问题清晰化、落实研究分工,制订课题研究行事历。2008 年 6 月,课题组研究本书的提纲和分工,同时对前期案例的搜集和整理进行交流和分析。2008 年 7 月,课题组落实了《导师制:一种新型的师生关系》一书的写作分工。2008 年 10 月,课题组召开全体会议进行子课题的中期检查,对子课题研究进行交流、研究难点分析、适当调整子课题。2009 年 2 月,《导师制:一种新型的师生关系》初稿基本汇总,课题组召开全体会议,讨论该书初稿的修改问题。2009 年 5 月,该书进行统稿润色阶段,2010 年 3 月,该书正式出版。2011 年 5 月,该书被杭州市教育局评为"杭州市第八届国家基础教育课程改革优秀研究成果"一等奖。

这一课题的主要研究目标是:揭示导师制下的新型师生关系特点;探索建立这种新型师生关系的学校工作平台;向教师、社会宣传导师制所承载的教育理念,为导师制的顺利实施服务。

事实上,作为学校层面的课题研究,醉翁之意不在酒。我们可以用这样一个笑话来阐释这句话:有一次,我出差到椒江,突然想起椒江有一位大学毕业后没有一直联系过的同学,想乘机拜访他。正好手机里有一个同班同学的号码,就给他发了一个短信:"你知道××的电话号码吗?"他回过来的短信把我逗乐了,就两个字:"知道"。这件事给了我一个启示:正确的答案并不一定是有用的,教育理论只关心把话说对,他们自己也不知道是否有用。

学校层面的教科研,就是要在这些正确的答案中寻找有用的。

第四节　杭九中学生成长导师制简介

一、杭九中学生成长导师制的缘起

"与学生相关的一切事物都是待开发的教育资源,教师是教育资源的开发者。"这是我校的一个工作信念。学校的工作平台应该是可供教师开发的教育资源。至少,我在起草设计导师制实施方案的时候是基于这样一个理念的。学校可以为教师建立新型师生关系提供哪些教育资源? 我们现在所能想到的就是:尽可能多地开通师生交流的各种渠道。这就是杭九中推出"学生成长导师制"的根本原因。具体地开展来说,主要有以下四个方面的原因:

1.适应时代发展的需要

市场经济的建设、全球文化交流的日益频繁、社会思潮的多元化,使得学校教育的复杂性超过以往任何时期。这要求我们学校教育创新出能与时代发展相适应的新的学校教育模式,特别是德育、心理健康教育的新模式。

2.实现学校愿景的需要

"蓝天、阳光、快乐"是杭九中的办学六字愿景,后面我们将着重对此进行比较详细的介绍。现在,杭九中为实现这一办学愿景所开发的工作平台主要有两个:一是"阳光学子的评选活动",媒体对此的关注度也比较高;第二个就是"学生成长导师制"。"阳光学子评选活动"主要是为了向教师、学生、社会宣传学校的人才观,树立学生身边的榜样。而"学生成长导师制"则是为了加强学校宏观管理层面对教师微观教育行为的渗透力。本书的代序中已经对杭九中"蓝天、阳光、快乐"的办学六字愿景做了比较详细的介绍,这里不再赘述。

3.实施新课程标准的需要

这是我们最初想到需要这样一个导师制的原因,在参加杭州市教育局高中处组织的考察华南师大附中和深圳中学新课程实施情况后,考虑到在新课程实施中对学生选题的指导、社会综合实践活动的组织等工作,需要有一个与之相配套的组织形式,实施"导师制"的这个想法就很自然地在酝酿之中。

4.预警安全事故的需要

从事态发展线索角度研究,促成我校导师制的构建的触发点正是这一点。在一次行政会上讨论校园安全责任如何落实到每一位教师这个话题的时候,我把在头脑中酝酿已久的导师制提了出来,会议当即决定让教科室起草实施方案。

从实践的情况来看,导师制实施以来,我校没有发生一起比较大的学生安全偶发事件。而导师及时发现问题将这类事件消灭在萌芽状态的案例在本书中也有体现。

二、杭九中"学导制"的特点

杭九中"学导制"有以下几个较为显著的特点:

1. 全员参加、全体学生受导

一是受导学生面广。因为每一位学生都有相同或不同的问题需要解答,不同的困惑需要疏导,未启的人生需要规划。一视同仁还可以消除学生中普遍存在的"有问题才需要导师"的误解,还一个健康正常的心理状态。我们为九中的每一位学生都配备了一位导师,负责其在校三年内的"思想、学习、心理"等各方面的成长,并相应建立了交流与谈话制度、家长联络制度、教育小组制度和工作档案制度。导师根据学生的个性差异,从思想、学习、生活、心理素质、道德品质等方面关心帮助他们。

二是每一位教师都必须做导师。不论资历深浅,自愿与否,只要是我校教师都必须承担起这一份责任。每一位教师负责指导 10～15 位学生,高一进校时建立关系,没有特殊情况三年不变。这制度可以把全员德育的口号落到实处,教书育人得到较好结合。德育导师的工作档案内容包括:学生家庭及社会关系的详细情况;学生的个性特征、行为习惯、道德素养、兴趣爱好;学生心理、生理、身体健康状况;记录学生成长过程中的闪光点和不足点,对症下药,制订学生的改进和发展目标并指导其完成;对学生进行家访,平时与学生家长经常联系,帮助和指导家长进行家庭教育;建立导师工作档案,记录师生活动的全过程。

2. 学导制是学校教育系统工程的有机组成部分

学校教育是一个系统工程,学校的每一件事都这个系统工程中的一部分,将其割裂开来也许是为了管理机制上的条块现状,但不将它们有机联系在一起,都是很难发挥其作用的。长期以来的德育、智育何者为先的争论,最大的问题就是将其割裂开来了!学校德育不可能抛开智育来进行,否则就得不到最广大的学科教师的支持,最终只剩下一点向上汇报的空架子;学校智育不可能抛开德育来进行,否则学生永远不明白为什么读书这个基本问题,至多在考试分数上各学科此起彼落。

杭九中"学导制"在这种管理机制上有所突破,它将学校的德育工作和智育工作都非常明确地落实到了每一位教师身上。

此外,杭九中"学导制"在学校办学理念和办学愿景的指导下,又反过来为实现学校办学愿景服务。学校近年来正在进一步探索"学导制"与"阳光学子评选活动"、"研究性学习"等教育教学工作的有机结合。

　　3.职责明确、制度完善

　　杭九中"学导制"有一整套制度予以保证,大到工作职责、指导原则,小到指导时间、次数、家访要求、内容记载都有明确的规定。学校还从福利性奖励津贴中划出一大块与"学导"成效挂钩,期末,从要件完成和受导学生风貌两方面进行严格的考核,根据实绩发放奖金。并适时进行总结和研讨,宣传感人事例,推广典型经验,探讨存在的问题,使"学导制"不断得以完善。

　　《杭九中学生成长导师制实施方案》规定了导师必须履行以下八大职责:(1)及时深入了解学生思想、心理、学习发展现况;(2)协调好家长、学生、学校和教师的关系;(3)指导学生处理好在学习上的问题;(4)关注学生心理和成长需求;(5)引导学生参加各种社会活动;(6)教育学生遵纪守法;(7)尊重学生隐私;(8)及时向班主任、任课老师沟通学生情况。

　　杭九中"学导制"的工作制度包括:交流与谈话制度、家长联系制度、教育小组制度、工作档案制度

　　杭九中"学导制"还有明确的奖惩制度,规定按"每生每学年50课时的课时津贴"标准给予每位导师工作津贴。如有学生参与寻衅滋事、打架斗殴、敲诈勒索、致死致残、群体离家出走等影响恶劣的严重违法事件,经调查确系导师指导疏忽,管理不善,措施不力,学校将追究相关导师的责任,扣除其本年度导师工作津贴,并取消本年度工作考核中评为"优秀"级的资格。

第八章
学校教育的理论与实践探索

第一节　学生为主体:有关的理论学习与反思

"这里有个问题,我们必须解决它!"(希尔伯特):在课堂教学中,教师与学生究竟谁为主体? 本文是笔者对这一问题所进行的一些理论学习和思考。

一、两个比喻

如果把课堂教学比作一首交响乐的话,那么演奏这首交响乐的演员不是教师,而是学生。但是乐队必须在指挥的协调下才能奏出和谐的乐曲,这位指挥就是教师。指挥和乐队的共同合作才能演奏课堂教学这一交响乐。按照这种比喻,我们不妨把教师的备课工作比作谱曲工作:主旋律是什么? 什么时候引进不和谐音引起矛盾冲突? 怎样使矛盾展开并发展下去? 怎样使乐曲的演奏难度符合每个乐手的技术水平? 等等。所有这些问题都是教师在备课中需要认真思考的。

如果把课堂教学比作一场电视游戏节目。那么参加游戏的不是教师,而是学生。教师是节目主持人,游戏规则由主持人规定,游戏进程由主持人掌握,但主持人不参加游戏。这台节目的明星不是主持人,而是"特邀嘉宾",参加游戏的也是这些明星,整个节目的成功与否取决于这些明星的表现。主持人必须根据每个明星的特点,努力诱发明星们的创作灵感,才能把节目做得精彩。

二、有关争论

在"教师与学生谁为主体"的问题上常见的有以下几种理论:

1.教师为主体

认为在课堂教学中,只有教师才可以自觉地调控教学过程,规定学生学什么、怎么学,学生不可能成为课堂教学的主体。这种观点在理论上是可以"自圆其说"的,与目前的教学实践也是相符的。但是,它却受到越来越多的批判。原因只有一个,它导致很多现实中的不良结果:学生被动地学习、学业负担过重、学习效率低下、学生厌学比例增大。更重要的还有:学生缺乏自我意识、缺乏个性、责任感,甚至导致某些人格缺陷。

2.学生为主体

这是对以上理论的一种反动,它试图以此来医治上述的众多现实疾病。但是这种观点始终无法在理论上"自圆其说":如果说学生是课堂教学的主体,那么学生可以自觉地调控教学过程,学生可以规定学什么、怎么学,甚至可以自主地决定学不学,这无论在理论上,还是实践中都是十分荒谬的。

3.教师为主导,学生为主体

这是流行最广的一种观点,它看似"辩证",实质"含糊"。在实践中,谁都可以用它来反驳对方:教师主体论者说"我这是发挥教师的主导作用";而学生主体论者说"我这是发挥学生的主体作用"。可见它只是在用一句"说不清、道不明"的话来阐述"说不清、道不明"的理。这是理论界不得已而为之的"权宜之计"。

4.双主体理论

这种理论认为:在课堂教学中不存在单一的主体,教师与学生都是课堂教学的主体。教师是"教"的主体,学生是"学"的主体。这种观点实质上并没有回答"教师与学生谁为主体"这一问题。因此,有人认为它只是在偷换论题,回避矛盾。或者,这种观点认为,"教师与学生谁为主体"这一问题和"是先有鸡还是先有蛋"一样没有意义。

5.个人观点

由此可见,这个问题在理论尚无定论,以上各种理论都有一定的道理,但也有各自的缺点。我个人的观点倾向于"双主体理论",以下是我对这一问题的一些思考。

三、课堂教学的系统分析

如果用系统论的方法来分析课堂教学,我们可以把课堂教学分析为由"教师"、"学生"和"教材"这三个要素组成。它们之间的关系可用图 8-1-1 来表示:

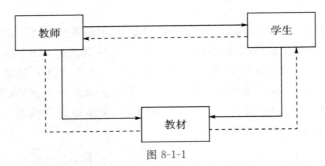

图 8-1-1

其中实线表示主体对客体的作用,细虚线表示客体对主体的反作用;而学生对教师的作用较为复杂:单个学生很难对教师产生主体作用,但学生全体可以对教师产生根本性的影响。

四、学生的几个特性

1. 学生的主体性

作为学习活动的主体:自觉性、主动性、自主性、创造性;

作为社会权利的主体:生存权、教育权、尊重权、安全保障。

2. 学生的客体性

作为教学活动的客体:就学的学校受政策制约、学习的内容由大纲规定、上课的时间由学校规定、学科的进程由教师规定。

作为社会义务的客体:未成年人保护法,无完全法律责任(不完全的社会人)。

3. 学生的发展性

学生具有发展潜能和发展期望,并处于发展过程中。

五、课堂教学中学生主体地位的异化

由于学生在课堂教学中的地位具有主体和客体的双重性,因此,学生的主体地位就成为在教学实践中最容易受到侵害和掠夺,导致学生主体地位的异化:

然而,课堂教学的目标取向是学生的学习,而不是教师的教。因此,如何保证学生作为学习的主体地位,也就成为落实教学目标,提高课堂教学的效率的一个非常重要的问题。这就是我们要强调"课堂教学以学生为主体"的原因。

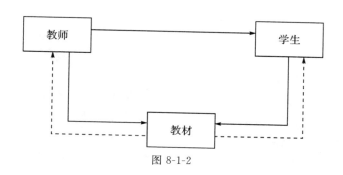

图 8-1-2

六、学生为主体：是不是一种教育的"乌托邦"？

1. 两种逻辑：实证判断和价值判断（东西方文化对比）

让我们来反思一下在理论上产生争论的原因。我认为，引起争论的原因主要是在这里存在着两种逻辑："实证判断"和"价值判断"。实证判断是回答"事实是什么"的判断；而价值判断是回答"我们需要什么"的判断。"教师主体论"是一种实证逻辑，认为在教学过程中的主体"不是委任的，而是一种实际存在"；"学生主体论"是一种价值逻辑，认为在教学过程中"只有充分发挥学生的主体作用，才能真正落实教学的目标，因此我们必须让学生成为教学的主体"。实证逻辑是西方文艺复兴时期反对封建神学的有力武器，已成为西方科学的一种传统。价值逻辑是西方建构主义哲学兴起后产生的一个新名词，而它在中国尽管没有正式提出这一概念，却早在二千多年前被孔子所广泛运用，并随着儒家思想成为中国的一种文化传统。在东西方文化相互交融的新世纪，我们应该充分认识到这两种逻辑的合理性、局限性、不可相互替代性和互补性。

2. 联合国主张："教育需要'乌托邦'"

"乌托邦"一词总是让人产生反感，这种反感可能来自于一位西方学者的一个形象的解说："乌托邦就是每个人都拼命地挤进天堂之门，但当身后的门关上时却发现自己走进了地狱"。对经历过"十年浩劫"这场恶梦的人来说，这种感受更为刻骨铭心。事实上，"乌托邦"一词的本来含义主要有两层含义：一是美好的愿望、一是不现实的空想。由此看来，"乌托邦"一词并不是完全的贬义。

联合国教科文组织在最近的一个文件中提出了"教育需要乌托邦"这一命题。关于这一命题的内涵，我们不在这里进行展开，但这至少可以提醒我们应该重新反思一下对"乌托邦"一词的理解。——20 世纪的人类不就实现了很多在上个世纪看来是完全不能实现的"乌托邦"吗？

3. 让"空想"变为现实：教育现代化

彻底的、毫无争议的"以学生为主体"的理论在 21 世纪能否实现？我想，以现在的技术发展速度和教育现代化速度，回答是肯定的。我们不妨再来"空想"一番，在 21 世纪的某一天，一位学生的学习生活可能会是这样的：

早晨九点，我起床洗漱完毕后打开电脑，在网上点了一分早餐。趁送货员送早餐的功夫，我浏览了今天的新闻（当然只限于我感兴趣的，否则我用整天的时间也看不完新闻）。然后我一边吃早餐，一边"走"进我的"学校"（"走"字加引号，是因为我根本没有用脚来走，而只是轻轻地活动了一下食指的第一个关节，第二个引号大概就不需要再解释了），点击"学生社团通知"，知道下午有一场足球比赛。再打开邮箱，看了一下老师发还给我的作业点评，研究做错的几道数学题。我对语文老师的作文点评大为光火，不会欣赏就不要当语文老师。我决定一不做二不休，干脆把这篇作文贴到学校网站的论坛上，我就不信找不到三五个知音！随后我点击科学课堂按钮，这里有很多同学在讨论环境问题。突然屏幕上弹出了一个班主任个别联系窗口：

"你今天上课迟到了 68 秒钟，如果你今天的作业不能达到优秀，你将被扣68 个学分。"

真是倒霉，要不是为了转贴作文，我肯定不会迟到的。算了，反正我对环境问题不感兴趣。我把电脑设定为"自动下载课堂内容"，以备晚上做作业时参考。又一头扎进了我的编程工作（这是我的一个小秘密：我正在编写一个程序，要破译班主任的权限密码。上次就在我快要成功时，班主任换了一个加密系统，这次我一定要成功）。

……

当我从这个空想的梦中醒来时，不禁问我自己："这还是课堂教学吗？"——我无言以对。

4. 教学实践也是一个发展的过程

- 社会的发展
- 国家教育的发展
- 学校的发展
- 教师自身素质（观念、能力等）的发展

对于任何一个教育改革的新名词、新口号，如果我们能够把它放到上述的各种发展过程中去研究、审视，也许能更深刻地理解其历史意义和现实意义。——这是不是辩证法的方法论？我不敢妄说。

5. "矫枉过正"在教育改革的实践中有时是无法避免的

在我校"三自教育"的实践研究中，也遇到过不少阻力。这些阻力的来源是多方面的,但有一个原因却是来自于研究本身的,那就是我们的一些"矫枉过正"的做法。这些"矫枉过正"的做法成了反对者的"靶子",阻碍了"三自教育"的实践研究。

那么,我们能不能在实践中避免"矫枉过正"呢?遗憾的是,我们对此反思的结论是:"矫枉过正"在教育改革的实践中有时是无法避免的。

控制论有一个著名的"航线控制"实例可以帮助我们理解"矫枉过正"在系统控制过程中的不可避免性:轮船在海上航行,它并不会始终沿着航线直线前进,因为有一些风浪等无法控制的因素会使航船偏离航线。航船实际所经过的航线往往是"S"形的:一会儿偏左,一会儿偏右——控制论利用这个例子来说明"反馈"在系统控制过程的作用,而我们却从这个例子中看到"矫枉过正"的普遍性和不可避免性。

由于教育问题复杂性,其数学模型也就不可能是简单的,即使把一个系统简化成一个相当粗糙的三维模型,其结构也极可能是如图 8-1-3 所示的一个有皱褶的曲面。

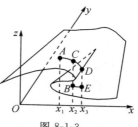

图 8-1-3

现在,如果我们能控制的变量只有 x,曲面上的 A 点表示教育现状,而我们的理想状态是曲面上的 B 点,我们需要通过教育改革来改变的 x 值,使我们的教育能达到 B 点的状态。虽然 B 点对应的值是 x_2,但是如果我们只把 x 的值从 x_1 增加到 x_2,发现我们只能到达 C 点。我们必须进一步改变 x 的值,使其增加到 x_3,当系统的状态到达 D 点时,系统发生了突变,从 D 跳到了 E 点。最后,我们把 x 的值从 x_3 再减小到 x_2,这样才能到达我们的理想状态 B 点。这就是一个无法避免的"矫枉过正"。

认识到"矫枉过正"的不可避免性,其意义在于:
- 首先,我们不必为"矫枉过正"而心存不安;
- 其次,不可避免的"矫枉过正"应该是自觉的、有计划的,而不自觉的、随意的"矫枉过正"很可能是可以避免的;
- 最后,在自觉的、有计划的"矫枉过正"的同时,应该为系统突变以后的"返回"作好充分的准备。

第二节　杭九中"三自教育"研究的回顾

一、"三自教育"的课题形成

1.课题背景

1996年9月我校教科室制订的"三自教育"课题方案中对这一课题的背景有以下几点阐述(尽管我们现在的认识已经与当时不尽相同,但本着尊重历史的精神,我们在此还是不作修改地进行摘录):

时代发展的要求:时代的发展对于人才的培养提出了更高的要求。我们国家已从计划经济转向社会主义市场经济;国与国之间经济、文化、科技的交流越来越频繁,随之人才的流动和竞争也日趋频繁激烈。人才的流动的竞争,形成了生存能力的较量。我们肩负着培养跨世纪人才的使命,教育要面向世界,面向未来,面向现代化,我们培养的人才就应该具有竞争能力——生存能力的人。他们应该会学习,具有独立解决问题的能力——即具有自学、自理的能力。

社会的需要:要使社会经济持续发展,就得有一个安定的社会环境。而要使社会安定,人人富足,就需要人人都有自律的能力,即以道德伦理、法规法纪来自律,学会做人。

国家教育改革的发展方向:《中国教育改革和发展纲要》已明确提出:"中小学要从应试教育转向全面提高国民素质的轨道,面向全体学生,全面提高学生的思想道德文化科学、劳动技能和身体心理素质,促进学生生动活泼地发展。"这是从国家发展的高度为教育指明了发展的方向。

我校的实际情况:从本校的实际情况来看,我们是一所普通完中。杭州市有七所重点中学和一所民办的外语学校。通过统考,高中择优录取(近年初中所谓的"民办班"也择优录取),留给我们的都是"应试"的失败者,学习信心不足,如果再以应试的高压施加在他们身上,必然使大部分人的心理更受挫伤,使学生的潜能继续受压抑而得不到顺利的发展。我们只有创设各种有利的条件和环境,开发学生的潜能,唤起他们的主体意识,发展他们的主动精神,形成他们的精神力量,促进他们生动活泼地成长。同时在他们某些本来不具备或者在心理和能力上有缺陷的方面,通过教育、实践、锻炼、培养,得到弥补和完善,我们必须从应试教育的怪圈里冷静地寻找一条出路。

学生特点:现在的学生绝大多数为独生子女,受到家长的溺爱和娇纵,缺乏自学能力,缺乏生活自理能力和道德、法纪的自律能力,学校应该加强这些方面的教育和培养。

这就是我们提出"三自教育"课题的基本思想。

1996 年 9 月,我校所申报的课题"从'自学、自理、自律'入手,向素质教育转轨的实践研究"并被市教科所立项。但是,当时中小学教育存在着严重的"应试教育"的倾向,在教育体制、教育结构、教育内容、教育评价、考试和用人制度等还未能彻底变革的情况下,中学教育能否推进素质教育?

——等待时机成熟是消极的,只有大胆地进行探索才是积极的。这是"三自教育"课题研究的出发点。

我们认为从学生的"自学、自理、自律"等自主教育入手,改变传统的教育策略和教学策略以及学生的学习策略,用新的视角,充分利用并改造现有的一切可教育的因素,协调学校、社区和家庭的教育,渗透、强化素质的教育,从本质上改变"应试教育",杭州市教科所批准立项为市级课题,课题编号为 96（A-08）。

2.**"三自教育"的内涵**

"三自教育"的具体内容包括:

自学:在教学中充分发挥学生的主体作用,充分关注学科德育,注重学习方法的指导与自学能力的培养,使学生学会学习。

自理:关注学生的学校生活、家庭生活和社会生活,提供学生锻炼正确处理日常事务和各种非常紧急情况等能力的机会,使学生学会生存。

自律:引导学生关心身边的人和事,通过责任感的培养,树立自律意识,提高自律能力,使学生学会关心。自律是关心他人和关心社会的外在行为表现;关心他人和关心社会是自律的内在思想根源。

"三自教育"是素质教育的一种实践操作模式。首先,"三自教育"的核心是一个"自"字,即学生的本体。从其教育内容、教育的途径、教育的目标来看,都属于"自主教育"的范畴。"应试教育"使学生失去了"自我",处于教育的被动地位;而"自主教育",尊重"自我",发展"自我",使学生处于主动地位,这是有利于人的素质的发展。从"三自教育"入手,也就是从自主教育入手来推进素质教育。其次,"三自教育"的教育目标,都是对人的一生具有发展性和再生性的价值,这与素质教育的目标是完全一致的;内容上,"三自教育"的全过程涵盖了"德、智、体"全面发展的内容。而且,"三自教育"是从学生本体出发,激发各自的潜能,在实践过程中发展其潜能,提高各方面的能力,并在实践过程在中承认个体的差异,这是面向全体的教育行为。

在"三自教育"中的"自学、自理、自律"三大方面中,德育是"三自教育"的核心。但是有一种片面的理解,认为德育只与"自理、自律"相关,而与"自学"无关。我们可以从"三自教育"研究的前期资料中明显地看出,绝大部分教师,甚至课题负责人都或多或少地存在这种看法。但是,随着研究的深入,我们对这个问题的认识也逐渐清晰起来,下面是几位教师的论文片断:

学生在合作学习中,学会了学习,特别是作为普通中学的学生增强了自信心和自尊心,也学会了正确对待别人,懂得了人与人交往中要有责任心。由于自己的成绩有一半把握在别人手中,如何对待这些人成了自己人际交往中的新课题;由于考后结合别人学不好,我有责任,如何看待这责任,成了自我修养的新课题。"软"的德育要求,都从具体的学科课堂教学实践中体现出来,成了具体实在的德育操练,这就为学科教学的德育渗透的必然性和可行性提供了新的依据,也为学校德育教育展现了广阔的前景。

摘自《文言文自学能力培养的课堂教学基本模式》(杜建才,1998)

从"三自教育"的实践来看,自学、自理、自律教育构成了一个三元教育系统,如图 8-2-1 所示。其中自律起到了促进作用,自理激发了学生的学习兴趣,促进了自学能力的提高。也就是说,自律目标的实现对实现自理、自学目标起了纲举目张的作用。学生在"三自教育"活动中,使思想觉悟、自我调控、自我管理、自主学习的能力得到提高,自身得到发展。

摘自《开展"三自教育",提高学生素质》(史美敏,1999)

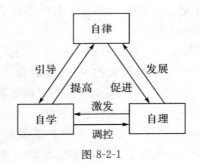

图 8-2-1

体验有积极体验和消极体验之分。传统教学中学生处在一种被动的地位,反复频繁的考试,使大部分学生积累的是学业失败的各种消极体验,这种"失败者"的心态导致了他们的厌学、辍学。而积极的情感体验,并不是仅指轻松,愉快等浅层次的感受,而是一种对学习有着浓厚的兴趣,积极向上,充满自信、自尊、自立,有勇气克服困难,有较强的自我效能感的健康良好心态。这是深层次的体验。因为：第一是学生的主体地位得到了承认，主体能力得到了展示，他们有了充分的展示自我，表现自我的机会。在参与过程中，教师不断地给予积极的鼓励，肯定的评价，使他们看到自己的潜力，相信自己会学习，"我能行"，他们体验到的是自己在学习中的成就感，自我价值感和成功的自豪感。第二，有主体参与使每个学生获得一种归属感。在师生之间、同学之间形成一种互勉、互助、互爱、互相尊重、互相信任的氛围，使学生在课堂上得到充分的认可和接纳。每一个学生都把自我融入了群体之中，感到自己是这个群体中的一员，而去关心别人，同时又会得到别人的关心，因而他们会体验到一种归属感。

摘自《学生的主体地位应如何确立与实施》(黄子林，2000)

从以上论述可以看出，教师们已经自觉地认识到德育在自学能力的培养中的重要作用与反作用：没有德育的自学能力培养是不可能的；反过来，在自学能力的培养过程中蕴藏着丰富的德育资源。"自学、自理、自律"在"三自教育"中是一个统一的整体，把它分为三个方面是为了实践与研究的方便。"三自教育"关注学生的是"德、智、体"各方面全面发展，德育在"三自教育"的每一个方面都是不可或缺的组成部分。

"三自教育"的内涵是相当丰富的。并且，随着实践与研究的深入，"三自教育"的内涵还在不断地发展、丰富与完善。例如，前面所述的"德育是'三自教育'的核心"、"'自学、自理、自律'是一个统一的整体"等认识，我们经历了一个从模糊到清晰，从不自觉到自觉的一个过程。我们将在本文的第四部分进一步介绍与"三自教育"相关的几个教育理念的形成和发展过程。

二、"三自教育"的实践探索

"三自教育"是对学校教育活动进行整体改革。课堂教学建立以学生为主体的教学模式，学校生活、班级活动等采用自主管理的模式，让学生在充分参与实践活动中发展自主教育的能力。"三自教育"的内容，除了学校生活外，还包括家庭生活、社会生活。我校关于"三自教育"的实践探索经历了三个阶段：前课题阶段（课题立项之前）、课题研究阶段（从课题立项到结题）和后课题阶段（结题之后）。在这些阶段中，主要的实践探索有以下几个方面：

1. "三自教育"分层目标

在前课题阶段，我们研究制订了"三自教育"分层目标体系，把"自学、自理、自律"的目标要求分解出若干个主要方面，每个方面又分成 A，B，C，D 四个不同

层次,让不同层次的学生根据自己的实际,选择自己的目标,循序渐进。以下对这些目标要求的设计思路作一个简要说明:

(1)自学目标。学会学习的根本问题是学习策略的获得与改进,在自主学习教育中,学习策略的指导是一个重要而关键性的内容。因此我们把学习策略的训练当作"自主学习"的主要目标来进行实践,具体分为"学习目标,计划及时间的利用"、"学习过程"、"实践或课外阅读"和"学习结果"四个方面:

学习目标,计划及时间的利用:学习有没有切合自己实际的奋斗目标和计划,能否按计划合理而有效地利用时间去学习,这是区分能否"自主学习"的重要标志。无目标、无计划的学习是盲目的,被动的学习。确立切合自己实际的总奋斗目标和阶段目标,每阶段,每天有计划并按计划执行,懂得如何合理而有效地利用时间,这是自主学习的最基本的学习策略。凡学业有成者,都少不了这种学习策略。

学习过程:学习过程是集中体现学习策略优劣的地方,也是最能训练学生学习策略的时机。A级目标中的内容,作为自主学习的整体策略提出来的;而D级目标只是为改变学习困难学科的学习状况而提出的学习策略。

实践或课外阅读:这一目标中的内容,旨在增强学生的动手实践能力;增加对所学自然科学知识的观察和实际体验;扩大知识面,完善知识结构;学会运用工具书来解决学习中遇到的问题的能力。这是相对于课堂教学的另一个重要的方面,这是往往被应试教育所忽视了的重要的学习内容。

学习结果:这一目标内容的设定,旨在激励学生处理好所学各学科的关系,注意各学科之间知识的联系;重视课内课外学习的均衡发展;激励不断进步。

(2)自理目标。高素质人才应该具备独立生活和独立处事的能力。要具备这种能力,就要从小起不断增强自理生活、独立处事的意识。而这些意识和能力的培养离不开亲身的实践。自理目标分"家庭生活"、"学校生活"和"社会交往"三大块:

家庭生活自理:我们把自主处理好学习、娱乐及家务的关系作为基本要求来对待,因为这种自主能力的培养是将来独立生活中必不可少的,将对一生的事业产生影响。家务劳动,主要是为了培养勤劳的习惯;饮食方面注重科学的饮食习惯,这是提高健康的身体素质所需要的;与家庭成员关系的处理,使之继承中国传统的伦理道德,体验家庭的亲情,这是培养人生美好的感情的基础。

学校生活自理:学校生活除了一般的常规要求外,与往常不同的有三:其一,重视学生心理的自我调节和自我激励;其二,不是仅仅交给学生一些工作,而是引导其培养工作能力和管理能力,并以后者为主要目的;其三,重视人际间关系的协调处理能力的培养。

社会交往自理：社会交往的目标，我们主要关注学生的人际交往能力和协调能力，对社会的观察能力和对社会公益事业所持的态度上。我们平时的学校教育，只关注学生交友方面，其他方面很少顾及。

（3）自律目标。基本思路是激励学生在内隐的人格特征和外显的道德行为上不断完善自我，增强自律意识，提高自律的能力。因为学生的现实基础不同，因此每个目标内容分层次提出，一是从量的要求，另一是从程度要求作一区别。具体分为"认识自我，明辨是非"、"自觉遵守学校的纪律和规章制度"和"遵守法纪、遵守社会公德"三个方面：

认识自我，明辨是非：这是最难把握的目标，因为这涉及学生的内隐人格特征。但这又是自律的基础，所以我们不苛求目标的完备性，主要是通过这项目标增强学生的这方面意识。

自觉遵守学校的纪律和规章制度：把班主任经常唠叨的一些常规要求以自律目标的形式看出是顺理成章的事。在此，我们的工作事实上给班主任提供一种工作杠杆。

遵守法纪、遵守社会公德：如果不把在学校养成的法纪观念和自律意识外推到校外的社会生活，自律就只是一种形式。

2.六步循环考评法

"三自教育"的目的是从教育观念的改变走向教育实践的改革，从而促使自主教育能力的发展，形成自主教育的习惯，达到学生全面素质的提高。

在课题研究阶段的前期实践探索中，我们主要采用"六步循环考评法"来实施以上的"三自教育分层目标"，使学生逐步自我推进。"六步循环考评法"这一教育过程，使教育者和教育活动内容都指向受教育者，呈现三位一体的状态，使外界影响与教育主体协同，充分调动主体能动性以及老师、同学、家长的力量，为提高主体的自主教育能力发挥合力的作用。

对于"六步循环考评法"虽有比较统一的一般模式，但每一位教师的理解不尽相同。在"三自教育"的结题报告中，"六步循环考评法"的基本模式如图 8-2-2 所示。

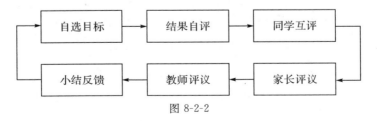

图 8-2-2

　　史美敏老师对"六步循环考评法"的理解如图 8-2-3 所示（摘自《开展三自教育，提高学生素质》，本文曾获人民交通出版社《跨世纪教育论坛》二等奖等荣誉）：

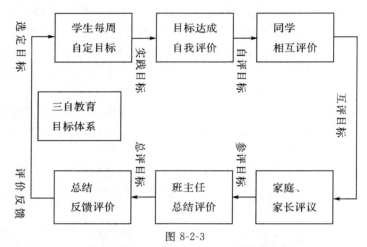

图 8-2-3

　　史美敏老师运用"六步循环考评法"实施"三自教育"，造就奋发向上的班级集体，经过三年一轮（初一到初三）的实践，取得了显著的成效。下面的表 8-2-1至表 8-2-4 分别显示了该班实施"三自教育"前后在各个方面的变化。

表 8-2-1　"三自教育"实施前后各科学习考试成绩对照

| 科目 | 实施前（1996 年 9 月） | | | | 实施后（1999 年 2 月） | | | |
| | 平均分 | | 标准差 | | 平均分 | | 标准差 | |
	实验班	对照班	实验班	对照班	实验班	对照班	实验班	对照班
语文	63.76	65.96	15.23	8.54	80.45	76.72	19.31	10.15
数学	62.74	64.20	16.90	17.02	65.10	56.20	17.62	25.83
自然	—	—	—	—	80.76	74.47	10.06	18.21
外语	—	—	—	—	57.60	56.90	11.46	12.87

表 8-2-2 "六步循环考评法"实施前后达到"三自教育"目标的人数对照

三自教育目标		A	B	C	D
自学	学习目标和计划	0(18)	3(16)	11(8)	29(5)
	学习过程	0(8)	3(15)	8(22)	32(2)
	实践与课外阅读	0(5)	6(27)	25(12)	11(3)
	学习结果	1(12)	12(28)	23(5)	11(2)
自理	家庭生活自理	0(6)	4(18)	27(17)	12(6)
	学校生活自理	0(19)	7(23)	29(4)	5(1)
	社会交往自理	1(11)	9(17)	27(15)	10(4)
自律	认识自我,明辨是非	0(12)	2(24)	28(11)	3(0)
	遵守校纪制度	5(25)	8(19)	20(2)	10(1)
	遵守法纪、公德	7(28)	9(15)	23(3)	4(1)

说明:括号前是"六步循环考评法"实施前达到相应等级的人数,括号内是"六步循环考评法"实施后达到相应等级的人数。

表 8-2-3 实施"三自教育"前后学生学习习惯调查统计人数百分比对照

计划制订	预习	上课	复习	作业	小结
无计划 4.3 (0.0)	没有预习 27.7 (10.6)	不专心 36.2 (8.5)	不认真 40.4 (14.9)	不做 4.3 (0.0)	无 48.9 (0.0)
盲目制订 74.5 (14.9)	有时预习 63.8 (23.4)	较专心 53.2 (14.9)	较认真 53.2 (23.4)	少做 61.7 (12.8)	不认真 36.2 (29.8)
有目的制订 23.3 (85.1)	每天预习 8.5 (66.0)	专心 10.6 (76.6)	认真 6.4 (61.7)	完成 34.0 (87.2)	认真 14.9 (70.2)

说明:括号外是 1996 年 9 月实施"三自教育"前调查的人数百分比,括号内是 1999 年 2 月实施"三自教育"后调查的人数百分比。

表 8-2-4   "六步循环考评法"实施前后达到班级行为规范得分对照

项目	满分值	实施前 1996 年 9 月	实施后 1998 年 12 月
升旗、集会	5	5	5
早自修、自学	10	9	9.5
保洁、三关	10	9	10
卫生	15	13	15
广播操	10	8.8	9.9
眼保健操	5	4	5
仪表	5	4.4	5
行为	10	8.8	10
黑板报	5	4	5
就餐无插队、跑步	2	1.8	2
爱惜粮食	3	2	3
餐厅卫生	5	4.5	5
无迟到、早退	5	4	4
财产	10	9	10
本月总得分	100	87.3	97.9
光荣分		2500	17600

(资料来源:《开展三自教育,提高学生素质》,史美敏,1999)

3. 争创"自律班"活动

为配合课题研究,同时也是为了巩固发展"创建《中学生日常行为规范》达标学校"活动的成果,学校于 1996 第二学期决定开展"争创日常行为规范自律班组"的活动。

开展"争创自律班"活动的背景:从 1995 年起杭州市教委为了贯彻落实国家教委颁发的《中学生日常行为规范》(以下简称《规范》),开展了对直属分期分批地进行《规范》的考核达标活动,凡经考核验收合格的学校,教委授予铜牌。我校于 1996 年 11 月,经市教委考核,被确认为《规范》达标学校。"达标"的下一步该怎么办? 这是摆在全校师生面前的一个问题。面对这个问题,校长室、政教处进行了认真的总结分析,认为:达标授牌只是对以前贯彻落实《规范》的阶段性评价,同时也说明了我们在对学生的教育与管理方面已初见成效,即解决了第一个层面的问题,如何在现有的基础上有所发展,我们必须运用更行之有效的方法。经研究与分析,根据青少年思想、道德的发展规律,以及青少年成长的心理特点,提出了"以科研为动力,以教育为方向,以三自教育为内容"的工作思路,决定开展"争创自律班"的活动。

开展"争创自律班"活动的指导思想：学生行为规范的养成教育是学生的社会化过程，今日之学生，明日之公民，未来现代社会的文明程度从一定意义上来说，取决于今日的学校教育。对学生的养成教育，应该努力实现"他律—自律—律他"这样一个过程转化，即在培养良好的行为习惯中，应该从"师长要我这样做"的他律层次，到"我要这样做"、"我所做的一切要对他人、对集体、对社会负责"的自律水平，最后以自己的行为影响他人的律他境界，从而形成一个高尚的、完整的价值观。

开展"争创自律班"活动的总目标：深化我校的日常行为规范的教育，进一步培养学生的自律意识，养成自觉地遵纪守法的行为习惯，着眼于学生"内化"的过程，通过开展"争创自律班"活动，为学生的内化创设一个外部的约束环境。同时，"争创自律班"活动与正在开展的班集体建设活动结合起来，使班集体建设目标具体化，推进班集体建设的进程。

"争创自律班"活动的操作步骤：(1)公布争创内容：根据可操作性，实践性和基础性的原则，我们选择了《规范》中的八个项目为评价指标，即"卫生示范班"、"早自修自理班"、"自修课自律班"、"广播操自律班"、"考试无人监考班"、"考试无作弊班"、"无迟到班级"和"爱护公物班级"，每个项目都有具体的要求。(2)师生统一认识：重点解决学生"无人（老师）管"和教师"不用管（学生）"的误区。(3)班级申报"争创"项目：由于各班的基础不同，因此我们坚持"循序渐进，逐步展开，自愿申请"的原则，学校从总体上推出八个争创项目，各班可根据本班的实际，自愿申报其中的若干个项目（也可不申报）作为班集体建设的突破口。1996学年第二学期，全校共有23个班申报了117项次争创项目，申报班级占全校班级总数的82%；1997学年第一学期，全校共有21个班申报了111项次争创项目，申报班级占全校班级总数的70%。(4)各班制定争创计划和实施方法：在实践中，大多数班级以争创活动为载体，渗透班集体建设工作，有的还制定了自律考核表，有的进一步完善了班级管理制度。(5)考核验收：考核工作分"平时考核"和"验收考评"，平时考核采用"值周班考核"、"听取任课老师意见"和"考核组不定期随机抽查"相结合的方法，验收考评在平时考核的基础上采用"三级考评制"，即班级自评、年级组考评和学校考评小组综合考评。(6)达标命名、表彰：凡经考核合格的班级，学校进行张榜表彰，并授予牌匾。(7)活动成果的巩固：已达标的班级享受值周班"免检"待遇，而对于自律班如有在一个月内出现三次违纪现象，则撤销该班达标荣誉，并收回牌匾。

"争创自律班"活动的初步成效：(1)有力地促进班集体建设，给班主任在班级管理中提供了有力的抓手；(2)校风校纪进一步好转。

摘自《创建自律班的实践与思考》(汪继涛，2001)

4.德育自主教育目标管理操作模式

反思争创"自律班"活动,学校政教处主任周国军老师总结出了"学校德育自主教育'发现—引导—发展'目标管理"的操作模式,并在后课题研究阶段进行了进一步的实践研究。1999年,向市教科所申报了市级立项课题:"中学德育中学生自主教育的操作模式实践研究",并获批准。课题编号为99(B-52)。学校德育自主教育"发现—引导—发展"目标管理的操作模式的指导思想是:

学生的行为规范养成教育是学生的社会化过程,今日之学生,明日之公民,未来现代化社会的文明程度从一定意义上来说,取决于今日学校的教育。

学生的行为规范养成是一种后天的行为,良好的品德不是生来就有的,它需要逐步培养,更需要自我锻炼,自我修养,自我教育。

对学生的养成教育,应该努力实现"他律—自律"这样一个目标,即在培养学生的自主教育活动中,要体现从师长要我这样做,到我应该这样做,形成一个高尚的完整的价值观。

摘自《学校在学生行为规范教育中的德育自主教育"发现—引导—发展"目标管理操作模式研究》(周国军,2001 本文曾获第3届杭州市教委干部培训班优秀论文二等奖,下同)

周国军对"学校德育自主教育'发现—引导—发展'目标管理"的操作模式有如下的阐述:

"发现—引导—发展"目标管理模式,大胆破除了"呈现—接受"的传统教育模式,在目标管理上,也不同于布鲁姆教育目标理论中,将认知、情感、精神活动三个领域人为分割而产生的过分重视教育"可测量"的应试弊端。运用主体的、和谐的民主教育方法,促进学生认知、情感、意志、行为的全面发展。其机理图示如图8-2-4:

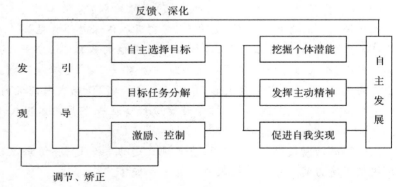

图 8-2-4

　　"发现"就是让学生根据《规范》并结合自身实际,分析自己在哪些方面可以做得比较好,在哪些方面通过努力可以做到,在哪些方面自己做得不够好,但通过努力可以得到提高,通过分析取得个体、班级发展的共识,为个体、班级发展目标的设置提供重要的依据。由于《规范》涉及的范围广,学校可根据学生的"发现"信息,选择一些在日常学习、生活中"看得见,摸得着"的项目载体(如:广播操,自修课,卫生保洁,升旗仪式等)以及学校生活(作息安排,课堂活动,课外活动,人际交往等)中的自理、自律等内容作为《规范》教育的突破口,将行为规范教育目标分析为可观察,可操作的具体指标,每一指标按程度高低进行分层划分。运用"发现"确定教育目标,既尊重学生差异,满足了不同学生的内在需求,又体现了"以目标为中心"与"以人为中心"的兼容,以弥补当前学校在行为规范教育中出现的重工作任务目标轻学生心理需求的偏失。

　　"引导"有三层含义,一是根据学生的需求,让学生按程度高低(分 A 级、B 级、C 级、D 级,其中 A 为最高级,D 为最低级)自主选择发展目标,体现了对人的尊重,使学生始终处于主动参与地位,马斯洛的层次理论告诉我们,尊重是自我实现的基础。二是在实施过程中,引导学生参与具体执行和落实过程的管理,包括目标任务分解,人事安排,建立班级活动机制等,其中每一个环节都有学生的自主参与、自主管理、使学生既是受教育者,同时又是教育者,在"引导"中,由于在体现了学生自主地位的同时,突出了教师的主导作用,界定了导的功能,正确处理了师生关系,这样更能激发学生的自主意识和自主潜能。三是激励和引导学生参与学校、班级的活动,让学生在活动中发挥自己的特长和才干,激发学生的进取、合作精神,并通过矫正、激励机制,把活动与目标达成有机结合起来,将学校的一切活动都转化为具有教育功能的活动。

　　模式适应了学生的心理特点,罗杰斯认为,任何人都有奋发向上、自我肯定、无限成功的潜力,只要给人提供适当的心理和气氛,将会是健康而富有建设性的,可以达到独立自主,形成合理的自我概念,从而迈向自我实现。这也就是"发现—引导—发展"模式中,学生实现自主发展的理论依据。

　　周国军认为,"学校德育自主教育'发现—引导—发展'目标管理"的操作模式在具体操作上就遵循以下几个原则:

　　活动性原则:人的自主意识、心理需求、行为习惯,是在活动中发生、发展的,活动是心理内化的桥梁,要让学生主动、积极地参与全过程,充分培养学生的实践活动能力,让学校的一切活动都具有教育功能。

　　目标认同原则:有目的、有计划是人类活动的本质,唯有为学生所认同的即内化为学生内在的目标,才能成为学生自主发展的内在动力,活动才有明确的方向,才能提高活动的效率。

目标的自主性原则:学生是教育的主体,也是德育的主体,在目标的制定及实施中,只有通过学生的自主构建(自主选择、自我反思、自我激励、自我控制),才能达到自我教育、自我完善、自我实现之目的。

合作性原则:教育系统是一个人—人系统,师生互动、生生互动,推动着教育系统的发展,互动的本质是心理相互影响,只有形成一种民主、平等、和谐的师生、生生合作关系,才能正确处理好学生在发展过程中遇到的问题,学生的个性发展才会有一个良好的人际关系。

激励性原则:在目标评价指导中,要不断激励学生的"发展"、再"发展",并通过自评、他评,进一步造成发展的心理期待。(1)对于学生行为的个体评价中,不求人人在各个方面争第一,但求人人在某个方面有进步,评价的形式可采用自评、组评、班评、家长评、师评等。(2)对于班级(团体)行为的评价,可采用自评、年级评、学校评等形式,定期考核,及时反馈,表彰先进,并运用激励方式给班级在某一方面的"免检"待遇等。

关于"学校德育自主教育'发现—引导—发展'目标管理"的操作模式的一般结构,周国军有以下的论述:

"发现—引导—发展"目标管理模式,强调在学校、教师指导下,学生自主确定发展方向,并依据其内在机理图示及上述五个操作原则,完成教育、发展的全过程,由于学生的"发现",教师的"引导"以及学生的"发展"行为,在教育结构上呈现互动,并推动教育过程的不断深入,这样便构成了"发现—引导—发展"目标管理模式的一般结构,如图8-2-5:

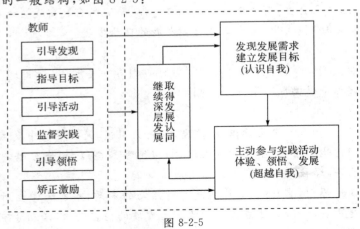

图 8-2-5

　　由于"发现—引导—发展"目标管理模式中,提倡教育的"双兼容",即在制定学生发展目标中,提倡社会需求与学生个人需求的兼容;在实施目标管理中,提倡以目标为中心与以人的发展为中心的兼容。前者可用图 8-2-6 表示,后者可用图 8-2-7 表示。

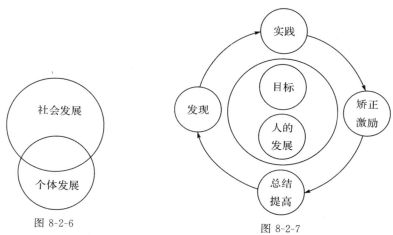

图 8-2-6　　　　　　　　　　　图 8-2-7

　　从图 8-2-6 可以看出,人的个体发展需求与社会发展需求有时并不完全一致。马斯洛需要层次理论告诉我们,人有多种需要,其中,尊重需要是人性中最重要的需要,只要个体的需求与社会需求、社会规范不对立,我们就应该给予充分的尊重,满足学生的个体发展需求。并在此基础上引导学生实现社会需求的发展,让学生在"发现"中自主选择发展目标,满足学生实现社会、个体发展的需要,是教育人本化的重要体现,也是培养学生个性发展的一个重要基础。

　　从图 8-2-7 可以看出,在以目标和人的发展为中心的流程中,学生是活动的主体,教师是教育的主导,如果目标管理中的目标制约了人的发展(这种情况很常见,如目标制定的要求过高或过低,以及目标本身存在其它缺陷等),则必须以服从人的发展为前提,对目标作必要的修正,使目标为人的发展服务。可见在模式的实际应用操作中,必然产生许多变式(参见图 8-2-7),"模式"一旦陷入"模式化"的泥潭,便会造成操作失落,导致模式的僵化。

　　关于"学校德育自主教育'发现—引导—发展'目标管理"的操作模式的成效,周国军总结了以下几个方面的研究成果:

　　形成了我校促进学生自主发展的行为规范自主教育样式,并得到实践检验。虽然我校的德育自主教育工作开展得较早,有大量的实际经验,但如果不能上升到理性的认识水平,将使教育陷于工作的盲目性。模式的建立,使理论变成与实际相联系的内容,并从管理方式、操作形式、目标内容、教育策略等方面确定了学生行为规范养成教育的具体实施方法,研究达到的预期目的之一,就是反映在可供学校借鉴的自主教育操作样式。开展自主教育及运用模式进行教育,调动了学生的积极性,激发了学生的内驱力,使学生的行为品德、道德水平有了进一步的提高,学校的校风、校貌有了较大的变化。实验期间,有82%的班级参加了模式的教育实验,并开展了以自理、自律为目标的个人、班级等级达标活动,如开展争创"自律班"活动、文明班级评选活动以及促进学生个性、特长为宗旨的文体娱乐活动等,评出个体(班级)在行为规范养成教育活动中的示范生(班)、自律生(班)、达标生(班)、免检生(班)、单项进步生(班),特长生(班)等,学校对各班级的行为规范考核分也从实验前的86分(1997学年),提高到实验后的92分(1998学年)。在参加实验的班级中有80%的班级被评为校级先进集体(1999年度),其中一个班级被评为杭州城区级先进班集体,学校于1998年度被评为江干区文明单位,并于2000年被市教委推荐申报市级文明单位。

模式的应用,进一步完善了学校德育教育的管理制度。模式使我校的德育工作走上了制度化、规范化的道路,随着模式的具体实施,各种与之相配套的制度不断完善,如学校编印了《我校学生手册》,制定了《行为规范自定目标自我评定表》《行为规范考核评价量表》《学生自理、自律自我激励分层目标》以及《开展争创自律班考核办法》等,管理制度的进一步完善,也为模式的进一步发展提供了保证。

开拓了德育工作新的观念。(1)验证了德育生活化的有效性,学校的一切活动都可以转化为具有教育功能的活动。(2)在目标管理中,应提倡"以目标为中心"和"以人为中心"的兼容,以人为本,从学生实际出发,尊重学生差异,给学生自主发展的机会,是教育"面向全体学生"的最根本体现。(3)学生也是教育的管理者,师生关系是教育中的一种合作关系。

三、"三自教育"的理论研究

"理论学习-实践研究-理论提高",这是一线教师开展教育科研的必由之路。正如前文所述,"三自教育"的三个实践研究阶段(前课题阶段、课题研究阶段、后课题阶段),也就是我们在理论上对一些相关问题的认识不断深化的一个过程。表8-2-5分别说明了我们对"三自教育"的几个基本问题在三个研究阶段的不同理解与不同表述,从中可以看出,在"三自教育"的几个中心概念的产生和发展过程中,有一个认识的不断深化、表述的不断精确化过程。

表 8-2-5　"三自教育"的几个中心概念的形成与发展

概念		前课题阶段	课题研究阶段	后课题阶段
"三自教育"的概念界定	自学	包括学习态度的自觉性，一般的学习常规和良好的学习习惯的养成，各科自学能力的培养，课内外学习的主动参与。	提高学生自主学习的意识和能力，使学生学会学习。	在教学中充分发挥学生的主体作用，充分关注学科德育，注重学习方法的指导与自学能力的培养，使学生学会学习。
	自理	包括个人的生活自理，班集体学生的自主管理和全校学生事务，让学生自己参与管理。	培养学生的自主意识和自理能力，使学生学会生活。	关注学生的学校生活、家庭生活和社会生活，提供学生锻炼正确处理日常事务和应付非常情况等能力的机会，使学生学会生存。
	自律	以道德行为规范自律，以学校的各种规章制度、纪律自律，自觉抵制各种不良行为的影响。	培养学生自律意识和自律能力，使学生学会做人。	引导学生关心身边的人和事，通过责任感的培养，树立自律意识，提高自律能力，使学生学会关心。
"三自教育"的三个基本理念	主体观	教育以学生为主体。	德育、智育、体育必须树立以学生为主体的观念。	教育的最终目标，其价值取向是学生作为一个社会人的全面发展，必须充分发挥学生的主体作用。
	实践观	"纸上得来终觉浅，绝知此事要躬行"。	认知过程必须通过主体的实践体验和领悟才会深刻，才能发展创新思维。	有效的教育过程必须落实到学生的"认知、行动、体验反思、领悟"这四个关键过程中去。
	整体观	德育的生活化和社会化。	与学生生活相联系的一切实践活动都具有教育功能。	与学生相关的一切事物都是待开发的教育资源，教师是教育资源的开发者。

在"三自教育"的实践过程中，我们还进行了一些相关的理论研究。下面再介绍几项主要的理论研究：

1. 关于"道德认知与道德行为的关系"的一项研究

（1）从一次生态环境的调查引起的思考

1996 年本实验组的一位生物老师在本校初一、初三和高一、高二年级中随机各抽了一个班作关于生态环境方面的调查，第二年再作了一次调查，并在初一这个班级进行了生态环境强化教育的实验。根据调查结果分析可以发现，"学生的生态环境方面的知识随年龄增长而明显增加的，但其生态与环境意识及行为却随年龄增长而下降，尤其是生态与环境保护行为的下降趋势更为明显"，并得出结论"由此可见培养一种良好的意识并内化为自觉的行为习惯是个艰难的过程"。

这一调查的结论引起了课题组人员的极大兴趣和深深的思考:道德认知(包括思想认识)与道德行为到底是怎样的关系?

(2)实验与调查

我们在一个实验班里作这样的实验。一次期中考试时,该班试场设在化学实验室里,实验人员悄悄地将四只试管铁架从桌子底下移出来放在学生交卷时必须经过的显眼的地方,有的就放在走道中,给整排的人交卷时造成障碍,使人吃惊的是,有的人绕过铁架子上来交卷,有的不慎踢倒了铁架子跨越而过,竟然没有一人把它移回桌子底下,也没有人回身去扶正铁架子。这是一个重点班的学生,从认识上谁都知道:"要给别人以方便","公共财物要爱护"。

我们再作另一个实验,每两张课桌间有一水槽,水龙头上挂一只小杂物篮子,并把一只大污物桶移放到讲台边显眼的地方,观察两场考试间歇时学生丢弃杂物时的行为。观察结果发现,有一人把蛋壳留在桌子上,有两人把蛋壳抹到桌子底下的地上,除4人把手中的草稿废纸和牛奶袋扔到污物桶里外,其他学生都扔在旁边的水槽或水龙头挂着的杂物小篮里,直到第二场考试结束,经老师提醒,才纷纷将这些杂物收到污物桶里。

以上的实验可以得出这样的结论:(1)道德认知,思想教育是必要的,学生如果没有一点认识,监考老师(不是该班的任课教师)一提醒,不会立即产生纠错的行为。(2)道德认知不等于道德行为,教育工作者不能津津乐道于给学生讲了多少道理,学生开了多少次成功的自我教育的班会课,学生如何表决心,或者问卷调查表什么态。教育工作者除了对受教育者进行"思想教育"外,还应注重创设各种条件或情景,引导学生在反复实践中获得道德情感的体验,内化成一种道德习惯,才使其养成道德行为,正如荀子所说:"积善成德,圣心备焉。"

2.道德情感与道德行为

(1)一项调查

调查方法:问卷与访谈。

调查问卷:

假设白天看到走廊上亮着电灯,或水龙头被人打开未关,你的态度或做法是:

A.不是我的责任,与我无关,视而不见;

B.对于这种浪费现象十分反感;

C.觉得这是一种浪费,随手去关掉;

D.对于别人去关电灯或水龙头认为是装积极。

调查对象：实验班初二 77 人，初三 99 人，高三 65 人。

调查结果：如表 8-2-6 所示。

表 8-2-2 关于"道德情感与道德行为"的调查

选项	初二		初三		高三	
	人数	％	人数	％	人数	％
A	8	10.4	7	9.1	2	2.6
B	11	14.3	17	22.1	5	6.5
C	54	70.1	75	97.4	57	74.0
D	4	5.2	0	0	1	1.3

A 和 D 项属于道德认知的欠缺，B 项属于道德情感领域，C 项属于道德行为。

（2）调查结果分析

从表中数据我们可以出：（1）道德认知随着年级的增高而提高；（2）道德行为水平也随着提高，道德认知与道德行为正相关；（3）道德情感呈驼峰状发展。这可能随着年龄的增长，对于这种浪费的行为司空见惯造成。但从个案分析里，我们又明显地看到，凡对这种浪费现象很反感的人，都能随手去关掉电灯或水龙头。这表明道德情感对于影响道德行为的作用更大，两者关系更紧密。我们常常在阅读学生的日记、周记中发现学生对于自己错误行为的悔恨的记述，如在公交车上看到抱小孩的妇女上车，心里犹豫着要不要让座，终于未付诸行动等，结果受到良知的谴责，表示今后遇到此种情形决不再犹豫。思想犹豫的过程，也是道德情感与道德行为的争斗过程。这些调查表明，在学生自律的教育过程，除了不断提高学生的道德认知外，更要注意培养学生良好的道德情感。

3. 自律的外部条件和内部条件

（1）一次考查学生自律水平的实验

实验内容：期末考试实行无人监考。

实验对象：初一（1）（实验班、重点班）初二（1）（重点班），高一两个实验班（未分重点班）。

实验目的：①考查学生自律水平；②研究自律行为形成的相关因素。

实验方法：①都由班主任宣讲考试纪律。②初二（1）班班主任向学生提出，要严守纪律，互相监督，发现问题要互相检举，对违纪者都要从严处理。初一（1）班班主任要求学生为自己是重点班又是实验班的班集体争光。③教师发好试卷后就离开考场，直到结束时来收试卷。

实验结果:考试结束对于无人监考试场情况作了无记名的问卷调查和座谈调查。调查结果如表 8-2-7 所示。

表 8-2-7　关于无人监考试场的调查

选项	初一(1)		初二(1)		高一(1)(2)	
	人数	%	人数	%	人数	%
A	8	93.4	7	93.4	2	62.3
B	11	94.2	17	94.5	5	28.0
C	54	5.7	75	5.4	57	48.3
D	4	0.0	0	0.0	1	22.4
选项内容	A	赞成无人监考				
	B	完全没有作弊念头				
	C	有过作弊念头,但能克制住				
	D	自认为个别学科有作弊行为				

以上数据主要由学生自我评价所得。经深入查核,基本属实。

(2)结果分析

表 8-2-7 所反映情况表明,初一(1)和初二(1)的自律水平差不多,也比较好,而高一的水平最差。到底为什么会出现这种情况呢? 其原因可从外在因素和内部因素两方面来进行分析。

外在因素:

教师的期望效应。初一(1)和初二(1)班主任把强烈的期望传递给学生;高一年级班主任没有明显地表露出这种期望。

环境氛围和外在评价。初中有互相监督的措施,纪律严格,气氛严肃,人人处在公平竞争的环境中,守纪情况会得到公平的评价。高中则没有严明的纪律,学生担心别人作弊得到好成绩而受表扬,自己守纪律却得不到好成绩反会难堪。平时这种不公平的评价常有发生。

内在因素:

自我价值的定位。初一、二两个班的学生都是年级成绩比较好的,对考试都比较有信心,并且认为自己是重点班里的学生考试还作弊,贬低了自己。而高一年级未分重点班,学习水平参差不齐,不少人害怕考不好失面子,家长面前不好交代,因此不顾成绩真不真实,只求蒙混过关,对自我价值的定位低。

追求的目标。凡考试过程没有作弊念头的人,调查时都说没有发现周围有人作弊;相反,凡自己有作弊现象的人都说周围的人都有作弊现象。前者只是贯注自己的行为要合规范,后者却贯注的是别人的行为,怕吃亏,对自己要求低。

意志力。毕竟高一学生中有 48.3％的人,初一(1)有 5.7％,初二(1)有 5.4％的人是经过了思想斗争,终于坚守纪律不越轨,这是觉悟和意志的结合的结果。

认识和觉悟。无人监考一开始高一年级就只有 32.5％的人表示赞成,其他都取消极态度,其中还有 17.4％的人坚决反对,对于无人监考的意义缺乏认识。当然对考试纪律的认识都一样有。但认识还不能化成行动,认识只是"自律"的一个因素而存在。

习惯。高一学生的调查发现,向来不作弊的学生,不管这次是在无人监考的情况下,而且周围有许多人作弊仍不受影响,这些人"不作弊"已成习惯,况且其他方面也能自觉遵守纪律。相反,平时常有作弊行为的,这一次当然就不例外。看来,良好的习惯的养成,这是走向自律的最接近的一步。

第三节　多媒体教学研究提纲

关于"多媒体课堂教学的有效性"的研究应该从何入手? 应该解决哪些问题? 本文试图以研究提纲的形式来回答这些问题。首先必须界定一下"多媒体课堂教学"一词的含义:所谓"多媒体课堂教学"特指"在现有的技术支持下的,在多媒体教室中进行的课堂教学",它有别于"多媒体远程教学"。本文的讨论也不涉及"多媒体远程教学"。

一、冷眼看现实

作为一个教师如何看等待多媒体教学的现状,关于这个问题大多数教师已有不少思考。但是,有时如果能舍去教师的立场,作为一个旁观者来分析问题,也许会使我们头脑更冷静,分析更客观。

1.计算机技术的影响力

历史上任何一种技术革命都会对人类生活产生重大影响,但没有一种像计算机技术那样广泛而深刻地影响人类的生活。计算机技术不但在外显行为上改变了人类的生活方式、工作方式和学习方式,同时也在内隐思想改变了人类的人才观、学科观和教学观。

生活方式:家用电器、通讯、交通、邮电、银行、商店、娱乐、医药等,几乎所有的生活领域都有微电脑技术渗入和影响。

工作方式:办公自动化。

学习方式:远程教学、网络学校等。

人才观:人脑的主要功能不是知识贮存,而是知识创新。"聪明"的定义已不是"耳聪目明"。人工智能在"智商"上可能会超过人类,但在"情商"上却永远是"低能儿"。在人类执着地追求"人脑化的电脑",并正在取得辉煌成就的今天,我们是否还需要培养大量的"电脑化的人脑"?!

学科观:以数学为例,机器证明、数学实验、电脑模拟新的数学研究方法的出现,使人们改变了"数学是科学的女皇"、"数学是严密的逻辑"、"数学是思维的体操"等陈旧的数学观念。

教学观:教学不仅仅是知识的传授,也不仅仅是方法的学习。教育者应更多地关心学生作为一个"人"的发展,即学生的社会化过程,也就是从一个"自然人"发展成为一个"社会人"的成长过程。

2. 当今学生的几个特点

视听环境下长大的一代人:与他们的父辈相比,他们更容易接受形象的视听信息;对抽象的文字、符号信息的接受能力远不及对视听信息的接受能力。

信息海洋中长大的一代人:他们对信息的接受有更强的选择性。他们不会再像父辈的孩提时代那样,老师教什么就学什么(因为在当时,除了老师所教的知识,很少有其他新奇的信息在诱惑)。父辈的选择结果常常是:老师所教的并不是他们所想学的;而他们所想学的,老师又不敢教、不愿教、不能教。

3. 几种类型的教师

"高手"型:能较熟练地操作电脑,了解较多的电脑知识,能帮助别人解决一些问题。被人称为"电脑高手"。他们对多媒体教学的实践与探索一般比较积极。

"能手"型:有一定电脑基础,能独立制作一些多媒体课件,这些人中的大多数也比较积极。他们是普及、推广多媒体技术的主力军。

"新手"型:正在学习电脑,还不能独立制作一个多媒体课件,需要在别人指导和帮助下才能完成一个多媒体课件。

"观望"型:想学电脑而没有学,生怕学不会,觉得电脑很神秘。这种人不到万不得已是不会下决心学习电脑的。

"排斥"型:不会使用电脑而又不愿意学,认为是一种赶时髦,多媒体教学华而不实。对这种人的分析也应一分为二。现实中这些人的存在是正常的,一方面说明多媒体教学本身有待进一步完善和发展;另一方面,这些人能在这样的形势下之所以固执己见,是因为他们在传统教学模式下有一定的教学水平和经验基础,从而有一定的"资本"和"能量"。充分重视他们的批评意见,可以使多媒体教学在探索中少走一些弯路,从而最大限度利用这类教师的"资本"和"能量"来为多媒体教学的理论和实践服务。

4. 多媒体教学的辩护与批判

赞成意见:	反对意见:
调动学生多种感知器官	学得快,忘得快
提高课堂教学的效率	以屏幕代板书的做法
弥补符号语言的局限性	教师学习的时间与途径
增加课堂教学的趣味性	教师的工作效率问题
发挥学生视听交流的优势	技术支持与资金的限制
易于展示动感的教材	现阶段素材资源的匮乏
使个别化教学成为可能	

二、走马观理论

1. 视听感知规律

人是利用各种感觉器官来接受外界信息的,各种感官通道所获得的信息各有不同的特点,它们之间难以互相替代。不同的感官通道还会影响对学习材料的记忆效果[①]（表 8-3-1、表 8-3-2）。

表 8-3-1　感官通道的利用程度

感官通道	利用程度
视觉	83.0％
听觉	11.0％
嗅觉	3.5％
触觉	1.5％
味觉	1.0

---

① 施方良等.教学理论:课堂教学的原理、策略与研究,上海:华东师大出版社,1999.

表 8-3-2　感官通道对记忆效果的影响

感官通道	3 小时后保持率	3 天后保持率
视觉	70%	40%
听觉	60%	15%
视、听并用	90%	75%

影响视觉的主要因素有：空间因素（线条、面积、体积等，表 8-3-3 是各种线条产生的心理效应）、色彩因素（色相、色调、纯度和明度等，表 8-3-4 是各种色相的心理效应）和时间因素（不同画面之间的转换、过渡，以及"蒙太奇"手法等），等等[①]。

表 8-3-3　各种线条的心理效应

线条形式	心理效应
直线	直爽、严格、力度感
曲线	优美、魅力、温和感
横线	平静、平稳、安定感
竖线	坚实、向上、稳重感
斜线	活动、变化、跳跃感
圆周	完整、圆满、圆润感

表 8-3-4　各种色相的心理效应

色相	心理效应
红、橙、黄（暖色）	温暖、庄严、兴奋感
绿、紫（中间色）	平静、平凡、自然感
蓝、青（冷色）	寒冷、恐怖、沉静感

影响听觉的要素有：音量（声波的振幅）、音高（声波的频率）、非线性特征（失真的容忍力、掩蔽效应、颤音效应）、时间因素等。

2.各种媒体的教学功能

不同的教学媒体具有不同的教学功能和功效。我们应该根据不同的教学目标（学习目标）选择相应的教学媒体。表 8-3-5 和表 8-3-6 分别是威廉·艾伦关

---

① 施方良等.教学理论：课堂教学的原理、策略与研究,上海：华东师大出版社,1999.

于各类媒体完成学习目标的功能表和加涅关于各类媒体实现教学目标的功效表[①],这些可以使我们对各种教学媒体的功能和局限性有一个全面的了解,在选择教学媒体时可供参考。

当然,这些仅仅是别人(美国)的研究成果,是否适合本国、本地、本校,乃至本班的教学实际? 这就给我们提出了研究的新课题。

表 8-3-5　威廉·艾伦关于各类媒体完成学习目标的功能表

教学媒体种类＼学习目标	静止图象	电影	电视	三维物体	录音	程序教学	演示	印刷教材	口头表述
学习真实信息	M	M	M	L/M	M	M	L	M	M
学习直观鉴别	H	H	M	H	L	M	M	L	L
学习原理、概念和规律	M	H	H	L	L	M	L	M	M
学习过程、程序	M	H	H	L	M	H	H	M	M
完成技能的知觉运动的动作	L	M	L/M	L	L	L	L	L	L
发展期望的态度、观点和动机	L	M	M	L	M	M	M	M	M

注:M 表示功能高,L 表示功能低,H 表示功能中等。

表 8-3-6　加涅关于各类媒体实现教学目标的功效表

媒体种类＼功能	实物演示	口头交流	印刷媒体	静止图象	活动图象	有声电影	教学机器
呈现刺激	Y	Li	Li	Y	Y	Y	Y
引导注意和其他活动	N	Y	Y	N	N	Y	Y
提供所期望的行为的示范	Li	Y	Y	Li	Li	Y	Y
提供外部刺激	Li	YY	Y	Li	Li	Y	Y
指导思维	N	Y	Y	N	N	Y	Y
产生迁移	Li	Y	Li	Li	Li	Li	Li
评定成绩	N	Y	Y	N	N	Y	Y
提供反馈	Li	Y	Y	N	Li	Y	Y

注:Y 表示有功效,N 表示没有功效,Li 表示功效有限。

---

① 沈亚强等.现代教育技术基础.杭州:浙江大学出版社,1998.

3.计算机辅助教学的各种模式

表 8-3-7 列举了计算机辅助教学的各种模式及其特点①,可为我们在多媒体教学的设计中提供思路和参考。

表 8-3-7　计算机辅助教学各种模式的特点

模式	应用特点	教师的作用	计算机的作用	学生的作用
训练与练习模式	已教过的内容;复习基本事实和术语;提问的形式多样;若必要的话,提问和回答可反复进行	作好训练或练习前的各种安排;选择教学材料;配合学生练习;检查学习进度	提问;评估学生的反应;给予即时反馈;记录学生的进步	练习已教授过后内容;对提问作出反应;接收确定的和正确的信息;选择不同难度的内容
个别辅导模式	呈现新信息;教授概念和原理;提供辅导	选择辅导材料;修改教学进度;监督	呈现信息;提问;评价反应;提供辅导;总结;记录结果	与计算机相互作用;回答问题;了解结果
游戏模式	竞争性;在娱乐中练习训练;个别化或小组形式	设立规则;指导;监督	扮演竞争者;扮演判官;扮演记分员	学习事实、方法与技能;评估选择;与计算机竞争
模拟模式	模拟真实情境;基于真实模式;个别化或小组形式	介绍内容;创造提供模拟环境;引导咨询	操作作用;传递作用;维持模式和数据	决策练习;作出选择;接受决策结果;评价决策
发现法模式	数据查询;归纳练习;试误练习;检测假设	提出基本问题;监督学生的进展	提供信息;存储数据;方便查询	作假设;猜测;作结论
问题解决模式	数据操作;信息处理;快速和精确计算	指定问题;检查结果	呈现问题;提供数据;存储数据;提供反馈	找出问题;解决问题;操作变量;试误练习

---

① 沈亚强等.现代教育技术基础,杭州:浙江大学出版社,1998.

4.学习理论的主要流派

学派	代表人物	学说或中心概念
联结学派 （行为主义）	桑代克	试误说
	斯金纳	操作反射说
认知学派 （格式塔）	布鲁纳	认知发展说
	皮亚杰	发生认识论
	柯勒	顿悟说
联结—认知学派	加涅	学习层次、学习阶段
建构主义	皮亚杰、维果斯基等	图式、同化、顺应、平衡

5.有关教学理论扫描

维果斯基："最近发展区"理论；

赞可夫："新教学论体系"，学生的一般发展；

布鲁纳："学科结构"教学论，发现学习与直觉思维；

海姆佩尔、瓦根舍因和克拉夫基：范例教学论；

布卢姆：教育目标分类学、掌握学习理论、教育评价理论、课程开发理论；

奥苏伯尔：同化论、有意义学习，"先行组织者"教学模式；

斯纳金：程序教学模式；

巴班斯基：最优化教学；[①]

6.理论的作用

理论是关于客观事物之间关系的假设，是一个判断或一系列判断，可以组成一组系统的命题集合。用它们我们试图以系统的方式来解释一些现象。那么理论在研究中的作用和目的是什么？质言之，理论能提供一个框架，研究者以此为起点来追寻研究的问题。[②] 在教育领域，理论具有某种"滞后性"，因为它总是在对教育实践的分析研究基础上产生的；但理论也会呈现出某种"超前性"，因为它所揭示的教育规律对教育实践具有指导意义。如果理论足够用，那么研究只能是实证性的；如果理论不够用，那么研究可以是发展性的；如果理论有错误，那么研究可能是革命性的。

① 皮连生主编.学与教的心理学，上海：华东师范大学出版社，1997.

② ［美］廉·维尔斯曼（Wiersma，W.）著，袁振国主译.教育研究方法导论，北京：教育科学出版社，1997.

三、斗胆拟提纲

1. 关于"多媒体课堂教学的有效性"的概念
- "有效教学"与"有效学习"有什么联系与区别？
- "传统教室中有效教学"与"多媒体教室中的有效教学"的有什么联系与区别？两者之间如何配合？

2. 关于多媒体教室中的课堂行为的特点
- 多媒体教室中的课堂行为有哪些不同的类型？（教师行为、学生行为）
- 多媒体教室中的课堂行为与传统教室中的课堂行为有哪些共同点和不同点？
- 多媒体教室中教师的各种课堂行为如何影响学生的课堂行为？
- 多媒体教室中的有效课堂行为有哪些主要特征？

3. 关于"多媒体课堂教学的有效性"的评价
- 如何定义一个量化标准："多媒体课堂教学的有效度"？
- 影响"多媒体课堂教学的有效性"有哪些主要因素？这些要素之间存在何种结构？
- 如何构建"多媒体课堂教学的有效性"的评价系统？
- 哪些评价方式较适合于"多媒体课堂教学的有效性"？（内部评价和外部评价、过程评价和结果评价等）

4. 关于多媒体课堂教学的课程设计
- 具有哪些基本特征的教学内容，适合于在多媒体教室进行有效的课堂教学？具有哪些特征的教学内容，不适合在多媒体教室进行课堂教学？
- 多媒体课堂教学的课程结构有哪些类型？可以保证或提高多媒体课堂教学的有效性的课程结构应具有哪些基本特征？
- 有没有一个课程设计过程的一般模式（流程图），用以保证或提高多媒体课堂教学的有效性？（一般而言，针对不同的教学内容和教学目的，课程设计不可能有统一的模式，但是这并不是说课程的设计过程不能遵循一种流程图式进行，我们这里提出的研究课题就是要寻求能保证多媒体课堂教学的有效性的课程设计的流程图）

5. 关于多媒体课堂教学的教室文化
- 教室文化对多媒体课堂教学的有效性有什么影响？
- 布置多媒体教室的有哪几种基本模式？各有什么特点？
- 在多媒体课堂中，教师与学生的地位与作用有什么特点？

- 在多媒体课堂中,师生交流有哪些基本形式? 各有什么特点?
- 在多媒体课堂中,学生个体与群体的关系有什么特点?
- 多媒体课堂的纪律管理有什么特点?

6.关于"学校多媒体技术支持系统"的有效性

- 教师对"学校多媒体技术支持系统"有哪些要求?
- "学校多媒体技术支持系统"应包含哪些要素并以何种结构进行组织?
- 与"校园网的建设"有关的一系列问题。(另外专门研究)

第四节　现代家访的新内涵

小时候读书也经历过老师前来家访,当教师后自己也没有少到学生家里去家访,但这些几乎都是上世纪90年代以前的事。之后,随着现代通讯工具的发展与普及,家访似乎有一种逐渐淡出学校教育工作视野的趋势。

从2002年开始,我校在杭城教育局直属中学内率先开展了"访遍杭城"全校性家访活动:每一位班主任至少家访50%以上班里的学生,每一位任课教师家访10%左右的所教学生,全校每一个学生家庭至少有一位教师去进行家访。家访教师的总人次达到了2000人次以上,受到了家长的热烈欢迎,有的家长满含热泪地说:"从孩子上幼儿园起,还没有老师来过,你们来,真的不知让我们怎么感谢好!"全校教师由此深切体会到了家访在现代社会中仍然是一种不可替代的重要教育手段。从此,"访遍杭城"活动就成为我校的一项传统,每年一次。我校在连续三届被杭州市教育局评为"满意学校",其中"访遍杭城"活动所起到作用也普遍被兄弟学校所认同。到现在,家访活动已经在杭城各所中学遍地开花,家访在新世纪又重新焕发出了新的活力,成为杭州基础教育园地一道亮丽的风景。

回顾五年来这一活动的实践,我们发现:随着社会的发展、教育改革的深入,家访无论是形式还是内涵,早已悄然发生了许多深刻的变化。这种变化非常值得教育工作者去关注、去讨论、去总结、去提炼。

那么,现代家访又有什么新的内涵呢? 五年来的实践经验告诉我们:

一、家访是学校品牌战略的一种手段

当办学条件趋于同质化的时候,学校之间的竞争逐步演变为一种品牌形象的竞争。在学校品牌形象宣传中,媒体的作用当然是重要的,但是,实践证明,对学校品牌形象产生最实质性影响的还是在老百姓中间传扬的口碑。

南星桥凤凰北苑居住着来自杭州市不同兄弟学校的不少老师。2006 年暑假相互熟悉又不在同一所学校的老师见面时会问：最近忙些什么？最多的一种回答是："家访。"在早几年相互问候中是很少听到的。为什么 2006 年暑假兄弟学校的这些老师都会忙家访？

仔细想想不难找到答案：

一是通过家访，拉近了学校、教师与家长及学生之间的心理距离；

二是通过家访，学校及老师能够非常直观和具体地了解学生及家庭的情况，这对老师进行有针对性的教育是不可缺少的第一手资料；

三是家访的过程，拓展了学校社会形象的深度和广度，是学校向社会宣传自身品牌形象的极好时机。

正因为如此，目前看至少杭州市教育局直属的学校，几乎找不到不重视组织教师家访的学校。暑假期间组织教师家访，也早已悄然成为学校巧妙宣传自己，拓展自身品牌形象的一种有力和有效的手段。

二、家访是实践和谐教育的基本要求

人们一般将"配合得适当和匀称"称之为和谐。按照这一说法，社会的和谐，应该体现在构成社会不可缺少的方方面面，如政治、经济、文化、教育等等，与社会"适当和匀称"的配合之中。教育与社会的和谐，则体现在组成教育不可缺少的诸方面，如教材编制、资源配置、学校管理、教师自身的教育教学行为、为有效进行教育教学创造良好的精神和心理空间，这诸多方面与社会的"适当和匀称"的配合。上述环节中，有的有赖政府从社会的角度来进行适当的配置，如教材编写、课程设置、物资投入等等。有的则有赖学校自身来进行适当配置，如对教师教育教学行为的具体要求、教师和学生良好精神和心理空间的调节等等。人们习惯评价的是，学校内部看得见的物质层面的配置是否适当。容易忽视的是，学校内部看不见的精神和心理层面的配置是否适当。实际上从某种角度说，精神和心理层面的适当配置比物质层面的适当配置，对促进学校的发展壮大，更能起到重要作用。因为，精神和心理层面的适当配置，主要调动了学生、老师以及家长在内的人的积极性。这种积极性又会转化为学生努力向上、教师勤奋教学、家长关注学校的积极行为。一所欣欣向荣蓬勃发展的学校，必定具备这种内在的精神和心理动力。而通过家访，加深了学校与家长，教师与学生之间的相互了解和心理沟通，使学校与家长，教师与学生的心理变得相对宽容与和谐。这无疑是学校整体和谐发展过程中所不可缺少的。

现代社会是一个不同文化相互碰撞、相互包容的社会，反映在教育上，各种新颖的教育理念层出不穷,这必然导致教师与家长的教育理念不尽相同,但这些不同的教育理念最终作用于同一个教育对象,难免有矛盾甚至冲突。家访可以让教师与家长之间不同的教育理念得到更深入的沟通与交流,比电话沟通容易求同存异,达成比较一致的看法。从而保证学校教育与家庭教育的和谐,共同促进教育对象的和谐发展。

三、家访是实施课程改革的配套措施

我省已经从今年开始进入高中新课程标准的实验。高中新课标在教育理念上的更新是非常广泛而又深刻的。不但要求我们在课程观、知识观、教师观、学生观、教学观、学习观、评价观等方面更新理念,也要在学校观层面上更新理念:学校不但是学生读书、发展的场所,也是与生活联系的场所,更是认识、开发、整合和利用校外一切资源组织,归根结蒂是使生命获得幸福和快乐的社会组织。这就要求学校更加开放,与社区的关系更加紧密。

从学校与社区的关系来看,新课程要求教师应该是社区型的开放的教师。因为,随着社会发展,学校渐渐地不再只是社区中的一座"象牙塔"而与社区生活毫无联系,而是越来越广泛地同社区发生各种各样的内在联系。一方面,学校的教育资源向社区开放,引导和参与社区的一些社会活动,尤其是教育活动。另一方面,社区也向学校开放自己的可供利用的教育资源,参与学校的教育活动。学校教育与社区生活正在走向终身教育要求的"一体化",学校教育社区化,社区生活教育化。新时代的教育特别强调学校与社区的互动,重视挖掘社区的教育资源。在这种情况下,教师的角色也相应地要求有所变革。教师不仅仅是学校的一员,而且是整个社区的一员,是整个社区教育、科学、文化事业建设的共建者。教师的教学行为不能仅仅局限于学校、课堂,必须开放到社区,充分注重利用社区资源来丰富学校教育的内容和意义。从这个角度看家访,家访也就成为了新课程改革的配套措施。

四、家访是强化服务意识的有效载体

现代教育理念认为教育也是一种服务。2002 年,杭州市教育局在全市范围内开展了"百万家长评议学校"的活动,从 2004 年起杭州市教育局每年开展"人民满意学校"评比活动,我校在已经开展的三届此类评比中均被评为"满意学校"。开展"人民满意学校"评比活动,其目的就是强化教育服务意识。

我校积极倡导"以学生为本"的管理思想,要求教职工切实转变工作作风,强

化服务意识,面向全体学生,提升办学水平。

那么以怎样的载体强化全校教师的教育服务意识呢?

实践证明,"访遍杭城"全校性家访活动是强化服务意识的有效载体。

首先,全校性家访活动的组织发动工作也是一个对教师进行强化教育服务意识的思想教育工作;其次,教师参与家访活动本身是进行教育服务活动的实际体验;再者,家访活动让教师有机会近距离地体会学生家庭、家长的艰辛,提高教师实施教育服务的自觉性。

五、家访是开发教育资源的重要途径

"与学生相关的一切事物,都是待开发的教育资源,教师是资源的开发者。"这个工作信念已经成为我校办学理念系统的一部分,被正式写入由教代会通过的学校发展规划。这一工作信念来源于学校"三自教育"的研究成果,包含以下几层意义:首先,我们坚信学生的一切活动都具有教育功能;其次,我们强调这种教育功能是潜在的,它需要教师来开发;再者,这个工作信念体现出一种积极的态度。

停留在理论层面上谈论这一工作信念难免抽象,很难让教师体会其深刻内涵。让我们先来看几个家访中的实际事例吧:

【事例1】2003年暑假与班主任邵老师一起家访了市区三位,市郊九堡七位同学。我与邵老师从南星桥出发,使用助动车作为交通工具,一个多小时后到达九堡公交车站。我们的学生家庭分散在公交车站四周,最远的还要半个多小时。家访结束后我的第一感受是:我们的学生很辛苦,为了上学路上要转换几辆公交车,一天化在公交车上的时间差不多要二三个小时。

【事例2】2003年在九堡一位女同学家中,我们看到其父亲因为车祸常年瘫痪在床。原本是家庭的栋梁,现在却不能动弹,家庭所有事务都由母亲操劳。算算年龄,这位女同学的父母应该是40多岁。亲眼见到这一切我的感觉是,这个家庭经历了不幸。但这位同学的母亲非常值得尊重,照顾瘫痪在床的丈夫,操持这个家庭,培养孩子读书付出太多的辛劳,其精神和行为无疑是伟大的。其母亲告诉我们,小孩从小很懂事,认真学习且有一定抱负,回家后也能体贴母亲,关心父亲。

【事例3】2004年家访原高三一位男同学家庭。该同学与我聊天时突然神秘地说,"老师我给你看一样东西,但你一定要给我保密。"我当时想会给我看什么呢?是这位学生爱好书画,有自己得意的作品让我欣赏?是该同学喜欢集邮,有满意的收藏要我观赏？正在我想的时候,这位同学站起身打开一扇原本关着的房门,领我走进室内。我看见整间房子没有家具什物,只在房间中间摆放着一张看似桌子的物件,上面用一块很大的布罩着。只见他随手掀开布,我才发现原来是一架钢琴。他对我说会弹钢琴。我说,那你弹一曲可不可以? 他说好的,说完,随手熟练地给我弹了一曲。弹完后,他告诉我,非常怀念小时候与父母亲一起生活的情景。记得有一年生日,父亲给他买了想望已久的钢琴,放学回家时钢琴就摆放在室内,那种惊喜,一辈子都不会忘记。后来,父母亲因故分离了,他随母亲生活,虽然母亲对他也疼爱,但终因父母分离生活中缺少了很多应有的欢乐,从此性格不再开朗,渐渐趋于内向。

【事例 4】2005 年家访高二(11)班一位女同学,接待我的是女同学的父亲。这位父亲也算坦然,告诉我说自己已 50 多岁,生育这个小孩比较迟。我没有见到这位同学的母亲,处在这种特殊的环境中,原本想了解其母亲的情况,终于没有问出口。

【事例 5】2006 年家访高三(11)班一位女同学,该女同学为借读生。她告诉我父母为了孩子的前途早年来杭州,开始打工,后来做建材生意。她随父母来杭的这几年,已先后搬过四次家。现在住的房子是租来的,家具和生活用品看上去都比较简单。父母亲生意上的收入,大都用在房租和孩子的学费上,一年下来的积蓄非常有限。

【事例 6】2006 年家访高三(10)(11)班两位同学,从物质层面看,两个家庭都相对比较宽余,住房面积都在 120 平方米以上,都有私家车。其中一位同学的母亲对我说,希望孩子高考至少能进前三批,万一进不了,打算送孩子出去留学,而且早已将这笔费用(大约 30 万元)准备好了。

　　假如没有家访,教师无法体验家住九堡的这些同学上学路上的辛苦;无法感受面对瘫痪的父亲那位同学和家庭,所承受的生活压力;无法见证父母离异后孩子的那种无奈和对亲情的期盼;不能了解年迈的父亲对年幼的孩子那份寄托希望的心情、不能目睹为了子女有一个好的学习环境,来杭谋生的农村家庭的父母的辛劳,孩子的执着追求;不能理解生活条件相对比较优越的部分市区学生,为什么学习的动力会那样缺失的原因等等。缺少了这些,教师对学生的教育、关心将会少去多少丰富实效的内涵! 缺少了这些,教师也许只能留在对其学校学习生活的关注,教育也就会变得苍白无力,缺乏生命意义。

　　可以这样说,这些带有当今时代明显特征的家庭基本情况,及由这些不同情况留给学生的不同精神和心理的影响,是学校和教师从学生的登记表中所无法获取的。而这恰恰又是学校和教师有针对性地对学生施加积极影响,采取正确的教育策略所不可缺少的资源。

对教师来说,家访带给我们的最重要的收获就在于,家访过程帮助我们获取了丰富多彩的教育教学资源。有了上述丰富多彩的资源,我们在对学生的教育教学过程中,就多了一些针对性,少了一些盲目性。比如,家访结束后,教师经常主动询问那位父亲瘫痪在床的女同学:父亲身体是否好?母亲最近忙否?通过这些简单的问候,向那位女同学传递学校和老师对她及家庭的关爱。比如,当班级原有的政治课代表因故转学后,教师就有意识地让那位父母离异后,性格趋于内向的同学担任课代表,让他在为同学服务过程中渐渐融入集体,同时促使他的性格渐渐向开朗转变。这不是对这位同学最好的关心吗?这才是最有效的教育!

对家访过的同学,教师在平时的教育教学过程中,可以根据家访获取的资源信息,采取不同方法关心和帮助其发展。这一过程就是一个开发教育资源的过程。

此外,如果将家访中获得的学生及其家庭信息,与家访后学生发展情况进行跟踪,这还是一个非常有价值的教育科研资料。可惜在这之前我们对此有所忽视。这将是我们今后在家访工作中需要进一步加强的方面,也是我校"访遍杭城"全校性家访活动与学校教科研工作发展的一个新亮点。

第三篇
听雨轩夜话

听雨轩文集

　　本篇第九章收集了一些以中小学生为主要读者对象的数学科普性、趣味性的小品文，第十章收集了我的个人博客"听雨轩"中的一些文字。本篇每一小节都由若干独立成篇(少量不成篇)的文字组成。由于这些文字大多是在晚上写的，故取名"听雨轩夜话"。

第九章
数学小品文

第一节　开放题

一、玩数学

看到这个标题,或许有不少人会说:

"开玩笑!数学也能玩吗?"

"数学这么枯燥,有啥好玩?"

"好玩?我一看到数学就头疼!"

……

的确,数学在很多时候看起来并不好玩。例如下面这道题:

【问题一】 $1+2+3+\cdots+2002+2003+2004+2003+2002+\cdots+3+2+1=?$

如果老老实实地一个一个加起来,可能没有人认为这道题有什么好玩的。但是,聪明的人有他们自己的玩法,考察下面的几个等式:

$1=1$

$1+2+1=4$

$1+2+3+2+1=9$

$1+2+3+4+3+2+1=16$

…

你相信下面的等式不会有多大问题了吧?

$1+2+3+\cdots+2002+2003+2004+2003+2002+\cdots+3+2+1=2004^2$

这还算有点意思,但觉得好玩的人恐怕不会很多。较真的人也不太满意这种方法,因为这个答案多少有一些"猜"的成分。在这一行行的等式中,谁也无法保证这个规律会不会在某一行等式开始出现意外而不再成立。所以这没法让人对这个答案深信不疑。

好吧,让我们再来换一种玩法:

$$1+2+3+\cdots+2001+2002+2003$$
$$+)\quad 2003+2002+2001+\cdots+3+2+1$$

$$=2004+2004+2004+\cdots+2004+2004+2004+2004=2004^2$$

这虽然比前面的玩法好玩一些,但我还是不太喜欢这种玩法。

我无聊地拿起一张方格在上面胡乱地画着……,把方格纸斜过来看看(如图 9-1-1),把第一行的方格数写在边上……,哇! 真是太神奇了! 这不是下面这个等式的最好解释吗?

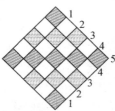

图 9-1-1

$$1+2+3+\cdots+n+\cdots+3+2+1=n^2$$

还能玩下去吗? 如果把方格纸换一种涂法(如图 9-1-2),我们又可以得到:

$$1+3+5+\cdots+(2n-1)=n^2$$

数学真的很奇妙! 在我们最不经意的地方,却常常会让我们收获到最有趣的东西! 以上我们毫不费力地证明了下面这个等式:

$$1+2+3+\cdots+n+\cdots+3+2+1=1+3+5+\cdots+(2n-1)$$

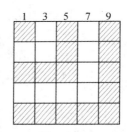

图 9-1-2

哈! 越来越好玩了! 其实这个等式还可以用下面的式子来解释:

$$1+2+3+\cdots+n$$
$$+)\qquad\quad 1+2+\cdots+(n-1)$$

$$=1+3+5+\cdots+2n-1$$

我好像越来越喜欢这种玩法了!

我强烈推荐读者再玩一下这个问题:

你还能想出哪些有趣的玩法?

下面要玩的一个问题是与"因式分解"有关的(这是一类让很多人头疼的问题,玩数学的高手往往最喜欢那些让大多数人头疼的问题)。

【问题二】　我们知道 $x^4 + y^4$ 是无法在有理数范围内分解因式的(事实上在实数范围内也无法分解,但我们在这里只讨论在有理数范围内的因式分解问题),我们要在这个式子中再添上一项(注意:只添一项!),使它可以分解因式。应该添上怎样的一项呢?答案是丰富多彩的,如果你能想出别人想不到的玩法,这才是高手!

这个问题也是很好玩的,我很不情愿地把下面几种玩法列出来。因为如果读者不看这些而自己动脑筋想出来,相信可以玩得更有滋味!

(1) $x^4 + y^4 + 2x^2 y^2 = (x^2 + y^2)^2$;

(2) $x^4 + y^4 - 2x^2 y^2 = (x^2 - y^2)^2 = (x-y)^2 (x+y)^2$;

(3) $x^4 + y^4 + x^2 y^2 = (x^2 + y^2)^2 - x^2 y^2 = (x^2 - xy + y^2)(x^2 + xy + y^2)$;

(4) $x^4 + y^4 - 3x^2 y^2 = (x^2 - y^2)^2 - x^2 y^2 = (x^2 - xy - y^2)(x^2 + xy - y^2)$;

(5) $x^4 + y^4 + \dfrac{5}{2} x^2 y^2 = (x^2 + \dfrac{1}{2} y^2)(x^2 + 2y^2)$;

(6) $x^4 + y^4 - \dfrac{15}{4} x^2 y^2 = (x^2 + \dfrac{1}{4} y^2)(x^2 - 4y^2)$

$$= (x^2 + \dfrac{1}{4} y^2)(x + 2y)(x - 2y);$$

(7) $x^4 + y^4 - 2y^4 = x^4 - y^4 = (x-y)(x+y)(x^2 + y^2)$;

(8) $x^4 + y^4 - 2x^4 = x^4 - y^4 = (y+x)(x+y)(x^2 + y^2)$;

(9) $x^4 + y^4 + 2x^3 y = x^3(x+y) + y(x^3 + y^3) = (x+y)(x^3 + x^2 y - xy^2 + y^3)$。

从以上式子中,我们还可以发现一些规律,比如有些式子是两两对称的:(1)和(2)、(3)和(4)是正负符号对称的;(7)中的两个字母对换后就是(8),这两个式子是关于这两字母对称的。(5)、(6)、(9)的对称式子在上面没有写出,留给读者自己补上。再比如我们可以把(5)式推广为一个更一般的公式:(还有哪些式子可以这样推广?)

(10) $x^4 + y^4 + (a + \dfrac{1}{a})x^2 y^2 = (x^2 + \dfrac{1}{a} y^2)(x^2 + ay^2)$。

二、另类距离

我们知道:在几何学中,空间两点之间的距离是指连结这两点的直线段长度。这在只考虑事物的空间形式和数量关系的数学来说是十分自然的,因为两点间距离,直线段最短。但是,如果我们的问题不仅仅只是涉及事物的空间形式和数量关系,这种对距离的定义就不一定有道理了。例如,在图 9-1-3 的象棋棋盘中,"马"所在位置到 B 点的距离比到 A 点的距离要近,但由于马的特殊走法,

到 A 点只需走 1 步,而到 B 点却至少要走 3 步。对这个马来说,到 B 点的距离比到 A 点的距离更远。

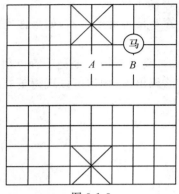

图 9-1-3

对于马的这种情况,我们可以通过引进一种与通常意义不同的新的距离概念,我给各种与通常意义不同的新的距离概念取了个名字,叫做"另类距离"。

有时我们需要用"数"来进行"量化"地描述这种马的另类距离:如果马从 A 点到 B 点至少须经过 n 步才能走到,那么我们规定 A、B 间的另类距离就是 n。按这种规定,图 9-1-3 中的"马"到 A 的另类距离为 1,到 B 的另类距离为 3。(你能不能计算一下"马"到下面九宫帅位的另类距离是几?)

有些另类距离还可以是有方向性的,从 A 到 B 的距离不一定等于从 B 到 A 的距离。例如,图 9-1-4 是某城市的一个局部街道示意图,其中 AB 是一条单向行驶街道,那么对汽车司机来说,从 A 到 B 的距离是线段 AB 的长度,而从 B 到 A 的距离却是折线 $BCDA$ 的长度!

图 9-1-4

你能再举出一些另类"距离"的例子吗? 你能不能像上面马的另类距离那样,用"数"来量化地描述你所举出的这些另类距离?

【参考答案】

我们还可以举出很多另类距离,以下只是两个例子:

1."公交车距离":坐公交车在同一城市中从一个地方到另一个地方,并不是越近越方便。两地只要有直达的公交车,再远也是方便的,就像距离很近的一样;而如果需要换乘几路车才能到达,即使不是很远也很不方便。有的同学在选择学校时,考虑从家到学校的交通因素也就是这个道理。

2."心理距离":两个人的心理距离与这两个人的空间距离关系不大。比如两人住在同一幢房子里的两个单元的同一层楼,两个房间只相隔一堵墙,同时他的床又恰好靠着同一堵墙,虽然他们每天晚上睡觉时的距离不超过 2 米,但他们也许连对方的姓名都不知道,"心理距离"是无穷大。

心理距离有时是有方向的,例如一位明星和他的崇拜者,明星崇拜者对这位明星了如指掌,他对明星的心理距离很近,而明星对这位崇拜者却一无所知,明星对他的心理距离却很远。

用"数"来量化地描述"公交车距离"的方法并不是唯一的,一般可考虑以下几个因素:乘车所用的时间、需要换乘次数、经过的站数、两地离公交车站的距离,等等。

有的另类距离用目前的数学知识很难量化,例如"心理距离"。但这并不是说用数量来描述"心理距离"是不可能的,这一方面需要数学的发展,提供更多的数学工具,另一方面也需要心理学的发展,对影响"心理距离"的各个要素的深入研究。

三、立方体上填数

图 9-1-5 是一个立方体的展开图,每个面上标有一个数。任取两个相对面,试计算一下这两个面上所标两数的乘积,这并不是很难,只需要一点点的空间想象能力,不要搞错哪两个面是相对的就可以了,比如 1 所对的面是 41,这两个数的乘积为 41。

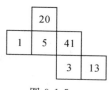

图 9-1-5

有的读者可能不以为然:这算什么问题呀? 太简单了,简直是"小菜一碟"!

——别忙,有趣的还在后面! 请再计算一下另外 4 个数的和:20+5+3+13＝41,刚好等于前面两个数的乘积! 这是偶然的巧合吗? 再换两个相对的面试试:想一想,20 所对的面是哪一个? 计算一下这两个数的乘积以及其他四个面的四数之和,看看它们是否相等? (请读者自己试试,注意:千万不要搞错了相对面的位置啊!)

我们发现,这 6 个数不是随意写的,它有一个规律,这就是:立方体上任意两个相对面的两数之积等于其他四个面的四数之和。

你能否再写 6 个数,使其满足以上规律?

这还是不是"小菜一碟"呢? 对有些人可能已经不再是"小菜一碟",而也许有人已经想到了答案。无论你是否已经想到了答案,最好不要急于看下面的分析,先按自己的想法试着找一下答案,相信通过你自己寻找答案过程,要比直接看答案有趣得多!

这是一道答案不唯一的开放题,对于开放题应该从哪些角度去思考? 如果

你对这个问题暂时没有什么思路,可以从以下几个角度试试看:

1. 不要忽略显然的、平凡的答案!

显然,6 个数都填 0 满足要求!有人已经想到了这个答案,也有人没有想到,甚至还有人当别人讲出这个答案后还是不以为然:这也能算数吗? ——但是,细想一下,你难道能说出这不能算数的理由吗?!

2. 条件充分吗? 如果条件不充分,你可以先添加一个你认为有利的条件试试看

比如说,由"6 个数全是 0"这个答案,我们自然会联想,还有没有 6 个数全相等的其他答案,我们不妨试着求一下:设 6 个数全是 x,那么由条件知,$x^2=4x$,得 $x=0$ 或 $x=4$,这样我们又得到了一个新的答案。

3. 如果你已经得到一个或一些答案,能否通过改造已知答案构造新的答案?

比如说,在"6 个数全是 4"这个答案中,保留相邻对的 2 个 4 不变,改动其他 4 个数行不行? 当然,如果随意用 4 个数作试验,我们可能不会有这么好的运气。上面的工作已经提示我们可以用解方程的方法来求:

设其余 4 个数分别为 a,b,c,d,则:
$$\begin{cases} ac=8+b+d \\ 4b=4+a+c+d \\ 4d=4+a+b+c \end{cases}$$

这个方程组中含有 4 个未知数,但我们只有 3 个方程,怎么办? 能不能减少一个未知数? 如果条件不充分,你可以先添加一个你认为有利的条件试试看. 如果我们任意指定一个未知数的值(比如 $a=2$),不就可以解出这个方程了吗?!

当 $a=2$ 时,我们不难解得:$b=5,c=9,d=5$。

显然,改变 a 的取值,用这种方法我们可以得到无数组答案,但不是全部的答案。例如:当 $a=1$ 时,$b=13,c=34,d=13$。甚至,把两个 4 改成其他数,比如 3,用相同的方法,我们可以得到:当 $a=1$ 时,$b=8,c=11,d=8$。

4. 必要时,可以设计、引入一套适当的符号

设计一套适当的符号,不仅可以方便表述,也有利于我们对问题的深入理解。在这里,我们可以引进记号 $(a,b,c;x,y,z)$ 来表示问题的一个解,其中 a,b,c 所对数依次为:x,y,z。

5. 你能否找出一些规律性的东西?

我们把到现在为止找到的答案都用以上记号重新罗列一下:$(0,0,0;0,0,0)$;$(4,4,4;4,4,4)$;$(4,4,2;5,5,9)$;$(4,4,1;13,13,34)$;$(3,3,1;8,8,11)$。

我们可以发现:如果有两个相邻数相等,那么它们所对的数也相等。

6. 将答案分类整理. 同一类的答案还有吗? 其他类的答案还有吗?

根据以上规律,按相邻三个数是否相等,我们可以把答案分成 3 类:相邻 3 数全相等;相邻 3 数中有 2 个相等;相邻 3 数互不相等。我们以上给出了第 2 类

的构造方法。对于第 1 类,留给读者自行研究,这里只给出一个答案供参考:(1,4,5,29,11,9)。

7. 用自己的语言重新叙述一遍这个问题

原问题可重新叙述为:

$$\text{求数组}(a,b,c;x,y,z),\text{使其满足方程组}:\begin{cases} ax=b+y+c+z \\ by=c+z+a+x \\ cz=a+x+b+y \end{cases}$$

8. 有没有一个公式来描述所有的答案? 能不能设计一种"算法"来构造任意的答案?

有了前面的解题经验,我们不难处理以上方程组,把其中 3 个字母(比如 a,b,c)看成已知数任意赋值,就可以解出对应的 x,y,z。直接解这个关于 x,y,z 的方程组,就可以等到这个问题的一个公式解。

9. 你是否想到了进一步的问题?

比如:a,b,c 是否可以取任意的数? 等等。

四、填数游戏

在图 9-1-6 的空格中填入适当的数,使每行、每列以及两个对角线上的三个数之和均相等。

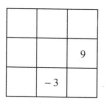

图 9-1-6

【头脑热身】试写出三种满足条件的填数方案。

【解答示例】以下是三种解答,但本题的解答远不止这三种:

3	13	-1
1	5	9
11	-3	7

(1)

3	45	15
33	21	9
27	-3	39

(2)

3	5	-5
-7	1	9
7	-3	-1

(3)

【思路点拨】如果没有任何目标随意地用一些数来凑,那么能不能成功就全凭你的运气了。——你能不能联想到一些以前碰到过的类似问题?——我们不难联想到如图 9-1-7(也叫"九宫图")。利用这个幻方,把上面各数乘以 2,再减去 5 就可以得到第(1)种解答。怎么想到乘 2 减 5 的? 这个问题留给读者自己思考。如果把上面的幻方中第一行与第三行对调,再把每个数乘 - 6 加 51 就得到了第(2)种解答。第(3)种解答是怎样由幻方得到的? 你还能不能用这种方法再写出一些不同的解答?

4	9	2
3	5	7
8	1	6

图 9-1-7

【智力挑战】从你写出的各种答案中,你能找出有什么规律吗? 你可以用什么方法肯定你找出的规律一定是对的?

【解答示例】至少可以找到以下一些规律:(为了下面说理方便,我们设填入各数用如图 9-1-8 字母表示,并设每行每列及对角线上的三个数之和均为 m)

y	a	b
e	x	9
d	-3	c

图 9-1-8

(1)$y=3$。

证明:由已知,

$$\begin{cases} e+x+9=m, & ① \\ d+(-3)+c=m, & ② \\ y+e+d=m, & ③ \\ y+x+c=m; & ④ \end{cases}$$

①-③,得:$x+9-y-d=0$,

②-④,得:$d-3-y-x=0$;

两式相加即可解得:$y=3$。

(2)$m=3x$。

证明:由已知,

$$\begin{cases} b+x+d=m, & ⑤ \\ b+9+c=m; & ⑥ \end{cases}$$

①+④+⑤,得:$3x+e+9+y+c+b+d=3m$,

将③、⑥代入上式,即得 $m=3x$。

(3)每一个角上相邻(上下左右)两数之和等于这个角所对的角上这个数的

两倍。

(4)过中间数的行、列或对角线三个数,相邻两数的差相等。但边上的行、列三个数,没有这个规律。(以上两个规律的证明留给读者完成)

【思路点拨】找规律是归纳能力的体现,要善于观察与比较。规律的证明很重要,没有经过证明的规律不一定可靠。证明的要点是用字母代替数,列方程组,消元。由于根据已知条件可列出 8 个方程,哪些是证明所需要的?这就需要瞄准要证明的结论。结论含有什么字母就要找含有这个字母的方程,找出这些方程以后,还要考虑,需要消去结论不含的字母,哪些方程有助于消去这些字母?

【寻找"终结者"】有什么办法可以把这个问题的所有答案一网打尽?

【解答示例】由上面的规律(1)、(2),不难得出所有答案的一个公式解,如图 9-1-9 所示。只要令 x 等于任意一个数,就可以得到本题的一个解答,当 x 取遍所有数时,就得到本题的所有解答。(显然,本题的解答有无穷多个)

3	$2x+3$	$x-6$
$2x-9$	x	9
$x+6$	-3	$2x-3$

图 9-1-9

五、大数与小数

用 1、2、3、4 算 24 点,这虽然是一个比较幼稚的问题,但我们可以通过改变问题规则,让问题变得更有趣一些:

按通常规则,原问题的完整表述是:用 +、-、×、÷ 及括号,把 1,2,3,4 四个数组成一个结果为 24 的算式。我们来考虑一些非常规则:你能不能改变规则,不改变这四个数,让这个游戏更有趣一些?当然应该在数学的范围内考虑这个问题,不能把问题改变为一个非数学问题。

首先,你必须弄清问题!——"用 +、-、×、÷ 及括号,把 1,2,3,4 四个数字组成一个结果为 24 的算式。"这里的规则包括三个部分:(1)对运算符号的限定(允许改变);(2)对被运算数的限定(不可改变);(3)对运算结果的限定(允许改变)。

如果考虑改变对运算符号的限定,我们可以把问题改为:允许使用任何数学符号,把 1,2,3,4 四个数字组成结果为 24 的算式,能否写出更多的算式?(这里有必要明确一个附加规定:不允许使用像 π 这种表示常数的字母)注意:这里"1,2,3,4"只是四个数字,而不是四个数,这与原问题有什么区别吗?两个数字,利用记数法可以组成一个新的数:例如用数字"1"和"2"可以组成数"12"!——你能想出多少个？

问题已经开始有趣起来了！让我们继续，如果改变对运算结果的限定，我们可以研究：(1)用＋、－、×、÷及括号，把1,2,3,4四个数组成运算结果尽可能大的算式；(2)用＋、－、×、÷及括号，把1,2,3,4四个数组成运算结果为尽可能小的正数的算式。

这两个问题留给读者自己研究。

我们再来改变问题，让它更有趣些。如果同时改变运算符号和结果：(1)允许使用任何数学符号，把1,2,3,4四个数字组成运算结果尽可能大的算式；(2)允许使用任何数学符号，把1,2,3,4四个数字组成运算结果为尽可能小的算式。附加规定：不允许使用像 π 这种表示常数的字母；除括号、乘方以外，每种符号至多只能用一次。

这是两道没有最终答案的开放题，谁也不能保证自己构造的数是最小的，因为也许还有其他新的构造方法我们没有想到，我们要做的工作就是尽可能多地设想各种可能方法，在这个过程中，对数的大小的判断是非常重要的，有时想当然会让我们上当。在构造答案时，要随时总结一下关于数的大小的规律，这不但对解这两道开放题很重要，而且了解这些规律还可以培养我们的"数感"，促进数学学习。

对于这种题，所有的精彩全在于自己构造答案的过程中，如果不经过动手研究而直接看别人找到的答案就会索然无味，所以强烈建议读者先自己试着找一些答案，再看下面提供的参考答案。

我们在这里先研究第(1)个问题：允许使用任何数学符号，把1,2,3,4四个数字组成运算结果尽可能大的算式。

"4321"肯定是会被想到的，但我们还可以构造比这大得多的数。比如：431^2，421^3 等，这两个数哪一个更大？当然是后者，因为前者只有2个四百多一点的数相乘，而后者有3个四百多一点的数相乘。（这种说法说服力不是很强，作者有意把更有说服力的说法留给读者思考，"数学证明"是最有说服力的科学方法）

431^2 与 2^{431} 哪个大？这时有人可能会开始糊涂起来了。事实上，由 $2^{10} = 1024$ 可得：$2^{431} > 2^{400} = (2^{10})^{40} = 1024^{40}$，这个数远远大于 431^2！

3^{421} 与 2^{431} 哪个大？不要想当然，现在你的直觉可能已经不灵了！——有人从上面的例子中类比，认为尽可能把大数放在指数上会更大一些，所以前者比较小——这究竟对不对？有什么办法知道哪个大？有人想："用计算器计算一下不就知道了"——试试看：这两个数大得连普通计算器都算不出来！

不要灰心，我们的大脑就是用来迎接这种智力挑战的！我们现在的问题并不是要精确地算出两个数是多少,只要知道谁大谁小,所以我们只需进行计算出两者的近似值就可以了。利用"幂的运算性质",同时借助计算器我们可以计算出两者的近似值(保留 4 位有效数字,结果用科学计数法表示,下划线部分可借助计算器计算):

$$3^{421}=3\times3^{420}=3\times\underline{(3^7)}^{60}=3\times2187^{60}=3\times(2.187\times10^3)^{60}$$
$$=3\times2.187^{60}\times10^{3\times60}=3\times\underline{(2.187^6)}^{10}\times10^{180}\approx3\times109.42^{10}\times10^{180}$$
$$=3\times(1.0942\times10^2)^{10}\times10^{180}=3\times\underline{1.0942^{10}}\times10^{2\times10+180}$$
$$\approx3\times\underline{2.4602\times10^{200}}\approx7.380\times10^{200}$$

对于没有指数幂运算功能的计算器,可以用这种方法计算形如 3^7 这类的指数幂:$\boxed{3}$ $\boxed{\times}$ $\boxed{=}$ $\boxed{=}$ $\boxed{=}$ $\boxed{=}$ $\boxed{=}$ $\boxed{=}$,连按 6 次等号(注意:不是 7 次!)即可。用类似的方法可以算得:$2^{431}\approx5.545\times10^{129}$。显然这比 3^{421} 小得多,前面的直觉是错的!

你还能构造更大的数吗? 构造出来以后可不要忘了认真计算比较一下数的大小!

对于第二个问题,我们列出以下参考答案,读者可以用计算器验证一下这些数谁大谁小。我们有意没有把我们能想到的最小数列在下面,即使对同一模式的数,这里列出的也不一定是最小的。请读者再思考一下,你能构造出更小的数吗?

$$\frac{1}{432};\frac{1}{43^2};\frac{1}{2^{43}};\frac{1}{3^{2^4}}。$$

六、堆叠立方体

图 9-1-10 是由 4 个棱长为 1 的立方体堆叠成的一种形状。现在我们来研究这样一种问题:由 4 个立方体可以堆叠成哪些不同的形状? 这里有必要规定一下堆叠的规则:每相邻两个立方体的整个面正好完全对正。

在这个问题中,怎样的两种形状算成是同一种,不同的规定,答案就可能不同。对于图 9-1-11 中的(1)(2)两种,可能大多数人认为是相同的,但(3)的图形与图 9-1-10 是不是同一种就可能有争论了。无论你认为是"一样的"或者是"不一样的",答案,都不重要,重要的是你能不能说清楚理由是什么,你如果真的尝试去讲清这个理由,你才会发现,这件事并不是你想象的那么容易,不信你试试——用你的理由说服自己并不算什么大本事,你要能说服你的同伴才行。

图 9-1-10

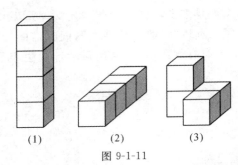

(1)　　　　　　(2)　　　　　　(3)

图 9-1-11

　　如果你说不清什么道理,你最好先从更简单的问题开始研究:为什么说上图左边的两种形状是一样的? ——这个问题你可能很容易回答:因为把左边的放平后就是中间的图。不错,但这样的回答还不够,因为你还是没法说清楚另两种为什么一样或者不一样。你应该进一步追问:在"把左边的放平后就是中间的"这句话中,规定了怎样的情况下是一样的? 事实上,在这句话的后面有一个约定:把图形中每两相邻立方体看成由黏合剂粘住了,如果一个图形可以由经过变换不同的摆放方式变成图形另一个图形(用更"数学化"的语言来说,就是一个图形可以经过若干次"平移"或者"旋转"变成另一个图形),那么这两个图形就认为是一样的。现在,你能否在这样的规则下判断一下另两个图形是不是一样的? 如果你的空间想象力不够,你可以用两个模型做一个实验。

　　事实上,另两个图形无法通过若干次"平移"或者"旋转"由一个变成另一个,所以在这种规则下,这两个图形是不一样的。那么,有人说它们是一样的理由又是什么呢? 如果你拿一面镜子,在镜子中看这两个图形,你就会发现其中的道理。在数学中,把一个形状变成其镜子中的形状这种几何变换叫做"镜面反射",它类似于平面上的关于某条直线的"对称变换",只不过现在是在空间关于某一个平面(镜子平面)的对称变换。这种变换与"平移"、"旋转"的一个最大不同就是:它可以把左手套变成右手套,而无论怎样平移或旋转,也不可能把左手套变成右手套。

　　也有人说这四种都是一样的! 你大概会大吃一惊,其实这种说法也是可以讲出道理来的:因为这四种形状的表面积都是 18,如果规定表面积相等的看成同一种图形,那么这四种形状就是"一样"的了!

　　如果规定只有经过"平移"或者"旋转"重合的图形才算是一样的,那么共有 6 种不同的图形,你能不能在这种规定下穷尽所有可能的形状?

　　图 9-1-12 是由 9 个棱长为 1 的立方体堆叠成各种形状的一部分,如果考虑把所有表面积相等的看成一种,就有 6 种可能。

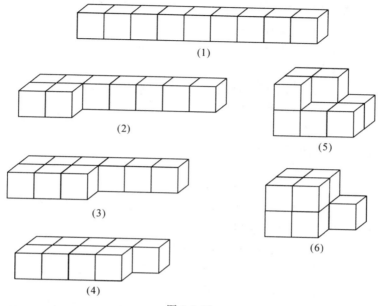

(1)

(2)

(5)

(3)

(6)

(4)

图 9-1-12

七、直角三角形的斜边

【问题】已知一个直角三角形的三边均为整数,并且一条直角边为 48,它的斜边可以是多少?

【第 1 关】试写出 1 种可能的答案。

【解答示例】这个直角三角形的斜边可以是 60。

【思路点拨】解题总是从"联想"开始的:或者联想与问题相关的数学概念,或者联想与问题相关的公式和定理,也可以联想以前曾经做到过的同类问题,或者相关问题。在这个问题中,你能联想到什么?你是否想到:怎样的三个数为边长的三角形是直角三角形?你可能会联想到以 $3,4,5$ 为三边的三角形是直角三角形(听说过"勾三股四弦五"吧?我们把这种能成为一个直角三角形三边长的 3 个整数叫做一组"勾股数",也就是说,如果正整数 a,b,c 满足 $a^2+b^2=c^2$,我们就称 a,b,c 是一组勾股数),把这三边同时扩大相同的倍数,仍是直角三角形(也就是说:任何一组勾股数同时扩大整数倍,所得三数仍是一组勾股数),我们就不难想到:

因为 $4\times12=48$,把 $3,4,5$ 同乘以 12,即得:$36,48,60$。

这样就得到了 60 这个解。(题目的解题要求只需写出斜边,在解答开放题时,特别是在考试中遇到开放性试题时,特别要注意看清解题的要求!)

【第 2 关】试再写出 2 种可能的答案。

【解答示例】这个直角三角形的斜边还可以能是 80 或 52。

【思路点拨】按照上面的思路,但现在不是把 48 看成 4 的 12 倍,而是看成 3 的 16 倍,把 3,4,5 同乘以 16,即得:48,64,80。这样就又得到了 80 这个解。

显然,在"3,4,5"这组数上我们再也"榨不出什么油了"。要得到其他可能的解,就要另外找一组勾股数。你还知道怎样的三边组成直角三角形? 比如:5, 12,13。把这三个数同时乘以 4 得:20,48,52。这就是以上"52"这个答案的来历。

【第 3 关】你能否写出所有的答案?

【解答示例】除上述四种以外,还有六种解:73,102,148,195,290,577。

【思路点拨】用以上的方法很难穷尽所有的答案,这时代数方法可以显示它的威力:设斜边与另一直角边分别为 x,y,则:

$$x^2 - y^2 = 48^2 \Rightarrow (x-y)(x+y) = 2 \times (27 \times 32)$$

令:$x-y=2, x+y=2^7 \times 3^2$;解得:$x=577, y=575$。

由于 48^2 分解为两个不相等偶因数之积的所有可能情况有以下 10 种(因为 $x-y$ 与 $x+y$ 的奇偶性必定相同,所以只能分解为两个偶因数;另外由于 $y \neq 0$, $x-y$ 与 $x+y$ 显然不能相等):

$2 \times (2^7 \times 3^2)$ $(2^2) \times (2^6 \times 3^2)$ $(2^3) \times (2^5 \times 3^2)$ $(2^4) \times (2^4 \times 3^2)$

$(2^5) \times (2^3 \times 3^2)$ $(2^6) \times (2^2 \times 3^2)$ $(2^7) \times (2 \times 3^2)$ $(2 \times 3) \times (2^7 \times 3)$

$(2^2 \times 3) \times (2^6 \times 3)$ $(2^3 \times 3) \times (2^5 \times 3)$

所以本题共有 10 种答案,我们把这 10 种答案对应的勾股数组罗列在下面,供读者参考:

(48,286,290)(48,575,577)(48,140,148)(48,64,80)

(20,48,52)(48,90,102)(48,55,73)(48,189,195)

(36,48,60)(14,48,50)

【第 4 关】有一个边长为 48 的正方形,试找出一些边长为整数的正方形,使得用这两个正方形可以剪拼成一个更大的边长为整数的正方形。画出剪拼的图形。

【思路点拨】如果没有上面的研究作基础,这道题是比较难的,难在很多人没有想到把这个问题转化成一个代数问题,而是直接用几何图形进行剪接试验。当然运气好的时候也能通过这种试验找到一些解答,但始终不能断定是不是还有其他解答。

把这个问题与以上研究相联系,我们甚至不必说多少废话,因为这个问题与以上研究的问题在本质上是同一个问题！对于同一组数，剪拼的方法也不是唯一的，以下给出两种方法供参考（任意一组数都可以用这两种方法剪拼）：

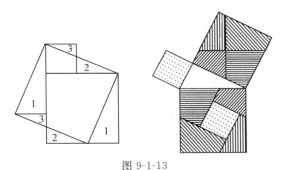

图 9-1-13

八、拼矩形

图 9-1-14"Z"字形和"T"字形图形都是由四个小正方形拼成的，现在要用这两种图形（不能用其他图形，但这两种图形的数量不限），拼一个矩形（本文中所说的矩形也包括正方形，以

图 9-1-14

下不再说明），你能拼出哪些不同的矩形？首先明确一下题意：允许对这两种图形进行旋转、翻转（即对称，就像用这两种形状的纸片若干张来拼各种矩形）；所谓"拼出"要求图形之间没有空隙也没有重叠。

我们当然可以通过尝试拼出很多。但是，如果不进一步寻找规律，很难把问题看透。因为这两个图形的面积都为 4（设每个小正方形的面积为 1），所以拼成的矩形面积必须是 4 的倍数。这就是一个规律！你还能找出什么规律？

面积为 4 的倍数的矩形都能拼吗？显然不是，至少 1×4、2×4 和 3×4 的矩形显然没有办法拼出来。4×4 的矩形的拼法如图 9-1-15。只要能拼出 5×4、6×4 和 7×4 的矩形，我们就可以断定：对任意的自然数 n，当 $n\geqslant4$，$n\times4$ 的矩形都能拼出（为什么？）。5×4、6×4 和 7×4 的矩形拼法如下（拼法并不唯一）：

图 9-1-15

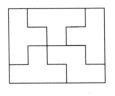 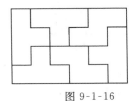 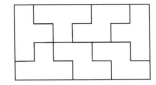

图 9-1-16

你能从上面的图形中看出"$n \times 4 (n \geq 4)$的矩形都能拼出"的另一种证明思路吗？如图9-1-17，如果$k \times 4$的矩形能拼出，右边界必有一个横放的"T"字形图形（为什么？），那么如图所示的调整，就可以得到$(k+1) \times 4$的矩形的拼法。现在4×4的矩形的可以拼出，所以$n \times 4 (n \geq 4)$的矩形都能拼出。这种证明思路，实际上就是我们到高中会将学到一种证明方法，叫做"数学归纳法"。

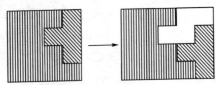

图 9-1-17

让我们对这个问题的研究进行一下盘点，到现在我们已经解决了那些问题，还剩下什么问题需要进一步研究？

- $n \times 4 (n \geq 4)$的矩形都能拼出。
- 面积不是4的倍数，这种矩形不能拼出。这意味着：对于$m \times n$的矩形，当m、n均为奇数或者一个为奇数另一个为偶数（但不是4的倍数）时，都不能拼出。

还需要解决的问题是：当m、n均为偶数（但都不是4的倍数）时，$m \times n$的矩形能否拼出？

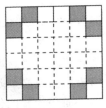

我们可以首先从最简单的情形入手，2×2的矩形，甚至$2 \times n$的矩形显然都不能拼出。6×6的矩形能不能拼出？

可以证明，6×6的矩形不能拼出。事实上，考虑四个角上的拼法，用一个"Z"字形或者"T"字形，均不可能同时盖住图9-1-18中的同一个角上的两个阴影小方块，所以至少使用两块才能同时盖住上图中的同一个角上的两个阴影小方块。

图 9-1-18

两块在同一个角上的组合有以下几种拼法：

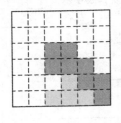 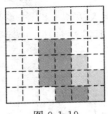 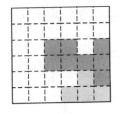

图 9-1-19

无论哪一种拼法，均不可能同时盖住邻近角上的两个阴影小方块，以及中间四个2×2的小方块。因此，要盖住图中8个阴影小方块，至少需要8个"Z"字形或者"T"字形,而且中间 2×2 的四个小方块还没有被盖住。但 $6\times6=36=4\times9$,盖住整个 6×6 总共用了 9 块,于是必须再用一块盖住中间四个 2×2 的小方块。但这是不可能的。

10×10 的矩形可以如图 9-1-20 所示拼出。从而可以证明:当 m、n 均不小于 10 的偶数(但不是 4 的倍数)时,$m\times n$ 的矩形都能拼出(怎么证明的? 留给读者思考)。

请读者再进行一下盘点,找出还没有解决的问题进行进一步的研究。

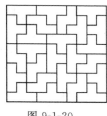

图 9-1-20

第二节　经典趣题

一、找出坏球

有 12 个小球,其中 11 个小球的质量都相等,只有一个小球质量与其他小球不同(注意:不知道质量不同的小球比其他小球重,还是轻。我们下面把这个球叫做"坏球"),请问,如何用一架天平称 3 次把坏球找出来,并且判断这个坏球是重了还是轻了。

这是一个古老而又经典的数学趣题,第一次接触这道题的人大多都会被它杀掉不少脑细胞。不少书上都有对这个问题的介绍,但大都只是直接告诉最后的方法,而这种方法是怎么想出来的,至少我没有看到过。这里向读者介绍一下笔者在解这道题时的思考过程(当然已经整理过了,部分失败的尝试不可能详细介绍)。

"如果你不能解决所提出的问题,可先解决一个与此有关的问题。你能不能想出一个更容易着手的有关问题?"[①]

我们可以先研究这样一个问题:"如果知道坏球比其他球轻,其他条件不变,该怎样解决这个问题?"这个问题相对简单一些,我们可以这样来做:把 12 个平均分成 3 组,4 个一组,第一次在天平两边各放一组。如果天平平衡,说明坏球在另外一组的 4 个小球之中;如果天平不平衡,那么说明坏球在低的一边这 4 个小球之中(因为已知坏球比其他球轻)。接下去就好办了,请读者朋友自己思考接下来的方法。

———————————

① ［美国］波利亚《怎样解题》,1944.

解决这个问题对我们要解决的问题有什么帮助？这取决于我们能不能在上面的工作中找到一些规律性的东西。我们不难发现，如果知道坏球比其他球轻（或者重），每称一次，球的数量可以减少到原来的三分之一，所以，称 3 次可以在 $3^3＝27$ 个小球中找出坏球！（当然已知 27 中有且只有一个坏球）

"正难则反"是一个非常重要的数学解题策略，我们这里实际上已经把问题转向原问题的一个反面："称 3 次可以在几个小球中找出坏球？"

现在我们回到原问题，再次运用"正难则反"策略，第 2 次应该给最后一次留下怎样的状态？运用上面的研究结果可知：经过前 2 次称，至多只能剩下 3 个球未知，并且应该知道坏球是轻还是重。

现在我们来着手设计每一次的称法，为了方便表述，我们把 12 个球用 1～12 分别标记。第一次在没有任何其他信息的情况下，我们除了前面平均分 3 组的方法没有更好的办法了。把编号为 1～4 和 5～8 的分别放在天平的左右两边。结果有以下三种情况：

第一种情况是两边平衡，这是最有利的结果，我们可以断定坏球在 9～12 号之中，接下来就容易了，我们把它留给读者自己思考；

第二种情况"左轻右重"，和第三种情况"左重右轻"是对称的，我们只研究第二种"左轻右重"的情况。这道题的全部难点就在于接下来如何设计第 2 次称法。

现在已经知道 9～12 不是坏球，一般的思路就是把研究的重心放在 1～8 上，而把 9～12 放在一边不管，这样就使思路走上了一条歧路（笔者在这里也浪费了很多时间）。事实上，我们应该充分这 4 个"好球"，它们现在可以当作标准的砝码来使用！

联系到前面思考的第 2 次应该给最后一次留下什么的思考（至多 3 个未知），我们用 3 个"标准砝码"（即 9～12 中任意选 3 个，不妨设 9～11）与 1～8 中的三个（比方说 1～3）交换一下，如果天平平衡了，就说明坏球在换下来的 1～3 中，而且根据第一次平衡的方向我们可以断定坏球的轻重。

有的读者看到这里可能会在心中笑话我这种天真的"一厢情愿"——我们应该作"最坏的打算"：如果天平仍然不平衡怎么办？这时可能情况只有一种：保持原有的"左轻右重"！因为另外有坏球"嫌疑"的 5 个球没有任何变化！

每次称有 3 种情况才能给我们带来更多的有用信息，现在第 2 次本来可以给我们带来 3 种情况的却只有两种情况，这是一种信息浪费。原因是：我们让"嫌疑犯"呆在原处不动，我们无法"静观其变"！看来还得对第 2 次称法作一些修正。

让"嫌疑犯"动起来！在把 1～3 与 9～11 对换的同时，让 4 号与 5 号也对换

一下! 现在我们来分析一下可能出现的三种情况:

第一种情况,天平变平衡了,这与前面说的一样不再重复了;

第二种情况,天平仍然是"左轻右重",这说明 4、5 号一样重,排除嫌疑! 坏球在 6~8 号之中。现在只剩 3 个了,根据第一次的"左轻右重"可知,坏球比其他球重;

第三种情况,天平变成"左重右轻",这种变化这能归咎于 4、5 号的对换! 也就是说,现在"嫌疑犯"只剩下 4 号和 5 号两个了,比前面的情况更好! ——等一下,还有一个问题,这种情况下,我们并不知道坏球的轻重,最后一次有办法断定吗? 比如最后一次用 4 号与任取一个"标准砝码"放在天平两边称,如果天平不平衡,当然不但可以断定 4 号是坏球,而且还可以根据天平的方向断定它的轻重;但如果天平平衡,我们不就只能断定 5 号是坏球而没法知道它的轻重了吗? ——其实,这里我们忽视了一个重要信息:由第一次第二次的交换,我们可以知道:5 号比 4 号重! 既然断定了 5 号是坏球,也就知道了坏球比好球重。

仅仅知道一道题的解法,最多只能让我们多一点吹牛的本钱,而认真体会寻找解法的过程才能提高我们的数学思维水平。最后请读者思考:如果不要求判断坏球是重是轻,你能从 13 个球中找出坏球吗(当然已知坏球有且只有一个)?

二、稀奇古怪的幻方

相传在我国远古的伏羲氏时代,有一匹龙马游于黄河,马背上负有一幅奇怪的图案,这就是所谓的"河图";有一只神龟出没于洛水,龟壳上书有一些神出鬼没的符号,这就是所谓的"洛书"。在我国古老的典籍《周易》《尚书》《论语》中都有关于"河图"、"洛书"的记载。那么,"河图"究竟是一个什么样的图案、"洛书"究竟是一些什么样的书写符号呢? 这在《周易》《论语》这些典籍中都没有记载。直到宋代,朱熹经解《周易》时,曾派他手下的学者蔡元定去四川,用高价才在民间收购到了华山道士陈抟的《太极图》《河图》《洛书》等。其中《河图》《洛书》是由一些圆圈点构成的图形(如图 9-2-1)。这些小点点不论是横着加,竖着加,还是斜着加,算出的结果都是 15!

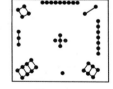

图 9-2-1

在数学上,像这样一些具有奇妙性质的图案叫做"幻方"。"洛书"有 3 行 3 列,所以叫三阶幻方。它也是世界上最古老的一个幻方。公元前一世纪时我国汉代的《大戴礼记》一书中有"九宫"的记载:"二九四、七五三、六一八",实际上就是把上面图中的点换写成数的一个 3 阶幻方,所以 3 阶幻方也叫"九宫图"。

　　历史上,最先把幻方当作数学问题来研究的人,是我国宋朝的著名数学家杨辉。他把幻方称之为"纵横图",对纵横图的构成规律进行了深入的研究,总结出一些构造幻方的简单法则。它把构造三阶幻方的方法总结成四句口诀:"九子斜排,上下对易,左右相更,四维挺出"。有兴趣的读者可以研究一下这四句口诀是什么意思,根据这个方法,还可以造出一个五阶幻方来,但用这种方法无法构造出一个四阶幻方。

　　杨辉在他的《续古摘奇算法》书中,就记载了将近二十个纵横图.除方形图以外,还有其他形状排列的,最大的"百子图"是由 1~100 的数排成的 10 阶纵横图;另外还有圆形的"攒九图"(如图 9-2-2),由 1~33 排成四个同心圆,中间是 9,四条直径上的数之和为 147,各圆周上的数之和为 138.他的纵横图对后世有很大影响,此后对纵横图的研究一直持续不断。

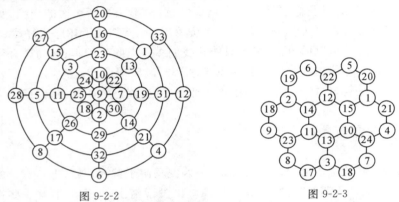

图 9-2-2　　　　　　　　　　　　图 9-2-3

　　实际上,构造幻方并没有一个统一的方法,主要依靠人的灵巧智慧,正因为此,幻方赢得了无数人的喜爱,不仅吸引了许多数学家,也吸引了许许多多的数学爱好者。我国清朝有位叫张潮的学者,本来不是搞数学的,却被幻方弄得"神魂颠倒"。他构造出了一批非常别致的幻方,"龟文聚六图",就是张潮的杰作之一(如图 9-2-3),图中各个 6 边形中各数之和都等于 75。

　　大约在 15 世纪初,幻方辗转流传到了欧洲各国,它的变幻莫测,它的高深奇妙,很快就使成千上万的欧洲人如痴如狂。包括欧拉在内的许多著名数学家,也对幻方产生了浓郁的兴趣。欧拉曾想出一个奇妙的幻方。它由前 64 个自然数组成,每列或每行的和都是 260,而半列或半行的和又都等于 130。最有趣的是,这个幻方的行列数正好与国际象棋棋盘相同,按照马走"日"字的规定,根据这个幻方里数的排列顺序,马就可以不重复地跳遍整个棋盘! 所以,这个幻方又叫"马步幻方",如图 9-2-4。

50	11	24	63	14	37	26	35
23	62	51	12	25	34	15	38
10	49	64	21	40	13	36	27
61	22	9	52	33	28	39	16
48	7	60	1	20	41	54	29
59	4	45	8	53	32	17	42
6	47	2	57	44	19	30	55
3	58	5	46	31	56	43	18

·图 9-2-4

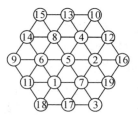

图 9-2-5

近百年来,幻方的形式越来越稀奇古怪,性质也越来越光怪陆离。在幻方中,最为稀有的幻方莫过于六角幻方,如图 9-2-5,它的十五条直线上的数字之和都为 38。它是由一位名叫阿当斯的人,经过四十多年的不懈努力才搞出来的。它的完美形式令人赞叹不已,他的锲而不舍的精神更是感人至深。

过去,幻方纯粹是一种数学游戏。后来,人们逐渐发现其中蕴含着许多深刻的数学真理,并发现它能在许多场合得到实际应用。电子计算机技术的飞速发展,又给这个古老的题材注入了新鲜血液。数学家们进一步深入研究它,终于使其成为一门内容极其丰富的新数学分支——组合数学。

三、分奖金和分遗产

某次排球比赛采用五局三胜制,胜者将获得预设的全部奖金,前三局甲队以 2 比 1 领先,此时由于与双方无关的客观原因比赛无法继续,现在的问题是:奖金怎样分配才合理?

这是一个没有标准答案的开放题,不同的思考角度有不同的答案:

一种方法是:如果后两局按双方各有一半的概率获胜来计算,乙获胜(总共胜三局)的概率是 1/4,乙得 1/4 的奖金;

另一种方法是:如果按现有的比赛成绩推算,在后两局中乙胜一局的概率是 1/3,如此,乙获胜概率只有 1/9,乙只能得 1/9 的奖金;

哪一种更合理? 还有什么方案?

有人提出这样一种方法:

因为五局三胜制,即胜三局就可以获得全部奖金,也就是每胜一局即得 1/3 的奖金。现在甲胜了两局,可获得 2/3 奖金,现在乙胜了一局可获得 1/3 奖金。

也有人反对这种方法,觉得这种方法有失公平:因为同样是胜 3 局,是 3 比 2 胜还是 3 比 0 胜并不一样。按照这样的方法,如果已经比赛了 4 局,是 2 比 2 平呢? 各拿奖金的 2/3 吗?! 这显然是荒谬的。

其实,虽然这个理由不是太好,但是我们还是可以找到一些理由,让乙得到

1/3 的奖金:

理由之一:剩下两局的比赛结果共有 3 种可能(＋表示乙胜,－表示乙败,×表示这局没有比):(＋,＋)、(＋,－)和(－,×)。如果认为这三种结果是等可能的,那么乙可得 1/3 的奖金。

理由之二:任何预测后两局比赛结果的方法都很难让人信服,最好的方法是根据现有比赛成绩,按双方胜局数的比例分配奖金。据此,乙当然可得 1/3 的奖金。但这种说法也不是无懈可击的,因为这实际上已经修改了原先的奖金分配规则,因为原先的奖金分配规则并不是按双方胜局数的比例分配的,如果甲方以 3 比 1 胜,乙方是无法按胜局比例获得 1/4 的奖金的。——如果允许修改原先约定的规则,判断奖金分配方法是否合理就失去的依据,甲方有理由反对这种分配方法。

事实上,对一个没有标准答案的问题。追求它的"标准答案"是非常可笑的。现实中解决这个问题的方法可以有两种:一种是经双方协商出,有一种双方都可以接受的方法(不一定是完全合理,但只要双方认可就行);另一种方法就是暂时不分配奖金,等有机会再进行后续的比赛。

从这个问题的分析我们可以看出:学好数学还必须"用"好数学。如果不适当地运用数学还不如不用数学! 如果用协商的方法分配奖金,那么上面的各种数学方法的意义并不是求得一个公平的答案,而是利用它们来陈述对己方有利的理由,争取一个对自己比较有利的分配方案。

下面是一个流传很广的关于"分遗产"故事:

在古代新疆的丝绸之路上,有一个商人拥有 11 匹价值连城的骏马。商人临死前立下了一个奇怪的遗嘱。

遗嘱写明,他的 11 匹马全部留给他的三个儿子。可是他的分配方法太奇怪了,遗嘱中说:"11 匹马中的一半分给长子,1/4 分给次子,1/6 分给小儿子。"

看到这份遗嘱大家都感到迷惑不解。11 匹活生生的骏马怎么能分成相等的两份? 或分成 4 份? 6 份?

正当商人的儿子们正在为怎么分法争论不休时,阿凡提骑着小毛驴正好走过。

小伙子们向阿凡提求助。等商人的儿子们诉说了原委后,阿凡提想了想说"这好办"。他让小伙子向邻居借了一匹枣红马,牵到了 11 匹马中间,然后问道:你们看这里有几匹马? 那些小伙子一数,有 12 匹。

于是,阿凡提便开始履行遗嘱了。他把这些马的一半,6 匹给了老大。老二得到 12 匹中的 1/4,即 3 匹。小儿子得到 12 匹中的 1/6,即 2 匹。

阿凡提分完了以后:"6 加 3 加 2 正好是 11。余下的那匹,就是这匹邻居的枣红马,你们把它还给邻居吧。好了,小伙子们,再见了!"说罢,他便骑上小毛驴,唱着歌儿走向远方。

在我们赞叹阿凡提的智慧之余,如果我们认真分析这个问题,就会发现,原来商人的遗嘱是自相矛盾的! 遗嘱提出的分配比数相加不为 1。如果严格按照遗嘱的话,就会余下 11/12 匹马,不可能把 11 匹马全部留给他的三个儿子! 所以不可能存在一种完全符合遗嘱的分法。阿凡提的办法是把这 11/12 匹马分给了儿子们。老大得到比他原来应得的数量多一匹马的 6/12,老二多得 3/12 匹,小儿子多得了 2/12 匹。这三部分加起来正好是 11/12,这样一来每个儿子所得的马数也刚好是整数。但此时,大儿子并不是得到 11 匹马的一半! 事实上,阿凡提的智慧只是给出了一种似乎"有道理"的权宜之计,说到底,也只是从表面上唬弄一下不怎么精通数学的人。这种问题充其量也只是一种"脑筋急转弯",如果把它当成一道严格的数学题就上大当了!

四、"希腊十字"问题的变式

图 9-2-6 是一个由 5 个相同的正方形拼成的,这种图形称为"5 联方",5 联方共有 12 种。(你能把这 12 种全部画出来吗?)

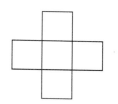

图 9-2-6 的 5 联方也叫做"希腊十字",如何将其剪拼成一个正方形? 这是一个古老而又有趣的智力谜题。其答案虽然有多种,但大同小异。下图给出了几种不同的答案:

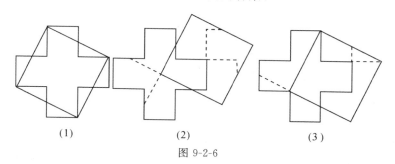

(1)　　　　　　(2)　　　　　　(3)

图 9-2-6

我们注意到,图(1)的剪拼方法把"希腊十字"分成 5 块,而图(2)、(3)的两种分成 4 块。

"提出一个问题,等于解决问题的一半"。那么,你对此能提出多少相关的研究问题? 很多问题可以对现有问题进行"变式"得到,常见的"变式"方法有:

• 变式一:改变问题的部分条件;

- 变式二:改变问题的结论(所求);
- 变式三:对换问题的条件与结论(问题的逆,往往会增加问题的难度);
- 变式四:改变问题的背景或语言叙述(几何代数化、代数几何化等);
- 变式五:把问题推广到更一般;
- 变式六:把问题特殊化(一般来说,"把问题特殊化"不太有意义,但有时也会有这种情况:一个特殊的问题比一般化的问题更难解决,除非已经看出了这个问题的一般化规律);
- 变式七:把问题类比到相近领域。

亲爱的读者,你能不能以上面的变式方法为线索,提出一些比较有趣的研究问题? 限于篇幅,以下针对前三种变式提出一些研究问题供参考:

变式一:将问题条件中的"希腊十字"改为其他5联方任意一个,就可以得到一个新的研究问题:

(1)将如图 9-2-7 的"角形 5 联方"剪拼成一个正方形。

将问题条件中的"希腊十字"改为"角形 3 联方":

(2)将如图 9-2-8 的"角形 3 联方"剪拼成一个正方形。

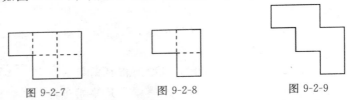

图 9-2-7   图 9-2-8   图 9-2-9

变式二:将问题结论中"正方形"改为"正三角形",或者"两个正方形",甚至更多:

(3)如何将"希腊十字"剪拼成一个正三角形?

(4)如何将"希腊十字"剪拼成两个正方形?

如果更进一步问如何将"希腊十字"剪拼成三个正方形? 这个问题实质上与上面的问题(2)是同样的问题。

变式三:对换问题的条件与结论:

(5)将正方形剪拼成一个"希腊十字"。

这个问题在原问题解决以后变得毫无意义,但如果原问题没有解决之前,对这个问题如果不运用"正难则反"的策略,不是从原问题入手解决,直接思考"如何将正方形剪拼成希腊十字"就比较困难了。不信的话,你可以试一试这个问题:

(6)将正方形剪接成如图 9-2-9 形状。

下面给出以上几个问题的参考解答供读者参考:

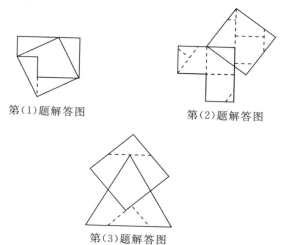

第(1)题解答图　　　　　　第(2)题解答图

第(3)题解答图

此图并没有直接给出问题的解答,而只是给出了三角形剪拼成正方形的解答,但由于"希腊十字"可以剪拼成正方形,将两次剪拼合成后就是"希腊十字"剪拼成三角形的方法。当然这不一定是一种最简单的拼法。

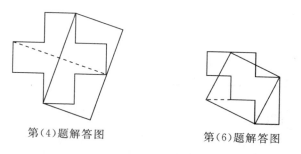

第(4)题解答图　　　　　　第(6)题解答图

五、让问题有趣起来

"提出一个问题等于解决问题的一半",善于提出有意义的问题也是一种创新能力。让我们从下面提问题的不断地修正过程中,体会一下如何让一个问题有趣起来吧!

把一个正方形分割成几个小正方形,这是非常容易的一件事。我们不假思索就会想到把它分成四个相同的小正方形的方法。但是,如果我们在这个问题中添加一些附加条件,就可以把问题变成一个世界级的难题! 比如,我们要求分割成的几个小正方形的大小各不相同,这就是有名的"完美正方形"问题,数学家们对此花了很多努力,曾一度对此无任何结果,以至于1930年苏联著名数学家鲁金猜想这个问题是无解的。但莫伦对此猜想提出了挑战,提出这个问题的解决思路,1939 年,斯普拉格按照莫伦的思路找到了一个 55 阶的完美正方形(能分割成 n 个大小不相等的小正方形的正方形被称为"n 阶完美正方形")。直到 1978 年,这个问题才得到完美的解决,杜伊维斯廷借助计算机技术,成功地构造出一个 21 阶的完美正方形(如图 9-2-10),并证明了这是唯一一个阶数最小的完美正方形。

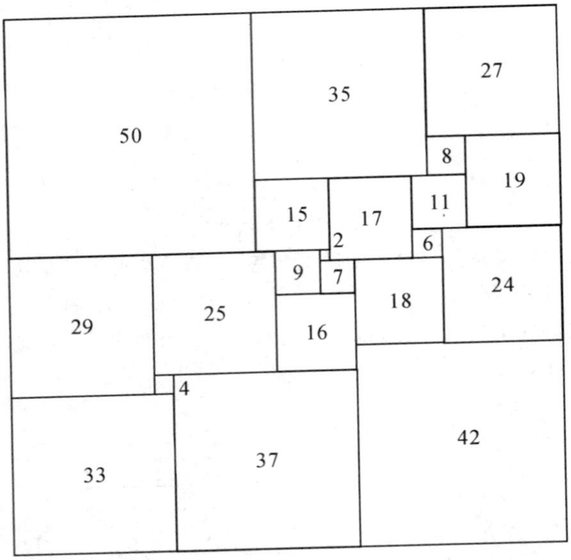

图 9-2-10

不过我们也可以来一个折中:我们要求分割成的几个小正方形的大小不全相同,所谓"不全相同",就是说虽然不允许所有小正方形都相同,但也允许部分小正方形相同。这似乎应该比没有限制条件的难一些,又比"要求分割成的几个小正方形的大小各不相同"简单一些吧?

先不忙为自己的发明创造沾沾自喜,其实"要求分割成的几个小正方形的大小不全相同"这个限制条件加不加没有多大区别:我们只要在前面四个同样大小的小正方形中把其中的任意一块再分一下就可以了!(如图 9-2-11 所示)

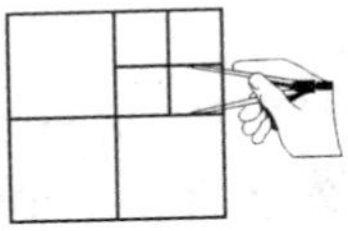

图 9-2-11

"拜托!把问题弄得有趣一点好不好?"——有人已经不耐烦了。——先别急,有趣的总在后头……

如果我们再加一个限制条件:要求分出的小正方形的块数尽可能地少,怎么样?上面两次四等分所得的小正方形块数是 7,能不能更少一些?

咳,问题开始有趣起来了! 回答是肯定的,图 9-2-12 就是用 2 种不同大小的小正方形把一个正方形分成 6 块的例子。其实这种分法也没有什么大不了的:只要先把一个正方形按 9 等分,再把其中 4 块合成一个"不大不小"的正方形就可以了。

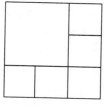

图 9-2-12

能不能分成 5 块? 有人已经证明了不能分成 5 块,但这个证明比较难,这里就不介绍了。

我们还可以进一步提出更有趣的问题:把一个正方形分成若干个小正方形,要求小正方形的块数尽可能少,同时要求不同大小的小正方形的种数尽可能多。

这个问题很开放,我们可以先讨论具体一点的:把一个正方形分成若干个小正方形,要求至少有 3 种不同大小的小正方形,而小正方形的块数又尽可能少。图 9-2-13 给出的一种分法把正方形分成了 14 块。还能不能更少? 相信聪明的读者肯定能够找到比这更少的分法。

图 9-2-13

另一个相关的问题也很有趣:用大小各不相同的正方形"组装"成一个矩形。要求所用的正方形个数尽可能地少。有兴趣的读者不妨研究一下。

这里给出一种解答供参考:用边长分别为 $1,4,7,8,9,10,14,15,18$ 的这 9 个正方形可以"组装"成一个矩形。你能想出"组装"的方法吗?

顺便说一句,以上这些问题都与"数论"中关于"平方数"的研究有关。有一句话是这样说的:如果说数学是科学的"女皇",那么"数论"就是女皇头上的"皇冠"。

六、墙角的屏风

这个问题引自《300 个最新世界著名数学智力趣题》[①]:有两个 4 米长的屏风,面对矩形房间的一个墙角而立,且封闭的地面(面积)最大(假设墙角两个墙面足够长),试确定其位置。

题中括号里的字句是我引用时所加,这是为了使问题的条件更加明确一些。从书名看,此题应该不是编著者原创,但书中没有注明每个问题的原始出处,我引用时也无法考证原创者是谁(写到这里,我不禁要感叹一下国人目前的版权意识!),在此我只能向此题原创者致歉!

① 董莉主编.300 个最新世界著名数学智力趣题.哈尔滨:哈尔滨出版社,1995.

书中给出了一种解法,但我并不认为是最佳的解法,我先把书中的解法转引在下面,读者可以在看解答之前先自己思考一下,看你能想出几种解答方法。如果你只能想出一种解答方法,也可以对照一下与下面转引的解法是否一致。如果你连一种解法也想不出,等想过以后再看解答也要比直接看解答更有趣一些。

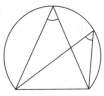

图 9-2-14

解:解答此题,需要利用以下引理:

引理:在三角形中,如果一边及其对角固定不变,那么当且仅当此三角形为等腰三角形(以该固定角为顶角)时,其面积最大。(略证如下:由"同弧上的圆周角相等"可知,这些三角形都可内接于同一个圆,显然等腰三角形底边上的高最大,而底边长固定不变,从而其面积最大,如图 9-2-15)

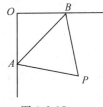

图 9-2-15

为方便叙述,设 O 为墙角,屏风 PA 和 PB 与墙的接触点分别为 A、B,所求的就是面积最大的四边形 $OAPB$。下面我们用"局部调整"的策略来求之。

首先,我们来证明:当 S 四边形 $OAPB$ 最大时,$OA = OB$。事实上,考虑在 $\triangle PAB$ 的形状大小保持不变的前提下,让点 A,B 沿墙滑动,此时 $S_{\triangle PAB}$ 固定不变,所以当且仅当 $S_{\triangle OAB}$ 最大时 $S_{四边形 OAPB}$ 最大。由引理,当且仅当 $OA = OB$ 时 $S_{\triangle OAB}$ 最大。

下面我们来证明图 9-2-16:当且仅当 $OP = OA = OB$ 时 $S_{\triangle OAP}$ 最大。事实上,当 $OA = OB$ 时,$\triangle POA \cong \triangle POB$,$S_{四边形 OAPB} = 2S_{\triangle OAP}$,故当且仅当 $S_{\triangle OAP}$ 最大时 $S_{四边形 OAPB}$ 最大。在 $\triangle POA$ 中,$\angle OAP = 45°$,$AP = 4$,由引理,当且仅当 $OP = OA$ 时 $S_{\triangle OAP}$ 最大。

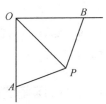

图 9-2-16

综上所述,屏风的摆放位置使 $OP = OA = OB$ 时,所围成的面积最大。此时 $\angle OAP = 67.5°$。

(原书的某些叙述不太好懂,我这里没有按原文转引,作了很多改动,但方法没变。)

下面给出另一种更为简洁的解答方法:

分别将四边形 $OAPB$ 关于墙角 O 以及墙面 OA,OB 作对称图形(中心对称和轴对称,如图 9-2-17),因为八边形 $APBP_1A_1P_2B_1P_3$ 的面积是四边形 $OAPB$ 面积的 4 倍,所以问题归结为求屏风的位置使八边形 $APBP_1A_1P_2B_1P_3$ 的面积最大。此八边形的各边长均为 4,可以证明:当它为正

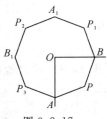

图 9-2-17

八边形时其面积最大。

其实这个方法也并不是很简洁,因为它略去了为什么"正八边形时面积最大"的证明,才显得比较简洁。很多人都认为这一点是"显然"的,所以没有考虑它的证明,但真正要求他给出证明时,又不知所措了。下面我们来证明这一点:

任选两个相对的顶点(所谓"相对"的两个顶点,意思是说:这两个顶点之间隔有 3 个顶点),比如说 A 和 A_1,连结 AA_1,以下我们来证明:面积最大的八边形必定是关于 AA_1 对称的。

事实上:考察任意一个八边形,假设它关于 AA_1 不对称。由于八边形的面积被 AA_1 分成两个部分,这两部分的面积要么相等、要么不等,不可能有其他第三种情况:如果这两部分的面积不相等,那么把较小部分擦去,把较大部分作关于 AA_1 的对称图形,所得到的新八边形面积肯定比原来的要大;如果这两部分的面积相等,此时如果擦去任意一部分,把另一部分作关于 AA_1 的对称图形,所得到的新八边形面积也至少不会比原来的面积小。这说明:对任意一个关于 AA_1 不对称八边形,我们总可以构造一个新的关于 AA_1 对称的八边形,使其面积不小于原来的。因此,面积最大的八边形必定是关于 AA_1 对称的。

同理可证:面积最大的八边形也必定关于任意两个相对顶点的连线对称。此时,八边形必为正八边形。证毕。

几何变换是研究几何的一个重要工具,读者可以体会一下"对称变换"在这个证明中所起的作用。

七、"不翼而飞"的面积

【问题一】　把一个边长为 12 的正方形按下面左图所示的方法剪成 5 块,然后按右图所示的方法重新拼成一个正方形。这时,一个奇怪的现象出现了:图 9-2-18 中空出了一个边长为 1 的小正方形!整个正方形的边长还是 12,而 5 块图形一块不多一块不少,但这一个单位面积"不翼而飞"了!这是怎么事?你能解释这个奇怪的现象吗?

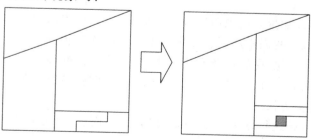

图 9-2-18

分析:我们先来计算一下(如图 9-2-19):

$$AB+BC=\sqrt{5^2+2^2}+\sqrt{7^2+3^2}\approx13.0009$$

$$AC=\sqrt{5^2+12^2}=13<AB+BC$$

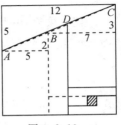

图 9-2-19

这说明了什么? A、B、C 三点并不在同一条直线上,图中看上去很像一个直角三角形的图形,实际上是一个四边形!在剪拼前,图中的 B 点是向外凸出的,而剪拼后,图中的 D 点是向内凹进的,这一凸一凹就使得图 9-2-19 中在斜线附近有一个细长的面积重叠在一起,这"不翼而飞"一个单位面积就躲在这里!我们把这两个图重叠起来画就很容易发现其中的秘密了。

说明:(1)图形要画的足够精确才有可能看得出来!有的同学在画图时从来不重视图形的精确性,这是一种很不好的习惯。图形要画得怎样精确,这与我们所研究的问题有关,有时不需要很精确,当然可以画的相对粗糙一点,但必要时应该画得足够精确。(2)再精确的图也会有一定的误差,这里我们通过数的计算发现了图形的细微差别。这个例子提醒我们:几何图形虽然有它的直观易懂的好处,但有时也会"骗人"的!人眼在长期的进化过程中练就了一种对图形"模糊"识别的本领,这在日常生活中给人带来很大的帮助,但在对精确的数学图形的识别上,却常常会出错!好在我们在数学中并不是只靠"图形"观察来解决问题,我们还有一种"数"的东西来弥补人眼的这种"先天不足"。"数形结合"是一种非常重要的数学方法,"数缺形时少直觉,形少数时难入微;数形结合百般好,隔离分家万事非"。华罗庚的这四句诗很好地总结了"数形结合、优势互补"的精要,通过这个例子我们再来体会华罗庚的这句"形少数时难入微",感受尤为深刻!

【**问题二**】 将图 9-2-20 这个由五个正方形组成的十字形剪拼成一个正方形。

分析:这是一类很常见的智力题,如果单单从"形"的角度来思考,恐怕除了一遍又一遍地试验,没有其他更好的办法了。但是如果我们先不忙考虑怎样裁剪,而是先从"数"的角度来算,我们不难利用面积算出剪拼出来的正方形边长应该是,现在我们只要在图中找出一段边长的线段,以此为一边作一个正方形(如图 9-2-20),我们就不难设计出各种裁剪方法。

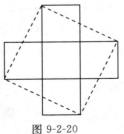

图 9-2-20

说明:有人把这种方法叫做"面积法",其实"面积法"这个名字并没有揭示这类方法的所有本质。"面积"是剪拼问题中的一个"不变量"，几乎所有的剪拼问题，都可以先抓住"面积"这个不变量来进行"数"的计算，另一方面，"面积"本来就是从"数"的角度来刻划"图形"的大小特征的一个概念，因此，所谓"面积法"，实际上是"数形结合"这种数学思想的一种具体体现。

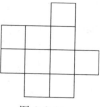

图 9-2-21

　　试试看，用以上的思想方法，你能将图 9-2-21 剪拼成一个正方形吗？

第三节　中考题

一、从一道中考题说起

　　这是广州市 2003 年的一道中考题：

　　有一块缺角矩形地皮 $ABCDE$（图 9-3-1），其中 $AB=110\text{m}$，$BC=80\text{m}$，$CD=90\text{m}$，$\angle EDC=135°$。现准备用此块地建一座地基为矩形（图中用阴影部分表示）的教学大楼，以下四个方案中，地基面积最大的是（　　）

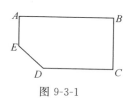

图 9-3-1

A　　　　　　B　　　　　　C　　　　　　D

　　这道题并不是很难，但通过这道题我们能学到多少，这完全取决于我们用怎样的方式来对待这道题——很多数学题就好比一块"金矿石"，其中包含的"金子（思维方法）"需要我们用心来挖掘提炼。让我们先来研究一下这道题的解法：

　　一种方法是分别计算四种图形的面积，找出最大的。但这是一种费时费力的方法。一种改良的方法是引进"用字母代表数"，考虑最一般的情形：

　　如图 9-3-2，设矩形地基的长为 $CD+x=90+x（0\leqslant x\leqslant 20）$，则由已知 $\angle EDC=135°$ 知其宽为 $80-x$，面积为：

图 9-3-2

$$(90+x)(80-x)=720-10x-x^2=695-(5+x)^2$$

　　因为 $0\leqslant x\leqslant 20$，所以当 $x=0$ 时矩形地基的面积最大，答案应为（A）。

　　也许你已经不耐烦看这些了，因为你已经有比这更简单的解法。但是，在更简单的解法隆重出场之前,我还是要劝你先在这个解法中挖掘提炼一下,看我们能得到哪些"金子"。限于篇幅,以下对"挖掘提炼"只作一个提示:

1.在这个解法中,你能否体会"用字母代表数"的威力?

2.用代数方法解决"最大、最小"问题的有力武器是什么?——函数!要用上这个武器首先应该写出函数关系式。这就要合理选定自变量,再把含有这个自变量的代数式来表示所研究的量,即把自变量当成已知条件求出所研究的量。

3.在这个解法用到了哪些常用的、重要的数学思想方法?

4.在这个解法中,涉及一种非常典型的题型,这种题型在高中数学有着非常重要的地位,这就是:"当自变量 x 限定在一个范围内时求二次函数的最值"。为便于研究,我们把这类问题完整地叙述一遍:"已知 $m \leqslant x \leqslant n$,求函数 $y = ax^2 + bx + c$ 的最大值和最小值"。你能不能分别用"配方法"和"图象法"完整地解决这类问题?

下面我们来研究更简单的解法,这种解法根本不用打草稿,只这需在头脑中想象一下图形(图 9-3-3):

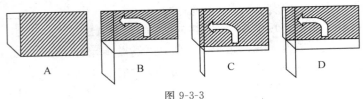

图 9-3-3

你有没有看懂这个图形? 这里运用了一种称为"正难则反"的解题策略。当阴影面积的大小不容易看出,我们可以考虑其反面:当白色的浪费部分面积最小时,阴影面积也就最大。将(B)、(C)、(D)中横着的一部分白色面积竖起来拼到左边,不难看出它们或多或少地比(A)多出了一个平行四边形的面积,故(A)浪费得最少!

这方法的确比前一种代数方法令人愉悦,很多同学得到了这种方法以后,就很快把前一种代数方法抛置脑后,因为他们认为在考试实战中肯定是运用后一种方法更好。没有必要再理会前一种繁难的方法了。

其实,这是一种错误的学习方法! 为说明这一点,让我们把这道题作一个细小的改动:其他条件都不变,只把"$\angle EDC = 135°$"改成"$\angle EDC = 150°$",请你再来试试这道题。你会发现,前一种代数方法依然有效(只是计算量增加了很多,但基本方法没有变化),但后一种被你推崇的方法呢? 现在再也找不到它往日的威风了!

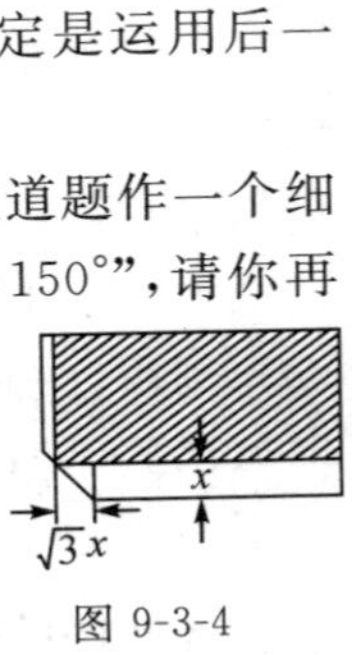

为什么会这样呢? 把图 9-3-4 与图 9-3-2 比较一下,一切就

图 9-3-4

容易解释了:如果再用上面拼图的方法,白色面积的宽度不再是一个恒定的值了,这样我们就无法仅凭长度估计其面积的大小了。

一个数学问题的解决方法很多时候不是只有一种。那些方法好?那些方法不好?并不单单看这种方法是不是简单易懂。不同的角度有不同的评判标准,那种一味追求简单方法的学习方法并不是正确的学习方法。一般地:对一道题来说,最简单的解法往往是充分运用了题目的特殊性,对培养思维的灵活性很有帮助;但正是因为其充分运用了题目的特殊性,所以很多时候条件一变,这种方法就不灵了。而相对比较繁的解法也许更是解决一类问题的"通法"。

重视"通法"是数学学习的捷径之一。

二、石头、剪子、布

以下是江苏省淮安市 2003 年中等学校招生统一考试数学试卷的第 29 题:

下面是同学们玩过的"石头、剪子、布"的游戏规则:游戏在两位同学之间进行,用伸出拳头表示"石头",伸出食指和中指表示"剪子",伸出手掌表示"布",两人同时口念"石头、剪子、布",一念到"布"时,同时出手,"布"赢"石头","石头"赢"剪子","剪子"赢"布"。

现在我们约定:"布"赢"石头"得 9 分,"石头"赢"剪子"得 5 分,"剪子"赢"布"得 2 分。

(1)小明和某同学玩此游戏过程中,小明赢了 21 次,得 108 分,其中"剪子"赢"布"7 次。聪明的同学,请你用所学的数学知识求出小明"布"赢"石头"、"石头"赢"剪子"各多少次?

(2)如果小明与某同学玩了若干次,得了 30 分,请你探究一下小明各种可能的赢法,并选择其中的三种赢法填入下表(原题有三张相同的表,这里略去二张)。

赢法一:

	"布"赢"石头"	"石头"赢"剪子"	"剪子"赢"布"
赢的次数			

这道题满分 10 分。你能不能解答这道题?进一步请思考以下几个问题:

1.用以上"列表"的方法表示"各种可能的赢法"太麻烦,你能不能设计一种表示"各种可能的赢法"的比较简单的方法？

2.你能不能写出第(2)小题的所有可能答案？

3.你能从这些答案中发现一些规律吗？

4.如果把题中的 30 分改成 100 分,你能不能估计总共有多少种"各种可能的赢法"？

【答案】

原题第(1)小题的解:用列方程组的方法可以求得,"布"赢"石头"6 次、"石头"赢"剪子"8 次;第(2)小题见以下讨论。

进一步思考的问题:

1.每人的习惯爱好不同,选择的记号也不尽相同。比如:我们可以用记号 (x,y,z) 表示"布"赢"石头"x 次、"石头"赢"剪子"y 次、"剪子"赢"布"z 次。

2.共有以下 8 种答案:(0,0,15),(0,2,10),(0,4,5),(0,6,0),(1,1,8),(1,3,3),(2,0,6),(2,2,1)。

3.至少可以找到以下一些规律:

(1)$0 \leqslant x \leqslant 2, 0 \leqslant y \leqslant 6, 0 \leqslant z \leqslant 15$;

(2)x 与 y 的奇偶性相同;

(3)x,y,z 是方程三元一次方程 $9x+5y+2z=30$ 的自然数解;

(4)当 x 不变时,y 每加 2,相应的 z 减 5。

4.根据以上规律,$0 \leqslant x \leqslant 10$,当 $x=0$ 时,$y=0,2,4,6,\cdots,20$,共 11 个答案;当 $x=1$ 时,$y=1,3,5,7,\cdots,17$,共 9 个答案;当 $x=2$ 时,$y=0,2,4,6,\cdots,16$,共 9 个答案;……;当 $x=10$ 时,$y=0,2$,共 2 个答案;总共的答案数为:

$$11+9+9+7+7+6+5+4+3+2+2=65(种)。$$

三、拼图游戏

图 9-3-5 是用 4 块同样的等腰直角三角形拼成的 4 种不同的图案。

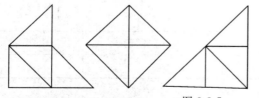

图 9-3-5

(1)你还能用这 4 块三角形拼成哪些不同的图案？

(2)把你拼出的图形分门别类;

(3)你认为这些图形中哪个图案与众不同？

【分析与解】

1.拼出几个图形并不难,难的是既不重复又不遗漏地拼出所有可以拼出的图形。我们常常通过以下几种方法来思考问题:(1)首先考虑一个比较简单的相关问题。例如:减少直角三角形的个数,先考虑两个或者三个直角三角形能拼出怎样的图形,再在这个基础上增加拼接直角三角形。(2)在已经拼得的图形中,调整其中一个直角三角形,看能不能拼出一些新的图形。(3)对已经拼得的图形进行分门别类,看有没有重复的图形,或者被漏掉的图形。

本题共有 12 种答案如图 9-3-6 所示。

2.分类的方法也是多种多样的。例如按图形的外界轮廓的边数可分为三角形(f)、四边形(a,e,i,j,k)、五边形(g,l)和六边形(b,c,d,h);再如按凹凸性可分为凸多边形(b,c,d,g,h,l)和凹多边形(a,e,f,i,j,k)。也可以按对称性或者含正方形的个数进行分类,等等。

3.很多图形都有与众不同之处,有的图形还有多种与众不同之处。例如:(a)的与众不同之处在于它的对称性最多(共有 4 条对称轴,1 个对称中心),其他图形都没有它的对称轴多,另外,它的周长最短、拼出的正方形最大,等等,也是它的与众不同之处;再比如(k)的与众不同之处在于它拼出了 2 个正方形。

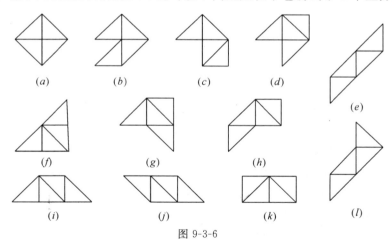

图 9-3-6

【相关中考题】

(2003 年仙桃、潜江、天门、江汉、油田中考试题)作图与设计:

用四块如图 9-3-7 所示的黑白两色正方形瓷砖拼成一个新的正方形,使之形成轴对称图案,请至少给出三种不同的拼法。

图 9-3-7

图 9-3-8 给出了一些拼法,你认为有没有其他的拼法?

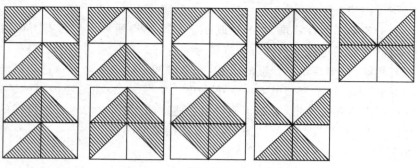

图 9-3-8

四、和与积相等的两个数

怎样的两个数,它们的和等于它们的积?

以下两种答案是很容易想到的:

$0+0=0\times0;2+2=2\times2$

稍后我们将证明,除此之外没有其他的两个整数满足要求。

现在我们来寻找分数的答案。我们可以用以下几种策略来寻找:

1. 我们可以先通过任取两个数的来进行试验,当然我们可能会遭到多次失败,但如果能注意在失败中总结,寻找一些规律,还是可以找到一些答案的,比如:

$$3+\frac{3}{2}=3\times\frac{3}{2},$$

而且总结的规律越多,越容易找到很多解答。你能找到哪些规律?

至少可以得到以下一些规律:

(1)如果两个数都是正数,则不可能出现真分数;

(2)两个数不能全是负数;

(3)两个分数的分子相同,并且分母之和等于分子。

2. 用字母代替数,通过解方程的办法来找:设这两个数为 x,y,则

$$x+y=xy$$

这个方程中有两个字母,却只有一个方程,是没法解出来的。我们可以运用"主元思想"("主元思想"是常用的一种数学思想方法。当一个代数式含有很多字母较难处理时,我们把其中一个字母看成真正的字母,这个字母就被称为"主元",把其他字母看成系数,使问题简单化),把 x 看成未知数,而把 y 看成已知数,解得

$$x=\frac{y}{y-1},(y\neq 1)。\qquad\qquad (*)$$

任取一个不等于 1 的数代替字母 y，我们就可以写出一个满足条件的两个数（显然，我们可以用这种方法写出无穷多组答案）：

$$(-1)+\frac{1}{2}=(-1)\times\frac{1}{2},(y=-1);$$

$$\frac{7}{5}+\frac{7}{2}=\frac{7}{5}\times\frac{7}{2},(y=\frac{2}{5});$$

$$(3+\sqrt{3})+(3-\sqrt{3})=(3+\sqrt{3})(3-\sqrt{3}),(y=3-\sqrt{3})。$$

现在我们来利用（ * ）式证明前面提到过的"整数答案只有 2 个"：当 y 是整数时，当且仅当分母绝对值为 1 时为整数，所以只有当 $y=0$ 或 $y=2$ 时，x 为整数。

3.学过韦达定理的同学，由"两数和与积"可以联想到用构造一元二次方程的方法来解，设这两个数的和与积都等于 t，那么，这两个数就是方程

$$x^2-tx+t=0$$

的两个根，由一元二次方程的求根公式得这两个数为：

$$x_1=\frac{t+\sqrt{t^2-4t}}{2},x_2=\frac{t-\sqrt{t^2-4t}}{2}。$$

任意规定 t 的值就可以得到一组答案。

我们还可以进一步研究以下问题：

- 以上 2、3 两种方法所得到的答案形式上是不同的，你能不能说明它们实际上是相同的？
- 你能不能提出一些类似的问题？

类似的问题比如：

(1)怎样的两个数，它们的差与商相等？

(2)怎样的三个数，它们的和与积相等？

以下是一些与这个问题相关的一组中考题，供读者对照参考：

[**例 1**] （2002 年北京市西城区中考试题）

观察下列各式：

$$\frac{2}{1}\times 2=\frac{2}{1}+2,$$

$$\frac{3}{2}\times 3=\frac{3}{2}+3,$$

$$\frac{4}{3}\times 4=\frac{4}{3}+4,$$

$$\frac{5}{4} \times 5 = \frac{5}{4} + 5,$$

……

想一想,什么样的两数之积等于这两数之和?设 n 表示整数,用关于 n 的等式表示这个规律为:_____×_____＝_____＋_____。

参考答案:$\frac{n+1}{n} \times (n+1) = \frac{n+1}{n} + (n+1)$

[例 2] (2002 年陕西省中考试题)

王老师在课堂上出了一个二元方程

$$x + y = xy,$$

让同学们找出它的解,甲写出的解是 $\begin{cases} x=0 \\ y=0 \end{cases}$,乙写出的解是 $\begin{cases} x=2 \\ y=2 \end{cases}$,你找出的与甲、乙不相同的一组解是_____。

参考答案:如 $\begin{cases} x=3, \\ y=\dfrac{3}{2}; \end{cases}$ $\begin{cases} x=\dfrac{1}{2} \\ y=-1; \end{cases}$ $\begin{cases} x=m \\ y=\dfrac{m}{m-1} \end{cases}$ $(m \neq 0, 1, 2) \cdots$

[例 3] (2003 年河南省郑州市中考试题)

若关于 x 的一元二次方程 $x^2 + mx + n = 0$ 有两个相等的实数根,则符合条件的一组 m、n 的实数值可以是 $m=$_____,$n=$_____。

参考答案:$m=2, n=1$(实数 m, n 的值只要符合 $m^2 = 4n$ 给满分)

评注:这道中考题与上面讨论的问题不同,但也有一定的相关。事实上,这里的两根之和与积不一定要相同,但反过来两根必须相同,任意选取两个相等的数,它们之积的相反数就是 m,它们之积就是 n 如果把这道题改为:

若关于 x 的一元二次方程有两个实数根,则符合条件的实数 m 可以是 $m=$_____。

这就与上面讨论的问题是同一问题了。

[例 4] (2003 年湖南省长沙市中考试题)

关于 x 的方程 $x^2 - 4x + k = 0$ 有两个相等的实数根,则实数 k 的值为_____。

评注:你能说出这道中考题与前面讨论的问题有什么关系吗?

参考答案:4

第四节 杂 题

一、不仅仅是按比例放大

有一大一小两条鱼,大鱼的长度是小鱼的 2 倍,如果小鱼价格为 5 元,那么你认为大鱼的价格是多少才是比较合理?

别以为这个问题很简单! 很多人凭直觉会犯错。不信试一下你的直觉对不对:请你先不作计算、就凭乱猜,写下一个你认为比较合理的价格,再继续看下面的分析。

比较合理的价格应该是按斤论价。两条鱼的平均密度不会有太大的差异,所以鱼的重量大致上与其体积成正比。

我们知道,把一个立方体的棱长扩大到原来的 n 倍时,它的表面积就扩大到原来的 n^2 倍,体积扩大到原来的 n^3 倍。

所以大鱼的体积大致上等于小鱼的 $2^3 = 8$ 倍,合理的价格应该是 $5 \times 8 = 40$ 元!

你猜对了吗?

一只跳蚤可以跳出的高度是它自身身高的 100 多倍。设想把跳蚤按比例放大到和人差不多大,变成一只"超级跳蚤",它能跳到多高? 答案仍然会让很多人惊讶!

如果一只正常的跳蚤长度有 3 毫米的话,那么它至少要放大到原来的 500 倍才能变成一只"超级跳蚤"(1500 毫米还不到正常成人的平均身高)。那么它那条细长的腿,虽然截面积增加到了原来 250000 倍,但它要承受的重量(与它的体积成正比)是原来的 125000000 倍! 或者说,这只"超级跳蚤"的腿需要承受的压强是一只普通跳蚤的 500 倍! 恐怕早就被它的体重给压散了架,能支撑住就是奇迹了,更不要说它能跳多高了!

比较一下图 9-4-1 中大象与狗,将它们按比例放大缩小到一样大小时,大象腿要比狗腿粗,但是,大象根本跳不到自己的身高,而狗的跳跃能力远不至此,道理是一样的。

图 9-4-1

在按比例放大缩小的各种问题中,"面积与长度的平方成正比、体积与长度的立方成正比",这一简单的几何原理常常被人所忽视,在一些科幻作品中也有很多违反这一原理的"胡思乱想"。

还记得多年以前看过的动画片"奥特曼"吗?一个个比一幢楼还要高的"奥特曼"都是由正常的人按比例放大的,利用上述几何原理可知,这只是骗骗小孩的童话。现实世界中根本是不可能的,科技发展再先进也不可能让它变成现实。即使"奥特曼"的腿都是钢铁铸成,也支撑不了他的体重。

这个几何原理在生活中也是很常见的。随着生活水平的提高,很多人由于营养过剩而肥胖,所以现在关心自己体形的人就越来越多了。有两个流传较广的"标准体重公式"是这样的:

◇标准体重公式一:

男:身高(厘米)－100＝标准体重(千克)

女:身高(厘米)－110＝标准体重(千克)

±10％为正常;如果＋10％以上为肥胖;如果－10％为偏瘦

◇标准体重公式二:

标准体重(千克)＝身高(米)^2×标准指数

其中,标准指数为22(男性略高一点为22.2,女性略低一点为21.9)。

虽然第二个公式与第一个公式相比要相对合理一些,但利用以上几何原理可知,更合理的公式应该是:

标准体重(千克)＝身高(米)^3×标准指数

至于这个标准指数应该等于多少,可以通过找一些体形比较标准的人,测量出他们的身高与体重来计算确定(这里运用了"待定系数法",这是很常用的一种数学方法)。

刚学走路的婴儿跌倒时其实并没有成人想象的那么疼,大多数成人以自己的体验来想象婴儿的感觉,结果大惊小怪的动作、表情和眼神,反而给婴儿一个增加其疼痛感或者恐惧感的心理暗示,婴儿的大哭大多并不是因为疼痛,而是成人的暗示所致。不信,你可以做个实验:当婴儿跌倒时,如果所有成人都若无其事地看他,他会怎样?!(当然也有真正跌疼的时候,比如碰到了小石块或者擦伤了皮肤等)

这里面有两个原因:一是婴儿的重心比成人低,摔下去的撞击力没有成人大;另一个原因就是婴儿的体重与其身高的比例小于成人的这个比例,撞击力就更小了。

你有没有注意过?以下几个生活中的现象都与上述这个几何原理有关:

◇蜻蜓的翅膀长度不到自身的身长,但老鹰的翅膀是自身身长的好几倍;

◇苍蝇蚊子可以在天花板上行走而不会往下掉,但鸽子、麻雀却不能;

◇把手指伸进装有白砂糖的糖缸里,拿出来时手指上会粘满白砂糖,但把手

指放入装有方糖的糖缸里,如果拿出来时连一块方糖都没有粘住,你是不会感到惊奇的;

在日常生活事例中,你还能举出一些与这个几何原理有关的例子吗?

二、"本性难移"的质数

我们知道,所谓"质数"就是只有 1 和它本身两个约数的数。对于一个很大的数,要判断它是不是质数并不是一件很容易的事(主要原因是计算量太大,数学家为了减少计算量动了不少脑筋)。对于一个不是很大的数,就不必考虑计算量,这时我们有一种很简单的方法:对于任意一个正整数 n,依次用 1 到 $\sqrt{n}$ 之间的质数去除,如果没有一个质数能整除 n,这个数就是质数(为什么?)。

你可以用这种方法验证一下 2333 是一个质数(当然最好用电子计算器帮忙,否则这个工作以及我们后面的研究会变得很乏味)。我们要研究的一个有趣的问题就从 2333 这个质数说起。

2333 是一个非常有趣的质数,这不仅是因为它的各位数字除了最高位外,其它 3 个都是 3,而且它还有一个更有趣的性质:如果我们把这个数的最后一个 3 拿掉,得到 233 还是质数。这还不算,如果我们继续拿掉最后一个 3,得到 23 还是一个质数,直到最后只剩下一个 2,它还是一个质数! 真是"本性难易"!

有没有想过在 2333 后面再添一个 3 试试看?

"不试不知道,一试吓一跳。"——23333 这样一个 5 位数竟然也是一个质数!

你大概不再怀疑 233333 这个 6 位数也是质数吧? 不过这回我要遗憾地对你说:"错了!"事实上:233333=353×661。

这真是"天下没有不散的筵席",这个规律也不可能无限连续下去。(数学家总是喜欢"证明",不了解情况的人都觉得他们总是"没事找事",这个例子告诉我们不经证明的猜想是很有可能犯错的,这可以让我们对数学家更多一些理解)

不过我们也应该可以满足了:这样的 5 位数也许不会只有 23333 这一个数,但也不会很多吧? 如果我们在 2333 这个数后面再添加一个其它数字试试,就可以发现 23339 也是一个"本性难易"的质数。也就是在它后面随便拿掉几个数字,剩下的数还是一个质数。

还有多少个 5 位数是"本性难易"的质数呢? 有没有 6 位,或者位数更多的"本性难易"的质数呢?

这些问题的研究过程要比问题的答案本身有趣得多。

我们可以用这样一种方法来找出这种数:从任意一个一位质数开始(比如

2),在它后面添加一个数字看看是不是质数(最多也就是试 10 次,事实上不需要试 10 次)。我们可以发现,在 2 后面只有添加 3 或 9 才是质数。再从 23 和 29 开始继续添加数字,我们可以得到 233,239,293 这 3 个以 2 开头的三位"本性难易"的质数。

为了简明地记录我们的研究结果,我们可以用上图 9-4-2 来表示我们所得到的结果。如果把这个图逆时针旋转 90°,这个图看起来很像一棵树(如图 9-4-3),所以我们把这种图叫做"树图"。

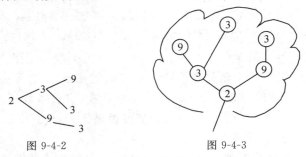

图 9-4-2 图 9-4-3

继续上面的工作,我们可以让这棵树"长"得"枝繁叶茂"。当这棵树长得没法再长下去时,我们就得到了以 2 开头的所有"本性难易"的质数图 9-4-4 所示。

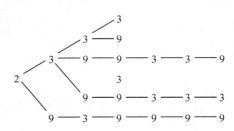

图 9-4-4

其实我们只要列出每一个链条上的最长的那个数,就已经列出所有以 2 开头的"本性难易"的质数:23333,23339,23399339,2393,1299333,19399999。(为什么?)

从其他的一位质数开始,做类似工作,我们就可以得到所有"本性难易"的质数。不过,这个工作中的计算工作有点乏味。为了让工作更有趣一点,我们应该找出一些规律来减少试验的次数:

(1)2 与 5 只能作起点,不能添在其他数后面;

(2)除了作起点的 2 以外不可能有其他偶数;

(3)由以上两条知,后面添加的数只可能是 1,3,7,9;

(4)各位数字之和不能是 3 的倍数(否则会被 3 整除),由此可知:以 2,5 开

头的数后面不能添 1,7,只能添 3,9;

等等。

最后,我们列出以 3、5、7 开头的所有"本性难易"的质数供读者参考(我们同样只列出同一链条上最长的那个数):

31193,31379,317,37337999,373393,37397,3793,3797

53,59393339,593993,599

719333,7331,73331,73939133,7393931,7393933,739397,739399,797

噢,差点忘了,还一个问题:我还不知道"本性难易"的质数究竟总共有多少个。请读者帮个忙,算一下。(并不是数一下上面总共列出的有几个数这么简单!)

三、"算命"的骗人招数

1999 年的暑假,笔者到青岛旅游。一天晚饭后我们一行在青岛有名的栈桥附近散步。由于我们同行的人比较多,一会儿大家就走散了。大约半小时以后,我碰到一位同行的张老师(她不是数学老师),她对我说:

"那边有一个算命的,太神奇了! 她只要看一下你的食指,就可以知道你姓什么。"

我不相信,说:"除了看你的手指,她肯定问了你其他问题,从你这些问题中了解到其他信息。或者是你在到她的摊位之前,有人叫你的名字,被她偷听到了。"

但是张老师再三强调那位算命的除了看一下你的食指以外,没有问过其他问题。也不存在被她事先偷听到名字的可能。

我当然不会相信,因为我是学数学的,对信息学也有一些了解。我让张老师带我去那个算命摊位上去看个究竟。我们花了 5 元钱,让这位算命的再算一下我的姓。并且约定,如果我能戳穿她的把戏,这 5 元钱就由张老师出。

这位算命的拿出一沓卡片,让我在卡片上找自己的姓,把有我姓的那张卡片给她。然后又让我在地上写出很多姓的表格中指出我的姓在哪一个表格里。接着,算命的神秘兮兮地掐着她的指头算了半天,突然她神情严肃地说:"让我看一下你的指头。"我伸出食指给她看,她随后就说出了我的姓。

付了 5 元钱以后,我问张老师:"刚才她有没有让你找卡片?"

张老师说:"让找了,算命的过程和这次一模一样。"(她前面把找卡片这档事给忘了! 所有算命的都有这种的本事,让你忘记最关键的东西!)

"那你刚才还拼命强调,除了看手指没有问其他问题,找卡片和找表格这事实际上你已经回答了 2 个问题了,全部的秘密就在这里!后面的掐指算半天和看指头只是在装神弄鬼,让你的注意力从前面找卡片的事上转移出来。你输了!"

张老师虽然在心里已经相信这算命的是在骗人,但仍然搞不清其中的原理,为了面子继续强词夺理:"就算是你给他卡片,指出表格,同一张卡片上有这么多的姓,同一个表格里也有很多姓,即使她按一定规律排列,算的公式可能也是很复杂的,你看她算了半天。你能说出她的原理,才能算戳穿了她的把戏。否则还是你输!"

看来我必须设计一张类似的东西,给张老师演示过,才能赢回这 5 元钱。为了便于说明问题,张老师同意我把问题简化为从 A~Y 这 25 个英文字母中找出一个字母。只要我把原理说清楚,让她相信这种方法对二三百个姓也一样可用就行。

我把 25 个字母列成图 9-4-5(为增加迷惑性,可以把字母的次序打乱,这里只是为了说明问题,没有这么做),然后根据这张表按下面的规律设计 5 张卡片:同一列的字母写在同一张卡片上。并且每一张卡片给一个编号(实际操作时,这

	1	2	3	4	5
1	A	B	C	D	E
2	F	G	H	I	J
3	K	L	M	N	O
4	P	Q	R	S	T
5	U	V	W	X	Y

图 9-4-5

1 A F	2 B G	3 C H	4 D I	5 E J
K P U	L Q V	M R W	N S X	O T Y

些编号要写在很不显眼的位置,不被人注意)。即 5 张卡片:再按以下规律设计一张表格:同一行的字母写在表格的同一格内,并且同一格内的字母按表中次序排列(卡片上的字母次序是无所谓的,但表格里的次序不能弄混)。

下面我们来说明这些卡片和表格的用法:假定你的姓是字母"R",在你给我写有字母"R"的卡片时,我记下了它的编号"3"。我们不难发现:编号为 3 的卡片上的所有字母,在表格中都是每一格的第 3 个字母!所以当你进一步指出 R 在表格的第 3 格时,我不用 1 秒钟就清楚了你的姓是这一格中的第三个"R"!

A	B	C	D	E
F	G	H	I	J
K	L	M	N	O
P	Q	R	S	T
U	V	W	X	Y

这里面的数学原理非常简单:把所有常见的姓放在一张二维表中,每一个姓就与一对"有序实数对"(这个表中的行数与列数,也就是数学中所说的"坐标")一一对应。"算命先生"让你两次找出卡片,实际上就是让你分别告诉他行数和列数。而其他的设计都是为了操作的增加迷惑性而已!

以前还有一种"算年龄"的骗术:给你以下几张表,只要你说出你的年龄在哪几张表上,把这几张表中第一个数相加,就是你的年龄,你能说明其中的道理吗?

```
1  3  5  7  9  11 13 15
17 19 21 13 25 27 29 31
33 35 37 39 41 43 45 47
49 51 53 55 57 59 61 63
```

```
2  3  6  7  10 11 14 15
18 19 22 23 26 27 30 31
34 35 38 39 42 43 46 47
50 51 54 55 58 59 62 63
```

```
4  5  6  7  12 13 14 15
20 21 22 23 28 29 30 31
36 37 38 39 44 45 46 47
52 53 54 56 60 61 62 63
```

```
8  9  10 11 12 13 14 15
24 25 26 27 28 29 30 31
40 41 42 43 44 45 46 47
56 57 58 59 60 61 62 63
```

```
16 17 18 19 20 21 22 23
24 25 26 27 28 29 30 31
48 49 50 51 52 53 54 55
56 57 58 59 60 61 62 63
```

```
32 33 34 35 36 37 38 39
40 41 42 43 44 45 46 47
48 49 50 51 52 53 54 55
56 57 58 59 60 61 62 63
```

四、"统计数字"也会骗人吗?

【问题一】 有位刚毕业的大学生到人才市场找工作,他看到一家公司的招聘资料上介绍这家公司的平均薪金为人民币 3000 元,员工试用期工资为 1000 元,公司承诺在 1 年试用期满后薪金不低于 2000 元。他觉得很满意,就签了应聘合同。但是,当他上班后发现受骗了,因为他了解到周围正式职工的薪金没有一位是超过 2000 元的。于是他找到公司经理讨个说法,否则就要向劳动部门投诉公司在招聘资料上弄虚作假骗人。经理给他出示了公司员工的薪金统计表:

人员	经理	副经理	部门主管	正式职工	试用期职工
人数(人)	1	3	10	105	2
薪金(人民币:元)	15000	12000	10000	2000	1000

从以上资料看,你认为这家公司的招聘资料有没有骗人?

分析:如果直接把各档薪金求一个平均数,得 8000(元),这远大于招聘资料上所简介的,但这是一个没有多大意义的统计量,招聘资料上的"平均薪金"实际上是"人均薪金",也就是根据各档薪金的人数求"加权平均数"。这家公司的平均薪金为:

$$\frac{15000\times1+12000\times3+10000\times10+2000\times105+1000\times2}{1+3+10+105+2}=3000(元)$$

招聘资料上所说的平均薪金并没有错,但这并不意味着他们没有骗人:反映这家公司薪金总体水平的统计量还有:

中位数＝10000(元);众数＝2000(元)。

对于这位应聘大学生来说,最能反映这家公司薪金总体水平的统计量是"众数"。

说明:社会上有些人利用统计数据骗人的手法就是选择不合理的统计量。这位应聘大学生受了骗也只能"哑巴吃黄连",没有办法投诉,因为公司并没有在统计量上作假,上当的原因只是他不了解统计量的原理,错误理解统计量所致。(估计这位大学生是那种认为学数学没有用的人)

【问题二】 某人做了一个中学生心理问题的调查,他把调查表明有心理问题的学生根据其学习成绩状况分成"优秀"、"中等"、"较差"三类统计,画出了一个扇形图(如图9-4-6),据此他认为学习成绩中等的学生最易产生心理问题。

(1)这位研究者所做出的结论是否可信?

(2)事实上,他所得到的详细数据如下表,试根据这些数据用适当的统计图说明哪类学生最易产生心理问题。

有心理问题人数

学习成绩较差　　学习成绩优秀
20人，占13%　　18人，占15%

学习成绩中等98人，占72%

图 9-4-6

	学习成绩			总计
	优秀	中等	较差	
调查人数	916	6528	556	8000
有心理问题人数	20	98	18	136

分析:(1)这位研究者所做出的结论并不可信,因为他没有进一步说明各类学生的调查人数是多少,从 100 个人中发现 2 个并不少于从 1000 人中发现 5 个!

(2)计算"有问题人数"占"调查人数"的百分比:

	学习成绩			总计
	优秀	中等	较差	
"有问题人数"占"调查人数"的百分比(%)	2.18	1.50	3.24	1.70

再用"条形统计图"表示比较适合(如图 9-4-7)。从图中很容易看出:学习成绩较差学生最易出现心理问题,远高于总体水平,学习中等的学生最不易出现心理问题,略低于总体水平。

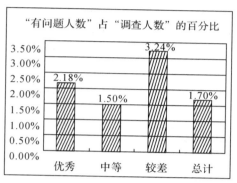

图 9-4-7

说明:统计数据能否揭示某种因果关系? 这个问题很不好回答,至少很多时候人们根据极少的统计数据所做的轻率结论很可能是错误的。统计数据能为我们提供很多信息,我们不但要学会怎样从统计数据中提供有用的信息,更应该学习怎样合理地解释这些信息。很多时候对统计信息的解释还需要综合其他信息才能得出比较可信的结论,否则结论下得过于轻率就很容易犯错误。

五、分割图形

将图 9-4-8 中的图形沿格线剪成两个全等的平面图形,你能想出多少种不同的方法?

想出几种方法并不难,经过尝试我们可以找到很多不同的方法。但是,喜欢数学的人肯定不会满足于找到多少种方法,因为这个问题肯定不会有无限多种方法,那么能不能把所有方法既不重复又不遗漏地列举出来? 具有数学思维习惯的人肯定会提出这样一个更高要求的问题(很多数学学得好的人都

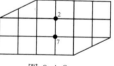

图 9-4-8

有这种"挑战智力"的爱好)。这就需要我们寻找一些规律,我们不难发现:这是一个中心对称图形,分割必定经过对称中心,我们只需重点研究分割线的一半,另一半由对称性可以自动得到。这样,我们就只需考虑从 2 这一点出发沿格线不经过 7 这一点(为什么?)走到边界所有路径就可以了。这虽然极大地减轻我们的工作量,但是如果直接画图形,最后也可能会由于图形太多而让我们眼花缭乱。

有没有一种简单的方法列举出所有的解答？回答是肯定的,笔者第一次接触该题是在飞机场候机大厅等上飞机的时候,用一种巧妙的方法,只用半张 16K 大小的纸做草稿就穷举出了本题的所有分割方法。

这种方法是这样的:把每一个格点进行编号,用符号来表示每一个分格线(如图 9-4-9),比如用"236"表示左图的分割线(只需要标出从 2 这一点出发的一半,另一半"781"由对称性自动得到),但是,从 0,4,5,9 这四点到边界都有两个分支,所以我们又用一个字母来区别,比如"2365F"表示右图的分割线,以此与另一条"2365E"的分割线相区分。利用这套记号,不难列举出本题所有的 22 种不同的分法如下:

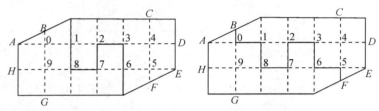

图 9-4-9

(1)2；　(2)23；　(3)234C；　(4)234D；　(5)2345E；　(6)2345F；(7)236；
(8)2365E；　(9)2365F；　(10)23654C；　(11)23654D；　(12)21；　(13)210A；　(14)210B；　(15)2109G；　(16)2109H；　(17)21098；　(18)218；
(19)2189G；　(20)2189H；　(21)21890A；　(22)21890B.

其中(7)236、(9)2365F 的图形已在前面给出,为了帮助读者理解这种方法,再给出其中几种图形如下:

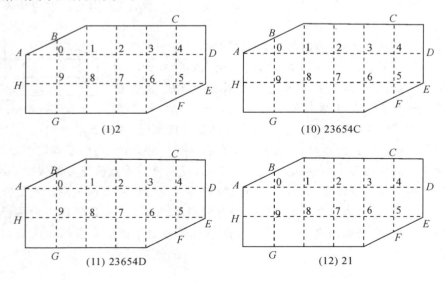

(1)2　　　　　　　　　　(10) 23654C

(11) 23654D　　　　　　　(12) 21

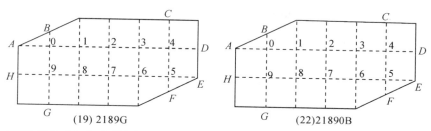

(19) 2189G　　　　　　(22) 21890B

可以想象 22 个这类图形全部画出时,我们的眼睛都看花了,就是检查这些图形有没有重复也够我们受的了,更不要说再进一步论证有没有遗漏,但我们用上述的记号却把这题轻松搞定了。

"数"的作用除了表示一些量的大小以外,有些时候仅仅表示某种"标识",比如:学号、电话号码,这些数的大小一般没有特殊的意义,只是用来表示与其它的不同。一般地,数有三种:基数(用来表示一些量的大小)、序数(用来表示某种次序)和标数(用来标识不同的对象)。本题我们的方法就是"标数"的一个运用,显然所有标数都可以用字母或其他任何符号替代,但是很多时候习惯上人们还是喜欢用"数"来表示。

六、1 元钱哪儿去了?

在一家文具商店里,有两种贴画,一种是 1 元钱 3 张的贴画,另一种是 1 元 2 张的贴画。有一天,文具店老板卖出了 30 张 1 元钱 3 张的贴画,收入 10 元;卖出了 30 张 1 元 2 张的贴画,收入 15 元。所以,这天一共卖得了 25 元。

第二天,老板又拿出每种各 30 张贴画放在了柜台上。他想:"将两类贴画分开卖太麻烦了,我把它们合起来用一种价格卖算了。既然一种是 1 元钱 3 张,另一种是 1 元 2 张,合在一起就是 2 元 5 张。我就把这 60 张贴画混在一起按 2 元 5 张来卖,这应该是一样的嘛。"

可是,到了晚上,60 张贴画虽然都按 2 元 5 张的价格卖出去了,收到的钱却只有 24 元。

——这是怎么回事? 那 1 元钱到哪儿去了? 难道是多找了顾客钱吗?

其实,没有任何道理能说明两种卖法应该收入相同的钱数。下面我们用代数的方法来对这个问题进行分析:

假设价格较高的贴画是 b 元 a 张,即每张价格为 $\frac{b}{a}$ 元;价格较低的贴画 d 元 c 张,即每张价格为 $\frac{d}{c}$ 元。

比如说，在上面的例子里，贵的贴画是 1 元 2 张，即每张 $\frac{1}{2}$ 元；便宜的贴画是

1 元 3 张，即每张 $\frac{1}{3}$ 元。所以 $a=2, b=d=1, c=3$。

假若所有贴画都各以两种不同的价格卖，则当两种贴画的数量相同时，每张贴画的平均价就是两个价格的平均数，即 $\frac{b}{2a}+\frac{d}{2c}$。如果两种贴画合起来，按一个价格卖，那么 $a+c$ 张贴画就卖 $b+d$ 元钱，每张贴画的平均价格就是 $\frac{b+d}{a+c}$。显然，两套贴画合起来卖要收入同样多的钱数就必须是：

$$\frac{b+d}{a+c}=\frac{b}{2a}+\frac{d}{2c}，即：$$

显然，这个等式当 $a=c$ 时成立，而当 $b=d$ 且 $a\neq c$ 并不成立。但上面例子中刚好就是 $b=d$ 且 $a\neq c$ 的情况。

当 $b=d$ 时，如果 $a<c$，合起来卖就要赔钱；如果 $a>c$，合起来卖可多赚钱。

比如说，假定贵一些的贴画卖两块钱 3 张，或者说是每张贴画的价格是 2/3 元。较便宜的贴画卖 1 块钱两张，或者说每张 1/2 元。老板把这两种贴画混合，卖 3 块钱 5 张。假设每种有 30 张，如前面一样，分开来卖，得到 35 元，可是合起来卖 60 张共得 36 元。这样老板就多得了 1 元，而不是少了 1 元！

这个悖论告诉我们，当购买联合销售的不同种类的货物时，要判断是否真的买到了便宜货有时候我们的直觉并不完全可靠。

七、最小的一位数是 0 还是 1

虽然这个问题在小学阶段是一个很无聊的问题，但笔者在网上的几个数学论坛上常常遇到有小学老师问及这个问题。据说还有的地方用这个问题考小学生，笔者认为这是很不应该的。所谓"无知者无畏"，出这类考题的老师显然不清楚这个问题的复杂性。这说明对于小学数学老师来说，弄清这个问题还是有必要的。至少可以让小学老师清楚地认识到我们不应该用这类问题考小学生。

下面就这个问题的相关问题进行一些讨论：

其实，要弄清这个问题，只需要弄清"0 是几位数？"这个问题。而这又是与"位数概念的推广"这个问题相关，因为一般人们讨论"位数"一词总是在"正整数"范围内讨论的，而把这个问题与"0"牵扯起来，据说是因为"0 是自然数的规定"。那么如何把"正整数的位数"概念推广到一般呢？这首先要对"位数"这个概念的本质属性作一番研究。

1. 一个数的"位数"是与"进位制"相关的,是这个数的形式属性,而不是这个数的本质属性

在 10 进制中数 8 是一个一位数,而在二进制中就写成了 $(100)_2$,是一个三位数。可见我们通常所说的"8 是一个一位数"这句话只是刻画了在 10 进制下 8 这个数的一种形式。

2. 一个正整数的"位数"所蕴含的本质属性是"大小关系"

在同一进位制中,位数高的数比位数低的数大。一般地,在 10 进制中,如果数 x 是一个 n 位数,那么:

$$10^n < x \leqslant 10^{n+1}。$$

按照这种理解,我们可以把"正整数的位数"这个概念推广到任意"正实数的位数"(张景中院士在《数学家的眼光》一书中就采用这种说法):如果一个正实数满足 $10^n < x \leqslant 10^{n+1}$,我们称这个实数是 n 位数。

比如,$10^2 < 425.23 \leqslant 10^3$,所以 425.23 是一个 3 位数;

又如 $10^{-3} < 0.0076 \leqslant 10^{-2}$,所以 0.0076 是一个 -3 位数。

这种说法与所谓的"科学计数法"相关,任何一个正实数都可以记作:

$$a \times 10^{n-1} (1 \leqslant a < 10)$$

但这个方案还是无法回答"0 是几位数"这个问题。因为它只是把"位数"这个概念推广到"正实数"。但是,如果我们把 0 看成正实数的"极限",就有

$$0 = a \times 10^{-\infty} (1 \leqslant a < 10)。$$

因此,我们可以说:0 的位数是负无穷大!

这种规定显然不能在小学中说清楚。当然我们也可以采用一种小学生能理解的推广方案(但这种方案我没有在任何文献中看到过):

一个正整数前面任意添加一些 0,这个正整数的大小不会发生变化,所以我们可以理解为每一个正整数前面都有无穷多个 0(在实际计数时我们把这些 0 省略掉了)。那么,一个正整数的位数可以这样来规定:一个正整数前面第一个非零数及其后面共有几位数,我们就称这个正整数为几位数。

按照这种规定,0 是一个 0 位数。

从以上讨论我们可以看出:"0 是几位数?"这个问题的答案是不唯一的,不同的视角下可以有不同的规定。

以上讨论是很无聊的,原因只有一个,这个问题本身就是一个无聊的问题!我写下这些东西,目的只有一个:把这个问题的"无聊"属性显化出来,让大家都能了解!请小学的数学老师再也不要在这个无聊的问题上浪费时间了。如果能起到这个作用,我想上面的讨论也就不仅仅是"无聊"了。就算是"牺牲我一个,幸福千万家"吧!

再"无聊",也应该作个小结:"0 是几位数"这个问题答案并不唯一,而且每一种

答案都并不完美。怎么办？"快刀斩乱麻"——回避！规定"位数问题只在正整数范围内讨论"。于是,本文标题的问题答案是:最小的一位数是1。

从以上分析还可以看出:"最小的一位数是几?"这样一个封闭题是很无聊了,但是将其改为"你认为0可以看成几位数?"这样一个没有标准答案的开放题,虽然其答案的好坏没有多大意义,但在寻求这些答案的过程中,可以让学生对0这个数的属性有更全面的思考和了解。这才是有意义的。当然,这样的开放题也只适合课外讨论,不宜用作考题。所以,最后还得说一句:拜托,再也不要用这种问题考小学生了! 与其用这种问题折腾,还不如让他们多做些游戏!

八、圆系组成的图形

你知道图9-4-10的"不倒翁"是怎样画出来的吗? 它是由一组圆组成的。画法是这样的:设点 E 是定圆 A 上的一个动点,CD 与定圆 A 相交但不过 A 点,以 E 为圆心作圆与 CD 相切与 F 点(如图9-4-11)。当 E 在定圆上运动时,动圆 E 就形成了如图9-4-10的"不倒翁"。动圆 E 实际上是满足一定条件一系列圆,在数学上有一个名字称这一系列的圆叫做"圆系"。画图的工作最好由电脑来代劳,用《几何画板》软件可以轻松地把这件事搞定。

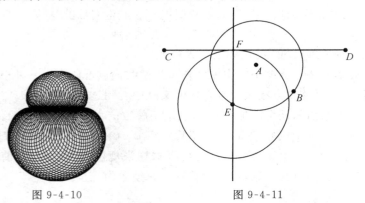

图 9-4-10   图 9-4-11

如果让 CD 与 A 点渐渐远离,"不倒翁"的头会慢慢变小。当 CD 与圆 A 相切时,"不倒翁"的头就完全消失了,如果继续让 CD 与圆 A 离得更远到一定程度,中间将出现一个水滴状的空白区,这似乎是因为 CD 和圆 A 的分离而流下的一滴眼泪(图9-4-12)。

我们还可以把事情做得更复杂一些:设 A′ 是 A 关于点 E 的对称点,以 A′ 为圆心,FA′ 为半径画圆。

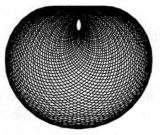

图 9-4-12

用动圆 A' 代替原先的动圆 E ,图形会有什么变化呢?

如果 CD 几乎与圆 A 相切,图形就变成了一只头与身体连在一起的"不倒翁",并且还长出了一双可爱的小眼睛(如图 9-4-13),也有人更愿意把它看成一只毛茸茸的小鸡。——每个人的想象和爱好不一定相同。

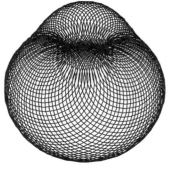
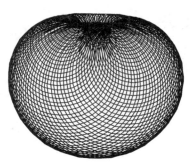

图 9-4-13   图 9-4-14

让 CD 与圆 A 离得更远些会怎么样? 这时"不倒翁"就会变成一个"高科技苹果"(如图 9-4-14),为什么说这个苹果是"高科技"的? 因为在这上面我们还可以找到两条"时空隧道"呢!

还可以再变化一下:把上面的"以 A' 为圆心, FA' 为半径画圆"换成"以 F 为圆心, FA' 为半径画圆",图形如图 9-4-15 所示的一个椭圆。你有没有从这个图形中看到双曲线? 如果你看不出来,你可以把这个图用两种颜色相间涂色再看看。

图 9-4-16 也是由一组圆组成的,它的轮廓线也是一个椭圆,用数学的术语来说就是:这个"圆系"的"包络"是一个椭圆。你知道图 9-4-16 是怎样画出来的吗?你还能用圆系画出怎样的图形来? 如果把圆改为直线,又可以变出哪些花样来?

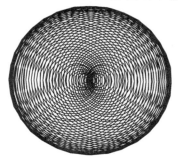
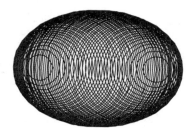

图 9-4-15   图 9-4-16

还不赶快动手? 反正我是坐不住了! 我要去发现其中还有什么更有趣的图形,要去研究其中包含了什么数学道理……

第十章
诗文杂集

第一节　词五首

满庭芳·杭九中八十周年校庆

　　丹桂飘香,钱塘潮涌,望断八秩秋冬。别时千里,回校喜相逢。几处莺歌燕舞,欢声溢,返老还童。相思久,而今再续,窗谊更情浓。　　匆匆! 端你我,鬓须虽白,目耳明聪。话说忆当年,旗展东风。从此蓝天下面,阳光里,快乐之中。佳期在,心萦愿景,豪迈向天冲!

满江红·K12 数学论坛贺新春

　　数坛春秋,又一岁、风云激荡。做学问:百家争鸣,百花齐放。老友偶发高妙论,新朋常作谦虚样。遇难题、看谁与争锋,休相让!　　教之道,抬眼望;学之法,低头想。为心智荣耀,何惜狂妄! 百日苦思衣带缓,一朝突破精神爽。聚数苑,似快乐神仙,烦心忘。

水调歌头·2008 元旦有感 *

　　桃李又一载,仰首望星空。遥思老屋家父,是否耳还聪? 难得回家看望,怎奈缠身琐事,愧意绕心胸。儿继祖宗业,师者有遗风。　　研教理,究学法,历秋冬。耕耘不止,教书忙碌日匆匆。古有磨针铁杵,今有熟能生巧,此理古今同。但愿徒争气,不负老师工。

＊ 此曲作于 2008 年元旦凌晨 3 时,在办公室开夜车忙完一些事情以后,突然发现新的一年又悄然而至,想到今年元旦又不能回家看望年迈的父母,不免有些感慨,胡掐了这首"水调歌头",在我所有胡掐的诗句中,似乎只有这首提到了父亲。不料,当年春节前父亲体检时查出癌症,几个月之后就匆匆地驾鹤西去。每每读起这首小词,不免黯然神伤。

满江红·九七届学生同学会

往事如烟,九七届、尘封再现。重相聚,金秋十月,桂香微甜。梦游千山犹未醒,阔别十年今相见。谈笑间、看容颜依昔,欢声艳。　　东风破、情难掩,推杯急、酡微渐。举相机拍下,几张霞脸。今夜醉歌窗谊续,明朝立业功名建。想那时、就咱再干杯,酣无限!

满庭芳·大地秋色五三情＊

五三干训班同学在萧山传化大地首次聚会,大家忙里偷闲,克服各种困难,为与同学一聚,实在感人! 要感谢萧山的几位同学,特别是华红霞为这次聚会做了很多筹备工作,周霖超特意请他过去的学生来这次聚会录像。填满庭芳,聊作纪念。

钱塘江边,秋风瑟瑟,五三欢聚萧山。忙中偷闲,为梦里容颜。多少同窗旧事,相谈时、漫涌心田。恩师徐,蛋糕两个,情挚哪堪言!　　干、干! 当此际! 许班词穷,却旦鼻酸。念陆颖病情,窗外风寒。又得建飞短信,霎时间、一片欣然。伤情处,高歌一曲,夜色已阑珊。

＊"恩师徐"就是我们干训班的班主任徐虹老师。"许班"就是我们的班长许红平,开场发言时,激动得有点语无伦次。恰逢却旦同学生日,细心的徐老师专门为这次聚会送来两个相当精美的蛋糕,故有"却旦鼻酸"之说。五三才女陆颖同学因病未能到来,席间同学专门打去电话问候。吴建飞出差在外也来不了,但专门为聚会发来问候短信。太多的感人故事无法写入词中,只能撷取这一小部分,也已足见五三情深!

第二节　短文集

一、通讯稿:向"工读学校"致敬!

——记 53 期干训班学员赴"城西中学"考察活动

2007 年 4 月 19 日,一场春雨带来的寒潮刚刚过去,天气格外的清爽宜人。

下午,明媚的阳光终于顽强地驱走了昨日的阴霾,春光把杭州这座江南名城装扮得更加妩媚动人。

在班主任徐老师的精心安排和组织下,我们 53 期干训班学员乘坐一辆大巴,绕过西溪湿地国家公园,来到了树木葱茏的小和山脚,对杭州市城西中学进行了半天的教育考察活动。

这是一所占地 200 多亩的特殊学校,它直属于杭州市教育局,专门从事对那些有严重不良行为或违法行为,不适宜在普通学校继续就读或家长难以教育的未成年人(18 周岁以下的中学生)进行矫治和转化工作。人们习惯上称之为"工读学校"。

虽然学员们都是从事教育工作的,但"工读学校"对于我们来说基本上只是一个相当抽象的概念,甚至还有很多的误解。走进校园,我们在城西中学周书记、盛校长等学校领导、老师的陪同下参观了整个校园。当我们看到校园宣传栏中展示的学生作品时,不禁感叹道:"原来工读学校的学生也是那样的多才多艺、聪明伶俐!"周校长真诚地向我们介绍说:"是的,在我来到这所学校之前,也和你们一样,认为一大群问题学生集中在这里,学生就像掉进了一只大染缸,肯定是越变越坏,'班长变排长、排长变连长'。但事实并不是这样的。"

的确,这次教育考察活动让我们头脑中的"工读学校"这一概念具体而又丰富了很多,也改变了我们原先对"工读学校"的很多错误认识。

通过盛书记的介绍,我们了解到:

城西中学在全国现有的工读学校中是属于比较优秀的一所。学校创办于1980 年 12 月,学校创办以来,在实施九年义务教育、保护未成年人身心健康发展、预防青少年违法犯罪、进行社会综合治理等方面发挥着不可替代的作用。学校于 1993 年办起了托管班,并挂牌为"杭州市城西中学"。随着职业教育的发展,学校的领导班子很快又抓住了这个契机,在 1998 年办起了职业高中,为这些学习有一定困难的学生能继续升学,学一技之长创造了条件。同时也为许多家庭解决了后顾之忧。2002 年学校提出了第二次创业的口号,重点对职高设置的专业进行调整,开设了汽车修理和汽车驾驶专业,吸引了附近地区广大学生,为地方的教育和经济的发展做出了自己的贡献。与此同时,学校成立了校外工作组,对普通学校的行为偏差生进行跟踪帮教,建立城西预备生库。二十多年来,杭州城西中学不畏艰难,与时俱进,全面贯彻执行党的教育方针,坚持"为普通学校教育服务、为家庭教育服务、为社会治安综合治理服务"的办学思想不动摇,努力把学生培养成为"四有"新人和社会主义的建设者。他们在"以人为本"的思想指导下提出的"开放式的教育管理模式"为全国从事特殊教育学校之首创,他们总结的"爱得深、管得严、重疏导、抓反复、靠科研"问题学生教育方法已经被写入杭州市政府的相关文件中。

学校现有 14 个班,其中 8 个初中班(包括一个女生班和一个专门针对心绪异常学生开设的特殊班)、6 个以职业教育为主的高中班(毕业时同时拥有三张证书:职业高中毕业证书、汽车维修中级工技术等级证书、驾照)。共有 300 多位学生和约 50 名教职员工。

盛书记还向我们介绍了他在多年从事问题学生转化工作基础上总结出来的问题学生教育经验,他说:

问题学生也可爱,如果你对一位问题学生爱不起来,就不要谈如何教育转化他,因为这是一件不可能的事;

每一个"问题学生"背后都有一个"问题家庭",学校不一定有能力改变这些"问题家庭",但可以让问题学生在问题家庭中缺少的某些东西得到一定的补偿,这是打开学生心灵的钥匙,所以了解学生家庭并不只是为了改变问题家庭(能做到这一点当然更好,但不能对此有过高的期望);

要善待孩子的错误,对他们来说,每一次错误也可以成为宝贵的人生财富,他们可以在错误中学习人生,就看教师如何引导,有些错误如果在人的一生中无法避免,那么迟犯不如早犯,早犯的成本会更低一些。

这些宝贵的教育经验对我们每一位学员来说都是相当宝贵的财富!

我们还有幸观摩到了学校运动会的入场式彩排,让我们深刻地感受到了学生积极向上的精神面貌。同时,老师们敬业、负责,并且富有爱心的工作热情也给我们留下了深刻的印象。

"工读学校也是一种优质教育",我们对这句话的理解更加深刻了。

最令人感动的是几位学生现身说法:

一位初三女生在对比了自己从前逃学在社会上放纵和目前在城西中学学习时的情况后,说出了一句心里话:"我喜欢城西中学,因为她给了我一种在其他地方无法找到的安全感。"

一位进校才二个月的初一男生用他非常质朴的语言给我们讲述了他来到城西中学前后的一些事。后来我们才了解到,他二个月前刚进校时,100 字的作文也写不好,但今天已经可以在这么多人面前讲述自己的经历了。

还有一位初二的男生,用在学校里的几件最为普通的故事向我们说明了他的感受:这里的老师比自己的亲人更亲,这里的同学都是自己的兄弟姐妹。他说道:"这里的老师,他们没有自己的孩子吗?他们没有自己的亲人吗?他们为什么在节假日不回家陪伴他们自己的孩子和亲人?他们是为了不让我们感到孤独才留下来陪我们……"说到这里,孩子哽咽得再也说不下去了,眼泪夺眶而出,他站起身来向老师深深地鞠躬。也许,此时此刻的他,只能用这种方式才能表达他难以用言语表达的感恩之情……全场为之动容！唯有热烈的掌声可以表达每个人此时的心情……

结束了半天的考察活动,在我们回程临行前,周校长介绍说:每一次班会课,几乎都会有这样孩子,说着说着,就哭了起来……

回程途中,我们再也无法悠闲地欣赏沿途的明媚春光,我们只有在心里默默地——

向城西中学致敬！

向工读学校致敬！

向所有为挽救问题学生而默默无闻地奉献工作着的园丁致敬！

二、演讲稿:在成人节仪式上的讲话

这是一个特殊的时刻,每个人都会经历这个时刻。每个人的人生都会在这个时刻,立下一座纪念碑,因为,这是一个值得纪念的时刻。但是,每个人在这个纪念碑上,所刻下的碑文却不尽相同。

这是一个特殊的时刻,在这个时候,你们将要成为共和国的正式公民。在这个时候,我要代表你们的师长,照例要向你们说几句期望的话,希望你们牢记自己的责任和义务,不要忘记自己对家庭应该承担什么,不要忘记自己对社会应该承担什么,不要忘记自己对国家和民族应该承担什么。我不准备对此展开作长篇大论,其实所有这些期望都已经深深地嵌入了你们父母的每一个期待的眼神中,也深深地嵌入了你们师长的每一次谆谆的教诲中。我只想说一句,同学们,对于这种期待,你感觉到了吗?你感觉到它有多么的沉重吗?不能再逃避了,因为,你已经长大成人。这意味着你的肩膀已经足够承担起这一份沉重！

在今天这个特殊的时刻,让我想起了我的十八岁。在我十八岁的时候,我的外婆不经意地说了一句话,我外婆没上过学,她的这句话也非常的平淡无奇,但这句话却让我记忆犹新。她说:"一过十八岁,时间就像飞一样的快"。当时听这句话,也没有觉得有什么特殊的感觉。但奇怪的是,随着时间一年又一年的过去,这句话时常会从我的脑海里跳出来。

我是数学老师,喜欢用数字来说话,让我们来做一道算术题:人的一生究竟有几个十八年? 按平均寿命算,也就在四到五个吧。你们的第一个十八年,不管过得怎么样,好也罢、坏也罢、不好不坏也罢,总之,它已经过去了。而最后一个十八年呢? 一般也就是安享晚年的时间了。那么,人生最有意义时间,还剩下几个十八年呢? 只剩中间这二到三个了! 也就是你们即将开始的这二到三个十八年。这样一算,我对外婆的这句话又有了更深的理解。时间真是一个怪物,天天盼着长大的童年和少年就在我们不经意间悄然地和我们远去了。

在今天这个特殊的时刻,让我想起了我的十八岁。我想起了我们当年的意气风发,我想起了至今还不时被点唱的那首老歌,"再过二十年,我们重相会,伟大的祖国,该有多么美,天也新,地也新,春光更明媚,城市乡村处处增光辉。啊,亲爱的朋友们,创造这奇迹要靠谁?"

是啊,同学们,要靠谁?

有专家预测,中国成为世界第一经济大国的时间不会晚于 2050 年。这意味着,你们将要创造人生辉煌的这第二到三个十八年,也正是我们的国家走向世界强国的时间。这难道还不能令我们心潮澎湃吗!同学们,历史选择了你们,中华民族伟大复兴的百年梦想,注定要在你们的手中实现。这就是你们的光荣的历史使命!

但愿到那时,我们再相会,举杯赞英雄,光荣属于谁?

同学们,让我们响亮地来回答:光荣属于我们——新时代的新一辈!

三、教育实验不是"小白鼠"试验

有两种在各类教育论坛上非常流行的对教育实验的误解,其一是:教育实验是一种实验就有可能失败,为什么新课标实验在实验后不问是否失败一定要推广?其二是:不能把孩子当成"小白鼠"试验。

事实上,这两种误解在于对"教育实验"一词的误读,混淆了两个不同的概念。社会领域的"试验",与自然科学的"实验",不是同一个概念,尽管有很多相似之处。

社会领域的有些试验并不是为了让试验者自己相信一种事实,而是为了让"反对者"相信一种事实。

当对一种教育方法有很多反对者,但又无法从理论上说服更多的教师进行推广时,我们可以搞一个"教育试验",让反对者看一下结果怎样。这种情况下,设计者本人对这种教育方法肯定是有充分信心的,这种信心来自于充分的调查研究和理论思考,以及借鉴他人类似经验,甚至还有一系列局部性的实践基础。邓小平的"深圳特区试验"也是这一类的,邓小平的"深圳特区试验"并不是"拿深圳人民当小白鼠"。

也有一些试验是在"结果肯定不会比现在更糟,但也未必有预想的好"这种情况下进行的。一个知识点对学生讲了 N 遍也掌握不了,教师想出了一种新的教学方法,虽然他对这种方法并没有十分的把握,但至少可以肯定最差的结果还是"学生掌握不了",这种情况下,我们还是要对这种新的教学方法进行一次"试验"。

想到了一个故事:大学刚毕业工作第一年的时候,有一次我到医院看病,给我打针的是一位实习护士,旁边在忙着照顾其他病人的护士长是我一位同事的爱人,我向她要求换一位有经验的护士,她笑着半开玩笑地对我说:如果你的学生也都要求换有经验的老教师给他们上课,你还有机会成为"有经验的教师"吗?

"有经验"和"没经验"的区别是什么? 有经验者经历了 N 次的"试验"!

更多的教育试验,是为了积累经验,把某种教育新措施可能出现的负面效应减少到最低程度。新课标实验就是这一类。在实验地区进行试验,并不是对新课标没有把握,而是为了让新课标实施的推广实践更有经验。事实上,实验的目的不是证明错与对,而是积累经验! 而错与对的问题已经在新课标的设计阶段经过无数次论证,所以实验后的第二步就是推广。如果实验的目的是为了验证新课标设计的对与错,那才是真正地把学生当成了"小白鼠"。

新课标本身的功与过,并不是这个论题所讨论的范围,按下不表。事实上很多失误是认识上的历史局限性所致,不可避免。在与一位学者交流时我们有一点共识,现在反思新课标,并不是要追究哪一个人的责任,这个新课标,如果没有现在这批人搞出来,也一定会有另外一批人搞出来。或许搞出来的东西与现在的不完全一样,但当初没有实施新课标之前整个教育界都没有认识到的这些问题,换一批人同样也是没有认识到的。我们显然不能因为还有问题没有认识到就不进行教育实践。有一点是肯定的,学校课程必须改革,因为时代变了,旧课程无法适应新时代,所以课程改革实验是不可避免的。

认识上的历史局限性是不可避免的,并不是有没有把学生当"小白鼠"的问题。比如,当初学生中独生子女比例突然增加,我们几乎没有"对全班都是独生子女的班级如何进行教育教学"的经验,甚至对这类班级的特点也是很无知的。但我们还是无视自己的这种无知,根据自己以往的教育经验组织教育教学,显然这会导致一系列的问题。但这类问题的出现,其根本原因是我们对"独生子女作为整个一代人"这一新生事物的认识有一种"历史的局限性"。因此,我们用旧经验应对新情况,并不是"把学生当小白鼠"。

总之,"不能把学生当小白鼠试验"这句话本身没有错,但在没有分清教育实验与自然科学实验这两个概念时,很容易被人误解。这句话的正确理解应该是"不能照搬自然科学的实验方法进行教育实验",而不应该是"反对进行一切教育实验"。

四、"有意义"与"定义域"有什么区别？

(一)概念的说明

1.什么叫"有意义"？

虽然这个词在数学中经常出现，但很多人对此理解并不深刻。原因是没有将数学看成一种语言，数学首先是一种语言。如果从语言角度来分析，我们很容易比较深刻地理解了：每一个数学表达式就是一种语汇(语句或者词汇)。既然是语汇，最为基本的问题就是语汇能不能表达某种意义，这就是所谓的"有没有意义"。

在数学中，常见的没有意义的语汇(数学表达式)有以下几种：

(1)不合语法(常发生在初学者身上)。例如："集合$\{1,2,x\,|\,3=x+1\}$"，我们也无法知晓这个集合是什么(除了没有掌握集合语言的学生，正常的搞数学的人不会使用这类表达式)。这是一个无意义的语汇。再举一个日常语言的例子对照以帮助理解："不我很的有"，我们无法知晓这句话要表达什么(除了刚说学话的小孩没有正常人是这么说话的)。

(2)不存在的对象。例如："$\lg 0$"(不多解释了)。也举一个日常语言的例子对照："一个80岁的新生儿"，所描述的对象在现实和想象中都无法存在的。

(3)无法确定的对象。例如："$\dfrac{0}{0}$"。

(4)有矛盾的。例如："$3=x<1$"。随便说一句，由于"$x\in\varnothing$"也是一个矛盾的表达式，所以有人认为它没有意义。但我们平时也经常看到有人在用，用这个表达式的时候，其实我们有一个不成文的约定俗成：这个有矛盾的表达式说明符合条件的x是不存在的。就像日常语言中说"真有此事，太阳从西边出来了"，用"太阳从西边出来"这件不可能的事形容这件事是不可能的。因此，我个人认为把"$x\in\varnothing$"看成数学中的一种修辞用法也未尝不可。

(5)自变量超出函数定义域。例如，对于函数$f(x)=x^2\,(x>0)$，$f(-1)$是没有意义的。

(6)为方便研究而作的一些特殊规定。

2.什么是定义域？

定义域是在定义一个函数时规定了的自变量x的取值范围。这里请注意体会"定义"这个词，他包含着一种人为的意思在里面。请仔细体会上面这个例子。当$x=-1$时按照函数表达式是可以算出一个值的，但我们人为规定了

$f(x)$的定义域为 $x>0$,那么对于这个函数 $f(x)$来说,$f(-1)$还是没有意义的。

我们可以用一分段函数来对比理解:$g(x)=\begin{cases} x^2 & (x>0), \\ -2x & (x\leq 0). \end{cases}$

对于在函数 $f(x)$中没有定义当 $x\leq 0$ 时所对应的函数值,我们就没有理由说当 $x=-1$ 时所对应的函数值是 1,如果像函数 $g(x)$那样的定义,当 $x=-1$ 时所对应的函数值就是 2 了。而对于函数 $f(x)$我们只能说 $f(-1)$没有定义,我们不知道它是什么值,事实上它根本就没有什么值,没有意义。

(二)两者的区别

1. 使用场合不完全相同:有意义是针对数学表达式而言的;定义域是针对函数而言的。(函数不一定可以用一个数学表达式来表示)

2. 函数表达式无意义不一定都是由于自变量超出定义域所致,例如,当 $a=-2$ 时,函数 $f(x)=a^x$ 也是一个无意义的表达式。

3. 如果函数是用一个代数表达式定义的,并规定了定义域,那么当 x 超出定义域时,$f(x)$无意义并不意味着这个代数表达式无意义。例如上面所举的函数 $f(x)=x^2(x>0)$,当 $x=-1$ 时 $f(-1)$无意义,这并不意味着"$(-1)^2$"这个表达式无意义。

(三)两者的联系

1. 当自变量超出函数 $f(x)$定义域时,包含 $f(x)$的表达式无意义。例如:已知函数由下表定义:

x	1	4	6	8	9
$f(x)$	2	3	6	3	0

那么表达式"$3+f(0)$"没有意义;

2. 如果函数由代数表达式表示,那么定义域是肯定这个代数表达式有意义的取值范围的一个子集;

3. 为方便交流,在没有特别说明时,我们规定函数定义域是"使这个代数表达式有意义的全体实数"。

五、用数学的集合语言分析"白马非马"有感

用数学的集合语言来说,"白马非马"至少有以下几种解释:

（1）集合{白马}不是集合{马}的元素；

（2）元素"白马"（某一匹白色的马）不等于集合{马}；

（3）集合{白马}不等于集合{马}；

（4）元素"白马"（某一匹白色的马）不是集合的元素。

其中除了最后一种解释是假命题，前面三种都是真命题。

语句不等于命题，尽管所有命题都需要由语句来表达。语句是表达命题的语言形式，命题是语句所要表达的内容。但在日常的自然语言中，一个语句常常会产生歧义，也就是同一个语句可以表达不同的命题。就像同一句"白马非马"至少可以表达以上四种不同的命题。这在数学中是不允许的，所以，研究数学必须运用规范的数学语言（否则轻则给研究带来很多不必要的麻烦，重则可能会使研究根本无法正常进行）。

由此可知，"白马非马"这句话的对错争论，实际上并不是一个命题的真假问题，其前置条件是明确这个语句表达了怎样一个命题。数学为什么选择集合语言来表达对象和对象之间的关系，从这个例子中我们也可以有所体会。

中学阶段的数学为照顾学生的理解能力，不可能完全使用规范的数学语言，常常是日常用语与规范的数学语言混合使用。因此，在教学中教师对语言的敏感性就显得比较重要了，对使用日常用语（或者与规范的数学语言混合使用）时，如果没有意识到这些日常语言的局限性，就很有可能钻牛角尖。在没有弄清一个语句所表达的命题是什么时，讨论其真假是没有多少意义的。

六、关于数学思想等给一位小学生家长的信

×××先生：你好！

关于你提出的两个问题，我想应该先介绍一下数学思想。与"数学思想"相关的名词（提法）还有：数学解题策略、数学方法、数学解题技巧。这四者之间没有确切的界限，只是依据其适用范围的大小而命名为不同的名称。适用范围最大的称"思想"，其次为"策略"、"方法"，适用范围最小的常称之为"技巧"，美国著名数学教育家波利亚曾说过"技巧用过三遍就是方法"。

一般认为常用的思想、策略、方法、技巧有：

思想。数形结合、函数与方程、分类、转化（或化归，也叫"等价转化"，但数学中有时也会用一些不等价转化，其后再作一些补救，例如解根式方程时两边平方是一种不等价转化，最后验根是一种对转化时的不等价性作一个补救，所以我个人认为称之为"化归"更合适）。这四种思想，由于被写入高考考试说明而被中国的中学数学教育界所公认。其实关于数学思想的提法在各种数学家和数学教育

家的著作中是各不相同的,尤其是国外的著作,相当混乱。由于我手头没有参考书,脑子里又记不了那么多,就不作进一步地介绍了。

策略。正难则反、分合相辅(也叫整体思想,但整体与局部总是相辅相成的,我喜欢用这种提法)、局部调整等等(一时想不起来了)。

方法。换元法、配方法、判别式法、数学归纳法、解析法、综合法、分析法等等。每种方法其实就是实现以上数学思想(或策略)的具体方法。例如:解析法就是数形结合的典范;判别式法体现了问题转化为一元二次方程的化归思想,又是方程思想的体现。

技巧。例如换元法中的三角代换(把代数问题转化为三角问题)、整体代换(把代数式中的某一较为复杂的部分用一个字母表示,体现一种整体思想和复杂问题简单化的化归思想);用综合法证明不等式的放缩技巧;等等。

由于手头没有资料,以上介绍很不完整。

下面再谈谈小学数学中的渗透问题:其实在小学数学中渗透的除了数学思想,还有数学解题策略。而方法与技巧由于它们与具体的数学知识联系紧密,在小学中较难渗透。除此之外,小学数学中也常常渗透一些现代数学的知识领域,这不是一种思想策略的渗透,而是让对这些知识领域感兴趣或者在此领域有特别天赋的孩子能有机会极早接触这些领域,而不至于埋没他们的天才。这些不应该是对大多数孩子的要求,能做就做,不会做就拉倒。这种问题只是为了挖掘数学天才,有数学天赋的孩子对这种问题有一种天然的兴趣和无法形容的"直感",不必进行专门的指导。事实上,大多数数学教师也没有这种"直感",那是数学家的专业素质,关于这种素质能否后天培养,目前还是没有可信度较高的研究。

可惜很多家长(甚至教师)似乎并不知道这个道理,对孩子有点拔苗助长,反而使孩子们失去了对数学的兴趣,使一些本来并不讨厌数学的孩子开始讨厌数学,这是数学教育最大的悲哀!

最后谈谈你的两个问题(下略)。

七、教研组建设之我见

以我个人当教研组长的经验,谈一点看法:

首先,教研组应该是一个团结的集体,这是最为基本的条件。组内不团结,相互拆台,做不成任何事,更谈不上资源共享、提高效率了。对于不讲团结的组员,水平再高也不能让他在组内形成气候。当"珍惜团结的氛围"成为组内成员的主流后,那些习惯于不讲团结的成员也会慢慢收敛一些的。

其次,教研组应该是一个让所有成员有所收获的集体,这是集体凝聚力的基本保证。为了达到这一目标,应该营造一个让所有成员有所贡献的集体,能让所有成员体验到成功感的集体。为此,我曾经在教研组提倡每个人有一个研究专题,努力使自己成为这一专题的校内专家,让教研组老师在涉及这方面的问题时自然想到与你交流讨教。此时,每个人都成为别人的老师和学生,交流也就免去了"水平高低"的顾虑。教师都是爱面子的,有的老师不愿意请教别人,是因为不愿意承认自己水平低于别人,打消这种顾虑是教研组建立正常学术氛围的基本条件。

第三,教研组是由"人"组成的,教研组长眼中不能只有专业没有人。组内同事相互帮助不能只局限于专业和工作上的,生活上的相互帮助可以使团队的凝聚力更牢固。

第四,对不够积极的成员,要有一个正确的心态来对待他。每个人都有积极的一面和消极的一面,一些不够积极的成员只是其积极的一面暂时没有被激发而已。一方面要有宽容之心,另一方面要努力寻找激发其积极性的契机,而宽容可以增加这种机会发生的概率。

第五,教研组长既要高瞻远瞩、又要脚踏实地。眼界高远的教研组长可以给组员以正确的引领,但也有缺点,容易看低组员的水平,不易发现组员的闪光点,专业水平较高的教研组长必须警惕这一点!另外,教研组长的水平如果与组员的水平距离比较大,容易让组员有一种高不可攀的感觉,较难很好地发挥引领作用。"引领"也就是"带头",如果教研组长一人在前跑得很远,这就变成了只有"头"没有"带","带"应该是你跑在组员的前面但又与组员距离不远,别人才有可能跟着你跑。所以,教研组长必须针对教研组的实际情况"脚踏实地"地思考与工作。

最后,教研组长应该对学校布置的事务性工作有一个正确的认识。只要管理制度存在一天,这类事务性的工作就会存在一天,不可能完全消失。如果在组内痛骂这类形式主义,除了搞坏大家的心情,并没有任何积极意义。该应付的还得应付,但也不能在组内拿这些鸡毛当令箭,大家应付完后还是该做什么做什么去。

八、教师的激情与理性

(一)

教师对教育事业的激情是教师专业发展的根本动力。

教师用激情感染学生,是一种"以情动人"的教育方式。

"冲动是魔鬼",在某些特殊的情况下,教师的激情一旦变为冲动,就会摧毁理性。

缺乏理性的激情使教育失误的可能性大大增加。

(二)

教师的理性是教育工作的基本要求,也是教师专业发展的基础,没有理性反思习惯,或者理性反思能力不强的教师,其专业发展水平将受到很大的限制。

教师用理性说服学生,是一种"以理服人"的教育方式。

理性的特点是在证据足够充分基础上下结论,在某些特殊的情况下,教师只有理性而缺乏激情则可能使教师错失最佳教育时机。

虽然教师的理性可以降低重大教育失误的可能性,但缺乏激情的理性使教育失去了活力。

(三)

不存在只有激情没有理性的教师,也不存在只有理性没有激情的教师。但绝大多数教师都在激情与理性两者之间具有明显或者不太明显的倾向性。

教师认清自己的倾向性,充分认识到激情与理性的优势与不足,可以提高教师扬长避短的自觉性,提高教育的有效性。经常参考一下与自己倾向性相反的教师的意见能促进教师扬长避短。

在激情与理性之间寻找平衡点,是教师修炼的一项重要内容。

在激情与理性之间不存在静态的平衡点,在具体的教育实践中,教师要根据具体情况具体分析,抓住主要矛盾,根据解决主要矛盾的需要,选择偏向激情或者偏向理性的教育对策。

(四)

具有明显理性倾向的教师有以下这些特点(猜想,有待进一步论证):

(1)大多数人的性格在本质上属于内向型;

(2)内隐的大脑速度快于外显的动作速度,喜欢"动口不动手",很多时候即时反应比较滞后,但常常语出惊人;

(3)喜欢偷懒,很少有非常勤快的;

(4)完美主义者居多,做事常常精益求精,但比较拖拉;

(5)理科教师偏多。

具有明显激情倾向的教师有以下这些特点:

(1)大多数人的性格在本质上属于外向型;

(2)外显的动作速度快于内隐的大脑速度,有较强的执行力;

(3)比较勤快,很少有非常懒惰的;

(4)浪漫主义者居多,做事干脆,但常常比较毛糙;

(5)文科教师偏多。

九、"没有教不好的学生,只有不会教的老师"

"没有教不好的学生,只有不会教的老师"只是一种职业信念。而不是一种事实判断。相信这句话的教师就不会放弃任何一名学生,相信这句话的教师就会不断努力超越自我。当然不相信这句话的教师就各式各样的都有了,有的是从事实判断角度来否定之,也有的是为自己的消极心态寻找避风港,也有的是为自己的无能寻找理由,不能一概而论了。这倒是有一点像"幸福的家庭都有相似之处,不幸的家庭各有各的不幸"这句话所描述的结构。

信念只有信与不信之分,没有对与错之分。所以,法律只好规定"信仰自由"。事实上,这是一句永远无法证实,也估计难以证伪的话,因为我们不可能让时间倒流,给"没有教好的学生"换一位"会教"的教师,看他会不会成为"被教好的学生"。就像人死后有没有灵魂一样,没有一位死人会回来告诉我们。(即使有起死回生的人来告诉我们答案,也不可信,因为他既然能够回来就不是真死,只是假死。~~晕~~!)

有人问:什么情况下"没有教不好的学生"?

我的回答:这个问题提得好! 提出一个(有意义的)问题是解决问题的一半! 简单地争论"没有教不好的学生"是对是错毫无意义!

我们必须看到,赞成或者反对这句话的人中,既有心术不正者,也有真正在探求教育规律的人。

如果教育官员仅仅用这句话来指责教师,这只能显示其教育管理的能力低下! 我认为一位好校长不会说这句话,但他同样也会强调,每一位学生都是我们的孩子,不能放弃对每一位孩子的教育。在这样的学校里,"教不好的学生"会越来越少。我把我们学校的愿景表述为"让每一位学生生活在同一片蓝天下,让每一位学生沐浴在希望的阳光里,让每一位学生成长在快乐的学习中",虽然我们离这个愿景还非常遥远,但我们相信,只要我们为之而努力,学校的明天会更好!

如果教师反对这句话是为自己的"失败"寻找理由,同样只能显示其教育能力的提高空间非常有限了! 因为总是强调"失败"是有理由的,这种理由同样预示着下一次的失败。

相反,赞成这句话的教师(不是官员),他并不一定在教学中教好了每一位学生,他同样也会遇到暂时找不到合适的教育方法的学生,但这不可能成为他放弃这些学生的理由,他会不断地"为成功想办法",而"不为失败找理由",也许他的努力并不能保证他的下一次必定成功,但肯定是下一个成功的开始!

岂能尽如人意,但求无愧我心。如果我放弃了对某些学生的教育,我没有资格反对这句话,如果我永远不放弃每一位学生,也许我并不能用我的实践来证明"没有教不好的学生"(能力、精力有限),但至少我可以睡个安稳觉,对得起自己的良心(我理解的师德就是这种良心)。

什么情况下"没有教不好的学生"? 提出这个问题,就是在"为成功想办法"。

十、聪明的人能不能偷一点懒?

对这个问题,很多老师是持反对意见的。

我要说:不会偷懒的人,聪明不到哪里去。

有些自以为自己聪明的学生,没有真正学会偷懒。

所谓"偷懒",这懒是偷出来的,所以别人不会发觉你懒。否则,明目张胆地"懒",这不是"偷",而是"抢"了。这是"小偷"与"强盗"的区别。如果"偷懒"最终被人发现,这说明没"偷"成功,"偷"的技术太差,也就是没有学会真正的"偷懒"。

怎样才能不被别人察觉到我们在"偷懒"? 一个必要条件是:完成本该完成的任务。但这怎么还能"偷懒"呢? 可以,那就是用我们的智慧来想办法减轻体力劳动,达到既可以懒,又可以完成任务的目的。一句话,想办法提高效率,这才是真正的"偷懒",合理的"偷懒"。

从这种意义上来说,人类文明的发展过程,也就是人类的"偷懒"过程。

对于喜欢偷懒的学生,与其用"堵"的方法不让其懒,还不如用"导"的方法促其合理地偷懒。从他动脑筋怎样合理地偷懒开始,他在传统意义上已经不再"懒"了。

十一、关于批评与表扬的联想

(一)

当学生犯错时,传统的方法应该是提出批评。有一次,当一位学生犯错而正准备接受老师的批评时,老师出人意料地没有对其进行批评。这一特殊的教育方法给这位学生留下了深刻的印象。在他以后事业成功后回忆起老师这次对他的教育方式,感慨万千。

这个案例被一位教育专家看到,不幸的是,这位教育专家不是单单看到这一个孤立的案例,而是看到了一大批类似的案例。于是,他在各种场合向一线教师讲述这些案例,向一线教师证明"正面鼓励比反面批评更有效"。

于是,教育行政官员首先被专家说服了,要求教师少批评、多鼓励(实际操作却变成了"只鼓励、不批评")。

事实上,以上类似案例的成功之处,有一个明显的条件,这就是:学生在长期的学校教育中已经形成了"犯错时被批评是理所应当的",而当教师没有按"理所应当"的方式来对其进行特殊的教育方式时,神奇的效果就产生了!

不幸的是:当这位教育专家的观点被教育行政官员当成"至理名言"运用于教育实践时,这一特殊教育方式却变成了一种教育常规,同时失去了他原先发挥神奇功效的前提条件,因为在这种常规的教育下,学生不再认为"犯错时被批评是理所应当的"!

(二)

个人认为:教无定法,批评是一种艺术,表扬也是一种艺术。

转一段我校教师在一篇论文中提到的一个故事:

我国古代有一位禅师,一日晚,在院子里散步,只见在墙角有一张椅子,他一看便知是有一位出家人违反寺规越墙出去溜达了。老禅师不声张,走到墙边,移开椅子,就地而蹲。少顷,果真有一位和尚翻墙,黑暗中踩着老禅师的背脊跳进了院子。当他双脚着地时,才发现刚才踩的不是椅子,而是自己的师傅。小和尚顿时惊慌失措,张口结舌。但出乎小和尚的意料的是,师傅并没有责备他,只是以平静的语调说:"夜深天凉,快去多穿一件衣服。"小和尚感动至极,从此,再也不敢越墙外出,成了守规的好和尚。

另:对这个故事里的"小和尚顿时惊慌失措,张口结舌"这一情节,作另外几个假设,老和尚的最佳对策又是如何? 比如:

之一:"小和尚满不在乎,若无其事。"

之二:"小和尚油嘴滑舌,借口辩解。"

之三:"小和尚忐忑不安,溜之大吉。"

一句题外话:教育研究,是否也应该对这类不同的假设提出不同的对策,而不简单地说几句"永远正确"的废话?

十二、高中新课标实验断想

（一）

坚持新课程标准倡导的"以人为本、以学生的综合素质发展为本"的教育理念，但同时必须警惕"去学科化"倾向，学科教学应该通过学科知识的"自主式、探究式、合作式"学习，培养相应的能力，达到"促进学生的综合素质发展"根本目的。在处理这对矛盾时，当前我们还没有对这套教材深入理解的情况下，倡导新理念是矛盾的主要方面，警惕"去学科化"倾向是矛盾的次要方面。同样，在处理"自主学习——师主学习"、"探究式——讲授式"和"合作学习——个人学习"这三对学习方式上的矛盾时，前者是矛盾的主要方面，后者是矛盾的次要方面。教师应该努力尝试、提高驾取把握前者学习方式的能力，在形成一定的教学能力后，才有选择的自由，才有平衡矛盾双方的资本。所以，我们应该持有一种"积极而又谨慎"的态度来面对之。在战略层面要积极地走进新课标、研究新课标及其教材，在战术层面上要谨慎稳妥地推进，不操之过急。子曰："过，犹不及也。"

（二）

学习方式没有绝对的好坏，只有是否适合学生的发展。"自主式、探究式、合作式"学习也并不是唯一高效的学习方式，新课标倡导这种学习方式，主要原因是我们传统的教学方式中，这些学习方式在教学中所占的比重太少。但并不是说，任何类型的知识都必须一律采用这种学习方式，我们应该在传统教学方式的基础上，适度增加这种新型学习方式的比重，而不必对此进行教条式的理解导致矫枉过正。

（三）

新课标必修内容规定的是每一位普通高中学生必须达到的最低学业水平，而不是优秀学生需要达到的最高学业水平。高考作为一种选拔性考试，如果不在这个最低学业水平上增加要求就不可能完成其选拔任务。但另一方面，"高考必须为新课标实施保驾护航"也是高考改革的一项既定方针。高考如何平衡这两方面矛盾，这正在考验着高考命题专家的智慧。因此，在学生学有余力的前提下，对教材知识作适度补充不但是允许的，而且是必要的。但这种补充不能以"回到旧教材"的形式来实现，只能在切实达成教材基本要求的基础上，在适合学生接受能力的水平上进行，更不能以牺牲后进学生为代价。同时要特别注意这种补充是否可能对学生的"学习兴趣、学科自信、意志磨炼、情感体验"等非智力因素上的负面影响,把这种负面影响降到最低。

(四)

初中义务教育新课标下的高中新生学习方面的新特点。

(1)基础知识的系统性比较差:文科科目的基础知识储备上,感性的、常识性的偏多,理性的、系统的偏少;理科科目中,运算能力普遍相当差,对计算器的依赖比较严重,但初中阶段并没有很好地在合理使用计算器方面作有效的指导,当真正需要使用计算器辅助时,其运用计算器的能力又不容乐观(因此,无论高考是否允许使用计算器,这些学生都将会面临巨大的挑战)。

(2)学习动机上的主观选择性比较强。

(3)学习态度上的主动性并没有像新课标理论所期望的有所提高,其中的原因可能并不完全是新课标带来的,也有我校生源层次特点方面的原因。

(4)学习方法的合理性有待进一步指导。与我校往届生源特点所不同的是,这一届新生有很大一个团体是以"中考胜利者"心态进入我校的(这与以往届大多以"中考失败者"心态进入我校不同,他们比较容易引起对初中学习方法的反思与改进),所以,有一部分学生带着初中有效的学习方法进入高中,但初中的这些学习方法基本上不能适应高中的学习,要注重对这部分学生的学习方法指导。

(5)只凭兴趣学习,缺乏意志力和毅力的情况越来越严重。

(6)学生的表现欲较强,但基本上没有学会"倾听",课堂讨论中不重视同学的意见,喜欢"另类创新",在很大程度上减低了他们的课堂学习效率。

(7)情感丰富,情感因素对学生学习的影响越来越大,对教师的个人魅力提出了更高的要求。

(8)学生间的差异进一步加大,两极分化有加大趋势。

(五)

新课标强调发展学生的个性,但单方面强调学生个性,而不尊重教师个性的教育,只能导致学生个性的畸形发展。不尊重教育者个性的教育,教育不出真正有个性的被教育者。不尊重学校个性的社会,不可能尊重教师个性。

(六)

对于一线老师而言,如何看待新课程中的不足与缺陷?

首先不能对新课程采取全盘否定的态度,因为你现在还在用这套新课程教材,全盘否定的态度对教学实践带来的负面影响远大于正面影响,全盘否定的态度直接影响你无视这套新课程教材所具备的长处,从而不能发挥其优势。全盘否定的态度很容易让人期待回到过去,事实上,完全回到过去已经是不可能的了,即使这套新课程教材最终被全盘否定,新一轮的课程改革方向也不会完全回到过去。发挥我们自己传统优势的同时,肯定更需要考虑解决我们所面临的现实矛盾。

十三、关于向学生赠书

(一)

今天去书店买了几本书,准备明天送给学生。

被送的学生有:

本次测验前五名的同学;

按标准分连续三次有进步的同学(共 4 位同学);

本次与期中考试相比进步非常大的同学(共 3 位同学)。

送出的书有:

高中联赛一试丛书《三角函数》;

高中联赛一试丛书《集合与函数》;

《从一到无穷大》(一本非常好的科普书,可惜书店里只剩一本了);

《如何成为一个成功的学生》(在书店里没来得及看仔细,只觉得不错,因为是翻译书,担心不太适合中国学生。回来仔细一看,是一本绝好的学习方法指导书,后悔没有多买几本)。

《初中数学开放题集》(自己写的书,送给学生有特殊意义)。

虽然来回打的加上买书花去了不少人民币,但那怕其中有一本书能影响学生的学习兴趣和学科倾向,说不定这一本书就能激发出一位科学家。我想也是非常值得的!

想到考试把这么多学生的学习兴趣扫得荡然无存,真的有的不甘心,总想在自己可以做的事情上做一点。

这个学期以来,每次测验都多少送出几本书,前面几次都是自己写的书,只是单纯的激励性质。家长会上有家长向我透露:得到书的孩子回家后开心得不得了。想不到这么一件小事会对学生有这么大的影响,所以决定把这件事继续做下去,且做得更好一些,故今天特意为他们选了几本更有意义的书。

（二）

利用元旦放假,让学生写一篇数学小作文,描述印象深刻的数学课,自己喜欢的不喜欢的都行,字数不限。很多同学谈到了这个赠书奖励的事,这是其中的一篇:

对于数学课,一直以来,自己也是抱着不喜欢的态度,从初中开始就是这样,也不知道为什么,反正就是有种讨厌的感觉,更因为在这么多门课中,数学成绩一直不是那么理想,而越是这样,自己心里就越不喜欢了。

上了高中以后虽然没有说已经爱上数学,但渐渐地,也在改变对数学的态度。

成绩依旧是不可乐观。期中考试的失败,至今还在脑海中浮现,但是打那以后,我对数学课堂的表现却有所不同了,不再像以前那样,因为讨厌而不听讲,因为不喜欢而管自己做事情。更多的是,我学会了如何去聆听老师所讲的内容,学会了该如何去思考课堂上的每一道题目。虽然有时会跟不上老师的步调,但我还是会把题目记录下来,然后在下课时,与同桌讨论讨论。

改变了态度,我也就在数学上花了功夫,也逐步对其产生了兴趣,哪怕有时还会因为做不出题目而懊恼,但都是暂时性的了。

在这方面,其实数学老师的功劳真的挺大的。在课堂上,我们总能听到他给我们讲的课外知识。龚老师在讲课的时候,讲着讲着就会扯远了,从一个数学小问题引发到人生哲理,做人的道理等等。有时还会给我们讲起故事,甚至从一道题目跳跃到另一道题目。这真得十分有趣。而这也是抓住我们同学注意力的关键。如果只是一味讲书本上的课程,那么我们一定会心力交瘁,没有心思听课。而如果在这其间能够穿插那么一些奇闻趣事,那么我们便会倍感兴趣,从而课堂效率也提高了。

要说这还是一个方面,龚老师与其他老师不一样,他还实施赠书活动。对于成绩好的或者有进步的同学会赠以书,心里真的特别开心。因为长那么大,还没有一次是因为数学而得到奖励的呢! 所以啊,印象也就特别深刻了呢!

如果说要记起发生在课堂上的全部事情,那我还真记不起来。但这两件事儿,我却记忆犹新,龚老师说"数学好玩",现在想来,还真是别有一番情趣呢!

这篇作文口语化的句子比较多,显然是想到哪里写到哪里,不像语文作文那样谋局布篇。但这样反而比较真实。

十四、婴儿为什么对"躲猫猫"这种无聊的游戏感兴趣?

很多家长误以为孩子学习数学是从数数和加减运算开始的,这种认识错失了数学智力开发的最佳时期。

孩子学习数学是从认识"对应"(代数)、"形状和方位"(几何)开始的! 这种认识甚至在还没有学会说话的时候就开始了! 还有一种更错误的认识是以为从"认识阿拉伯数字"开始,认识阿拉伯数字只是语言符号的学习,与数学思维的开发基本没有什么关系。(当然,从"为进一步的数学学习做准备"这一点上看还是有意义的。)

成人把自己藏起来不见了,这个现象对没有方位感的婴儿来说是一件不可思议的事情,一个人会突然出现又突然消失! 当他意识到这个人可能并没有消失而是躲在别人后面时,这一段时间他会拼命转向侧面看看这人在不在后面,以验证他自己这种"理论假设",直到他对此确信无疑时,他对这种游戏再也不感兴趣了。

这是他建立"方位"概念的重要一步,这一步开始得越早越好。很少有家长能意识到这个游戏中孩子在学习数学。有些后来在中学非常用功但数学成绩总是不理想的孩子,家长常常把这归因为孩子的数学智力天生就差,实际上,缺少这一类早期开发也可能是原因之一。有些家长文化不高的家庭,因为家里有人有空闲常给婴儿做这类传统的老土游戏,也会培养出数学天才。

另:学拼音时分不清"b"和"d"、"p"和"q"等,这类孩子也有方位感不强的原因在里面。

十五、关于"民科"

(一)

所谓"民科",即民间科学家。

不知为什么,每当看到一些"民科"不静下心来认真研究问题,改进自己的成果,对自己的逻辑矛盾视而不见,却急于逼迫别人承认自己的成果,心中总有无限的隐痛。

作为中学数学教师,如果说能对自己所热爱的数学做一点贡献的话,充其量也只是做一点数学文化的普及工作。中国存在这么大的一个数学民科群体,本来应该是中国数学普及工作的福音,但一部分太看重个人名利的数学民科,他们的一些错误做法,严重损害了民科群体的声誉,同时也对数学普及工作产生巨大的负面影响。所以更觉得自己身上的责任重大。

（二）

为什么几乎所有"民科"都喜欢把其个人的成就与"为国争光"联系在一起?都喜欢把"对其观点的评判问题"与"爱国问题"扯在一起?

科学研究的道德价值首先是为全人类造福的,有一本数学科普书名就叫《为了人类心智的荣耀》,"为国争光"应该是一个其次的道德价值。

我觉得,把个人的成就与"为国争光"联系在一起,其潜意识中的真实意图并不是真正的"爱国"! 而是为观点异己者准备的一个道德陷阱! 其逻辑是:我提出这个观点是"为国争光",反对我这个观点就是不爱国!

事实上,这是一种把真理问题偷换成道德问题的诡辩术! 是一种在没有充分理由证明自己观点的真理性的情况下,堵住反对者声音的伎俩。

不能明辨真理性问题与道德性问题,是不是中国传统文化带给我们的一个沉重包袱?

十六、听雨轩呓语

- 不怕做蠢事的人会越来越聪明,愚蠢的人最怕自己做蠢事。
- 很多孩子在追求成熟的童年,很多成人在寻找失去的童真。
- 不是教师没有能耐,只是学生变得太快;
  不是教育没有能耐,只是社会变得太快!
  不求变的教师没有出路,不求变的教育死路一条!
- 大学问者常常可以从不识字的农民身上学到很多东西。
- 机会是能力的要素之一:
  现有能力要在机会中体现其价值;
  潜在能力要在机会中证实和挖掘;
  各种能力要在机会中锻炼并发展;
  给学生一个机会吧,这是最好的教育方式!
- 现有教育评价机制,类似于"更高更强更快"的奥运精神,学校在竞争中最有效的方法是使用"兴奋剂",因为在教育领域还没有反兴奋剂的法规,这个兴奋剂就是"应试教育"。
- 立体几何的学习开始于幼儿时期,而不是高中数学的立体几何课程,因为空间想象能力的形成从幼儿玩玩具的时候就开始了。

- 一位朋友如是说："已经习惯了,让自己笨一点儿也好,免得有那么多的烦恼"。我想能够有意让自己"笨一点"的人,可能是觉得自己太聪明了。想起了郑板桥的名言:"聪明难,糊涂也难,由聪明变糊涂更难"。

- 这是我与一位长期担任高三任课的教师朋友 QQ 聊天中说过的一句话:过去的成绩有时会变成一种包袱,这样只能越活越累。把"我不能输"这句话改成"我不会输"如何?

- "怀疑是学习,反驳是学习,批判也是学习,而且都是更重要的挑战式学习(to study)"——摘自《于蓝呓语》

  可惜,在应试教育中,标准答案是不容怀疑、不容反驳、不容批判的,否则学生的分数就比不过别人了。当学生的分数比不过别人时,人们就会说:"素质教育是从来不怕考试的,你分数比不过别人,就意味着素质教育没有比别人搞得更好,至少是在考试素质上没有比别人搞得好"!

  "考试素质",这个名词让我们得到了什么? 失去了什么?

- 让我们佩服的人往往是那些让我无法向他们学习、做不到他们这种境界的人。如果我们也能做到像他们那样,那么这些人也许不再会让我们佩服了。所以,让我们佩服的人并不多,但能让我们向他们学习的人到处都有。

  如果只学习让你佩服的人,你就没有多少可以学习的了。

- 宽容是一种修养,理解可以促进宽容,但只宽容你所能理解的,并不是真正的宽容。

- 学会记忆的方法是"懂得遗忘"。

- 没有硬盘,CPU 再快的电脑也是一堆废物,所以没有记忆的思维是不存在的;286 的 CPU 配 80G 的硬盘是一种浪费,所以只会记忆不懂思维同样是愚蠢的。

- 今天听了一节初中的科学课,突然有一点想法:

  科学(理化生等)老师常常有一句话是:"数学没学好",但我们有没有想过:老师有没有明确学生的数学水平究竟在怎样一个水平? 有没有帮助学生建立起本学科的知识与数学的联系?

  看来,"学科整合"并不只是一个时髦的概念,并不只是"现代教育技术与学科教育的整合"问题,学校所有的学科教育,都应该关注。因为这些学科教育最终的作用点是同一位学生。

- 很多自卑的人有一种自负的假象。如果没有知心朋友帮助很容易导致双重人格。

- 突发奇想:"学习是人类的本能。"——不知道有多少人同意这句话。

- 让孩子知道有你支持他,但不要让他以为可以完全依靠你。
- 青少年,你的名字叫"叛逆"。
- 天才并不是经常看见别人看不见的东西,而是经常注意别人不注意的东西。
- 拒绝风险,意味着拒绝成功。因为对于没有任何风险,注定能做成的事,即使做成了,我们也不会有成功感。
- 为什么很多优秀教师的先进经验没有办法学习?因为我们没有找准"所有"的前提因素!而在教育领域,相关的因素多得数不胜数,组成了一个"无限维空间",要找出所有的前提因素几乎是不可能的,这种无限维空间也许需要比较成熟的混沌理论才能有效地把握,所以我们需要期待混沌学理论有一种突破性的进展。
- 严格按照定义理解概念是数学所追求的一种境界,但这并不是目的,而是为了方便数学研究和数学交流。再说,在数学的各种学习阶段,这样的境界并不是绝对的,是有层次的,是一个逐步递进的过程。如果对中小学生就按数学家的要求来"严格从定义出发",恐怕除了把学生统统赶出数学乐园就不会再有其他效果了。

    在数学的严谨性和形式化问题上,我坚持这样一种观点:教师应该"严于律己,宽于待生(学生)",自己的语言尽可能严密,学生的语言是一个在你的帮助下逐渐严密的过程。
- 把自己当成真理化身的人,他迟早会强奸真理!
- 当我们没有看到一个人的缺点时,我们很容易误以为他什么都行,但事实往往并非我们所想象的。

    特长越明显的人,其缺点往往也越明显。
- 反思是一种自觉行为,不太可能由外界引起。如果有外界触发引起反思的情况,也肯定首先是因为其自身有一种反思的习惯。

    可惜有些人的潜意识中只有"你们需要反思",而没有"我们需要反思"。
- 面朝太阳,我们可以看到一片光明;背朝太阳,我们就看到了自己的阴影。如果此时我们不愿看到自己的阴影而又不愿转过身来面朝太阳,剩下的只有两种选择:或者闭上眼睛,或者走进另一个更大的阴影。

    永远不要掩饰自己的错误,因为这意味着你必须犯一个更大的错误。
- 真正为学生的进步而欢欣的表扬才会有奇效,真正为学生的成绩而骄傲的表扬才会触动学生的心灵。努力从学生身上找出让你欣赏的东西吧!

如果找不出来,那就对自己说:"我对这位学生还不够了解"。

- 每一种好东西,当它离开了自己本来应该所处的位置,就会变成坏东西!

   "考试"就是这样一种坏东西,它本身并无好与坏,但当它承担着它本来不该承担的功能时,它就变成了"坏东西"。为"应试教育"辩护的人总喜欢在"考试"的存在价值中抽象出其"好坏"特性,从而为不在其位的"坏考试"进行诡辩式的辩护。

- 解题规范的指导有两种,一种是从形式上的指导,让学生知道怎样的结论表述是规范的,并按这种规范养成一种好习惯;另一种是通过提高学生的数学鉴赏能力,懂得怎样的结论表述是完美的,规范不是最终目的,最终目的是让结论表述更趋完美。

   个人体会前一种更适合低年级和对基础不好的学生;后一种更适合高年级和基础较好的学生。而且也是协调"应试教育"与"素质教育"两种价值取向的一种选择。

- 古代先哲并没有拥有比我们现代人更多的知识,孔子不知道什么是浮力定律,苏格拉底也不知道进化论,阿基米德不懂得怎么安装电灯,随便找一个普通的现代人,他所拥有的知识也要比这些古代先哲多得多,但谁能否认这些古代先哲比我们一般的现代人更智慧?! 是他们拥有的知识比我们现代人多,还是他们的"求知精神"把我们一般的现代人比下去了?

   遗憾的是,现在的考试只能考查知识的拥有程度,无法考查"求知精神"!

- 在各类讲课比赛中,经常会听到这样的一种质疑:"上课是讲给学生听,还是讲给评委听的"。粗想起来好像很有道理,但我还是有一点想不通:

   不讲给评委听,为什么还要参加比赛呢?

   "教师平时上课和参加讲课比赛之间的关系"也许与"学生的平时学习和应付考试之间的关系"有相通之处:老师要不要反对你的学生在考试中使用一些考试技巧?

   能不能因为这与平时的学习不相符而认为这些考试技巧只是一种"作秀"?

   当没有掌握这些考试技巧的学生对考试的公平性提出质疑时,老师会不会支持他们反对使用考试技巧?

- 突然想到的一个命题:"教育免不了作秀,作秀是一种教育艺术"。

- 教育理论由于其抽象性常常让一线老师望而却步。

   谈到抽象,想到了数学解题中讨论得比较热门的"技巧"、"方法"、

"策略"与"思想"的关系，一个比一个抽象，但越抽象的东西往往运用越广泛。

"技巧"往往只针对一类具有明显特征的问题，比如排列组合中的"捆绑法"、"插入法"等，再比如数列求和中的"错位相减法"；而"方法"就比"技巧"更抽象一些，应用范围也更广一些，比如"换元法"、"待定系数法"等；"策略"就更抽象，应用范围更广了，比如"以退求进"、"正难则反"、"分合相辅"等；抽象成"思想"就难把握了，如"化归思想"、"数形结合"，只提供了一个思考问题的方向，没有了具体的操作。

教育理论只能为我们提供了一个思考问题的方向，希望理论为我们提供一个操作步骤，这本来就是对理论的误解。

- 假如民主只是上级对下级的"恩施"，那并不是真正的民主。

在校长需要有公仆意识的同时，教师必须有主人意识。两者相辅相成，矛盾双方均以对方的存在作为自身存在的前提。

举个例子：假如教师认为学校发展战略只是校长需要考虑的问题，那么，校长只能当"主人"，而不是"公仆"；假如教师认为学校的困难只是校长的问题，那么教师就没有把自己当"主人"。

"公仆要有公仆的样子"，与这个命题同真假的是"主人要有主人的样子"。

- 秦九韶，在中国数学史上被列为宋元四杰之一（秦九韶、李冶、杨辉、朱世杰，宋元时期也是中国数学的一个鼎盛时期），在科学史上对他有很高的评价。人教版高中新课标教材是这样介绍他的：

秦九韶是一个既重视理论又重视实践，既善于继承又勇于创新的数学家，他被国外科学史家称为是"他那个民族，那个时代，并且确实也是所有时代最伟大的数学家之一"。

但很少有人知道，他的生活方式却是一个十足的花花公子。这一点似乎没有必要被宣扬，所以很少人知道。

人无完人，我们需要多元评价，一位在科学上有很高成就的数学家，我们没有必要因为其不良的生活方式而否定他，更不能因此否定其科学成果的真理性。

同样，我们不能以道德标准否定某个人的行为方式否定此人在学术观点上的真理性。当然，反之也成立，我们也不能因为其学术观点上的真理性而纵容（甚至赞赏）其不道德的行为。

- 关于各门学科的相通性："隔行如隔山"是当今科学发展水平的现状。各门学科在其发展过程中反复循环着"久分必合、久合必分"的过程，不分难以深入,不合难以发展。当今科学发展的主题是"合",这是因为现在的科学分得太细、太久,导致"隔行如隔山",相互之间难以理解,促成学科之间的相互理解是合之道,没有相互理解的"合",只是简单地回到分之前,而不是"螺旋式上升"的由分到合。在没有理解相应学科研究进展的基本情况下强调"合"是"捣浆糊式的合",根本上也是一种"伪科学"。在中小学教育中强调学科融合的意义,更多的是让学生理解各门学科的研究原始状态下的"合",理解"由合到分的过程",从中体会其"由分到合"的必然性,并不是让中小学学生在具体的科学知识上理解当今学科前沿中的"由分到合"。以"普遍联系观"否定各学科的特殊性是不可取的。

- 读有关《班主任兵法》的几个贴时,突然冒出了这样一句话,记录于此:敢于面对教育实践中的现实难题,这样的教育理论在中国太少了! 四平八稳的教育理论,只能重复一些永远正确但基本没有用的话语。

- 学术争论也是一种对话,对话的实质并不是要用一种观点来压制另一种观点,而是通过双方的观点交流来修正完善各自的观点,从而使双方观点达到一种新的境界。这个过程本身也是"倾听他人,学习他人,宽容他人,尊重他人"的美德修养过程。

- 突然想到这样一个命题:问题学生的转化方法技巧必须与教师的能力结构相匹配。一位教师的成功的案例,其方法不一定可以照搬到另一位教师身上去。所以,我们的教育学理论只能抽象出几条没有操作的所谓"原则"。

- 研究和学习并不矛盾,区别只是你看问题的角度。仰视之、平视之,或者俯视之。仰视之,是虚心地学习;俯视之,是严肃地研究;平视之,是学习兼研究。——好的学习必须通过研究,好的研究必须通过学习。

- "教学效率"是不是一个"伪概念":学得快,忘得快;学得慢,忘得慢。学得多,悟得浅;悟得深,学得少。

- 教育是慢的艺术。同感,有些时候,教师能做的就是"等待",等待学生的领悟。

- "应有尽有则一无所有",留空是国画的重要手法,在国画中,"不画"也是一种"画法"。把这原理迁移到教育:"不教"也是一种"教法"。当然,教育不可能只用一种教法。

- 奇迹,是很多人的梦想;正常,正在成为更多人的奢望。

  奇迹是不正常的。这个社会,缺少的是奇迹,还是正常? 教育,究竟应该追求奇迹,还是追求正常?

有感而发,又想到教育。一个个教育典型,不产生奇迹很难有说服力,于是,我们需要更多的奇迹。"你信不信?反正我信了。"——"这是一种奇迹。"

当教育被要求产生奇迹,教育就很难再正常了……

- 一个荒诞故事(这是一个发生在荒诞年代的荒诞故事,虚构情节,如有雷同,纯属"奇迹")。

教师甲在批改学生作业,在一本作业本上打了一个半错对,恰巧被教师乙看到。

教师乙:"你批作业太不认真了吧?怎么说也得给指一下错在哪里吧?你看我总是在错的地方划一道红线。"

教师甲刚想说:"我把发现错误的机会留给学生自己,这不可以吗?"

话还没出口,就听到丙教师插话道:"这么划一下就算认真了?你看我在后面写了好几百字的评语呢!这才叫认真!"

教师丁听着他们的议论,不服气地想:"这有什么了不起的,等下次我写一段几千字的评语给他们瞧瞧!"

一个星期后,教师丁给甲、乙、丙展示了他那几千字的作业批改。乙看了后佩服不已;丙却在想:"我不能输给他,下次一定得写一个上万字的评语……";但甲却不以为然,因为他知道丁在这个星期内只批了这么一本作业!他不经意地抬头看到了办公室墙上挂着的一句话"世界上怕就怕认真两字……",心想:原来这句话里的"怕"字还可以有另外一种解读方式……

从此以后,甲对"认真"两字产生了心理障碍,听到或看到"认真"两字就怕得四肢抽筋……同事没有办法,只好把办公室墙上挂着的这句话换了下来。

- 一个人学识超越不了他的思想空间,所以我们要"解放思想";
  一个人的胸怀超越不了他的视野,所以我们要"读万卷书,行万里路";
  一个人的成就超越不了他的理想,所以我们需要"乌托邦"式的空想。
- 关于"教师是职业还是事业"的一点联想:教师工作,无论是职业,还是事业,既然从事了这项工作,它就不可避免地成为我们人生的一个有机组成部分。

把教育看成自己的人生的一部分,去品味其中的酸甜苦辣,也许更容易从中找到人生的意义,更容易找到教育的快乐。

人生是一种过程,人生的快乐并不来源于其结果,而来源于其过程中的点点滴滴。

教育的快乐本质上也来源于过程中的点点滴滴,如果一位教师没有心思享受过程中的点点滴滴,他的幸福感会降低很多。

想到了旅游,旅游必须有一个目的地,但旅游带给我们的快乐未必是源于目的地,也许路途上的欢歌笑语、沿途不经意间发现的风景,更让我们难忘。

教师节感言:

以入世的态度获取名利,以保证创造幸福人生的基本的物质基础;

以出世的态度淡泊名利,以保证感受幸福人生的足够的精神空间。

——在两者之间寻找平衡点,是人生永恒的难题。

不要不把自己当回事,否则没人会把你当回事;

不要太把自己当回事,没有你地球照样转。

——在两者之间保持适当的张力,这又是一个人生难题。

第三节　答网友问

一、"期望"为什么不叫"平均值"?

问:"期望"为什么不叫"平均值"却要叫"期望"呢?

答:我个人的理解是:平均数是通过对真实数据的统计值,比如某次考试以后计算的平均值;期望是对尚未发生的随机事件中数据的估计,比如,对某次投资的获利估计就是所谓的"期望值"。

问:嗯,有一定道理。但是为什么期望是指预测的平均数呢? 平均数就是人们所期望的吗?

答:期望是一个理论数,平均是一个实际数。

据一个例子:在一次赌博中,你赢的概率是 0.3,输的概率是 0.7,但如果你赢的话可获 200 元,输的话赔 100 元,你在这个赌局中的期望获利是:$0.3 \times 200 + 0.7 \times (-100) = -10$(元)

这并不是说,参加赌局的人主观上希望每次输掉 10 元(没有这样的傻瓜),但希望通过这样的赌局赢钱只是不懂数学的人一厢情愿,懂数学的人知道:如果我反复多次参加这样的赌局,我每一局获利的平均数接近 -10 元(期望被通俗地解释为平均数,就是这个道理)。而且次数越多越接近。因此,个人理解所谓"期望",应该是理论上的"合理期望",不是人的主观上的期望。"经过很多局以后,我期望平均每次输 10 元",比较符合实际,所以比较合理。当然,并不是说每局必定输 10 元,事实上,孤立地看每局,要么赢 200 元,要么输 100 元,不可能输 10 元。很多人正是因为只是孤立地看每一局上的得失才会上这个赌局的当。

反过来,摆这个赌局的人,期望通过这个赌局平均每局赚 10 元,这才是他真正的期望!而事实上他通过这个赌局所赚的钱平均起来也未必刚好这个数(这大概就是期望不叫平均数的原因吧?),如果他没有碰到警察干扰,经过很多次的赌局后,他每局平均所赚的钱肯定接近 10 元这个数,而且在总体上来说次数越多越接近。

附:两位网友的反馈点评。

(1)我也曾经有过类似的疑惑,现在敞亮了。谢谢龚老师的解答。

(2)龚老师真是太厉害了!把我等心中多年的疑惑一扫而空,有龚老师在,实乃我等数学老师的幸运。

二、二分法一节提到的"精确度"怎么解释?

有一位网友问一个高中新课程教材数学必修 1 模块中的问题:最近讲高一新教材中二分法,当中"精确度"一词可解释为区间长度,可是"精确度"和"精确到"怎么讲能说得清?

下面是我的回复:

"精确度为 a"的含义是:"近似值与精确值之差(即误差)不大于 a"。这个意义在二分法中也同样适合。

举个例子容易说清楚:设 a 的精确值为 1.21456,用四舍五入的方式取其精确度为 0.1 的近似值为 1.2,在这种规则下,近似值 1.2 的含义是指精确值在区间 $[1.15,1.25)$ 内,这可以保证近似值与精确值之差(即误差)不大于 0.1;在二分法中,如果我们已经把可能取值的区间缩小到了 $(1.13,1.22)$,此时区间长度为 0.09<0.1,所以,在此区间内任意取一个值作为近似值,均可保证误差不大于 0.1(事实上误差不大于 0.09),比如取 1.14 为近似值,它与精确值之间的误差为 0.0745126,但如果对这个 1.14 再进一步作四舍五入处理得 1.1 那么其误差就会超出 0.1(误差为 0.11456)。在这个例子中,如果要按我们以往的习惯把"精确到 0.1"理解为"精确到小数点十分位作有效数字",那么 $(1.13,1.22)$ 还不够小,因为小数点十分位的有效数字是 1 还是 2 我们还无法确定。如果一定要按习惯保留到小数点十分位,还得再作一次二分区间。但在"精确度为 0.1"的条件下,这是没有必要的,只是我们不能按习惯再作四舍五入。

在此产生疑惑的原因是:对以往近似计算的规则只从操作层面理解,没有在理论的、实质性的层面上进行追问所致。数学素质教育与应试教育的区别也可以从这个简单的例子中进行对比。（只完成操作层面的理解并不影响相应的应试分数，但会影响对产生新情况下的相关问题的理解。）

三、数学好玩，优秀学生应该会玩数学

有一位学生网友提出一个数学问题：

设 $f(x)$ 是定义在 R 上的以 3 为周期的奇函数，且 $f(2)=0$。则在区间$(0,6)$内，方程 $f(x)=0$ 的解的个数至少为（　　）

（A）4　　　　　　（B）5　　　　　　（C）6　　　　　　（D）7

老师给出了解答，我想问的是 $f(1.5)=0$ 是如何想到的？ $f(1.5)=0$ 是碰巧发现的吗？

我的回复：

学习一个数学命题题至少有两个侧面的学习内容：其一，是学习这个命题的应用（结论怎么用？）；其二，是学习命题的方法（结论是怎么来的，用类似的方法可以解决哪一类问题？ 可以得出哪些类似的结论？）。

估计楼主已经学习了这个命题："如果奇函数 $f(x)$ 在零点有定义，则 $f(0)=0$"，也清楚了这一命题的第一个侧面的学习内容（知道了结论的运用），但你的问题就是因为你没有解决好第二个侧面的学习内容（从这一命题的证明方法，你能有什么启示？）。

从证明方法中，我们不难看出，得出"$f(0)=0$"这一结论的直接原因有两条：(1) $f(0)=-f(-0)$；(2) $f(0)=f(-0)$。由此推得 $f(0)=-f(0)$，从而，$f(0)=0$。

能否把这个过程中的 0 抽象成一般的 x？ 显然是可以的，当 x 满足以下两条时：(1) $f(x)=-f(-x)$；(2) $f(x)=f(-x)$，我们有 $f(x)=0$。利用这个结论，我们不难证明这样一个命题：对于周期为 $2T$ 的奇函数，必有 $f(T)=0$。

如果你能通过这个命题的第二侧面的学习内容的学习，得出这个结论。相信你在解这道题时，感觉会有所不同。

数学好玩，优秀学生应该会玩数学。

高中阶段老师在课堂上不可能把所有命题面面俱到，剩下没有讲到的命题并不是对所有学生的普遍性要求。而优秀学生往往能自己玩出很多有趣的命题，而这正是优秀学生与一般学生的区别。要做一位优秀学生，就应该注意每一个命题在这两个侧面上的学习任务。

有些考题本来就是用来区别优秀学生与普通学生的。

四、有理数就是分数吗?

一位网名为"温岭人"在人教数学论坛上发帖提出了这么一个问题:

5 是分数吗? 新的人教版教材中略去整数与分数分类的习题,而我们这里的期中卷有一题:

既是正数又是分数的是( )

(A)5   (B)$-4\frac{1}{3}$ (C)0   (D)2.1

我认为选择 A 和 D 两个更合理,也就是题目不适宜初中生解答。

我的回复:

首先,这是一道超烂的题!

5 是不是分数? 我的回答是:5 是整数,也可以是分数。

我们可以先来研究一下"$\frac{10}{2}$ 是不是分数"这个问题:一种意见认为 $\frac{10}{2}=5$,所以不是分数(这种观念并没有什么大错,只是看问题的角度不同而已),我要追问的一句"你难道不是利用分数的性质才知道 $\frac{10}{2}=5$ 这个结论的吗? 如果 $\frac{10}{2}$ 不是分数,那么你运用分数性质得到它等于 5 这个结论的逻辑依据不就没有了吗?"

如果一定要从概念上理清这个问题(事实上对学生没有这个必要),我们需要进一步考察数的分类问题。事实上,在数的分类上,存在着两种分类观点,一种是从数的形式上分类,只要形式不同,即使值相等,也分别划归为不同的两类,按这种观点,$\frac{10}{2}$ 是分数,5 是整数,当 5 没有写成 $\frac{5}{1}$ 时不认为其是分数;另一种是从数的根本属性来分类,对任意一个有理数,如果化简到最后结果分母不为 1,认为是分数,否则认为是整数。这两种分类方法都是可以自圆其说的。

为什么会有这么两种不同的说法? 保留其中一种说法,不就可以消除这种概念上的混乱? 何必自寻烦恼?

这就需要跳出"怎样进行数的分类"这个问题,从"为什么要进行数的分类"这个更高一层次的问题上考察才能看清问题。

为什么要分清整数与分数? 因为整数与分数有着不同的运算法则! 如果没有数的运算,数的作用将会大大降低,人类的文明发展也会大打折扣。分清整数与分数的主要目的是为了明确运用何种运算法则:整数间的运算没有必要运用繁杂的分数运算法则,分数间的运算只能运用分数的运算法则,而整数与分数的混合运算,就需要把整数看成分数运用分数的运算法则! 这才是既要把整数从分数中区分出来,又要把整数与分数统一起来的根本原因!

由此,我们可以理解,存在这两种分类方法是必然的,因为这是事物本身对立统一关系在数学中的反映,并不是自寻烦恼。而出这道烂题的老师偏偏要把两个有内在联系的东西形而上学地把它们割裂开来,不但是自寻烦恼,还要学生跟着他一起烦恼!

横看成岭侧成峰,远近高低各不同。不识庐山真面目,只缘身在此山中!——一位教师的眼光也许不能在学生的考试分数上立竿见影,却可以在很大程度上影响学生的学习品质!出这样一道烂题的老师,其眼光显然是不够高远也不够深刻!他不但自己没有弄清这些相关概念,而且他连"什么是数学"这个数学哲学问题上也存在很大的偏差(或许他根本没有思考过这个问题)!这样的老师,当然很难避免培养出"高分低能"的学生,因为他们的眼中除了考试分数没有别的什么东西。

五、学生为什么"上课听得懂,课后不会做"?

成功解题需学生完成多种层面的学习任务。

第一种是操作层面的模仿,可以学会与例题相似度极大的习题的解答;

第二种是理解层面,又可细分两个层面,一是理解每一步推理的依据(但不一定理解每一步推理的方向性选择,也就是为什么在这道题要从已知条件推出这个结果是对解题有用的),二是进一步理解推理的方向选择,这可以真正学会一类题型的解答。

要从会做的题型,走到其他相似的题型,还需要学生对学会的题有一种"迁移"能力。所以第三种层面学习任务是促进"迁移"。真正"会做题"的状态是一种"举一反三"的状态。

我上面把学生的学习任务分层后,目的就是:首先明确学生不会做题是处于何种状态下的不会做题,然后再研究如何促使学生从低层次状态向高层次状态转化。当然,对这种转化我还找不到一种万能的方法,但至少我觉得,这样的分析可以让教师更加明确着力点是什么。

具体个别辅导一位学生,我才真正懂得了让学生从一种状态转向更高一层状态是多么的艰难!这不可能通过一两次辅导解决,学生的悟性有一个从量变到质变的过程。

但也不仅仅是一个量变的问题,还需要考虑从哪些角度的进行量变?一个系统由很多变量构成,某些变量的变化对质变影响很微弱,而有些变量的变化对质变的影响比较大,我们要找出后一种变量。

六、先理解再记忆，还是先记忆再理解？

先理解再记忆，还是先记忆再理解？这是一个长期有争论的话题，个人认为，对不同年龄阶段的学生，侧重点也不同。

低年级常常是读熟了再慢慢理解，而高年级对不理解的东西往往记不住。用建构主义的观点来理解，低年级原有的图式相对不多不全，就像一个硬盘本来没有装多少东西，你不太注意存贮的结构也是不难找到存贮的内容的；但随着存贮内容量的不断扩大，原有的图式增多，你存贮信息时就应该多考虑保存在原有的什么位置比较合适。如果不再注意建立好的结构，把所有文件都一股脑儿地放在硬盘的根目录，或者虽然有一层又一层的子目录，但结构非常混乱，那么即使文件已经贮存在硬盘中，但要用的时候还是找不到，这和没有存贮的效果是一样的。就像没有记住的一样，也许在大脑的某一角落中存有这些信息，但在没有适当的提示时，你再也记不起来了。

所谓的"理解"，就将新知识与旧知识建立某种"联系"，就像把文件贮存到电脑硬盘时建立一个树形文件夹结构，这个结构越合理，我们就越容易找到存贮在硬盘上的文件。同样的，新知识与旧知识之间的联系越合理，逻辑性越强，也就是我们通常所说的"理解越深刻"，我们就越容易记住新知识。

第四节　赠网友的开心诗

赠晓行：感谢晓行先生捧场

闲发碎感听雨轩，几度花谢思凭栏。
苏堤春晓鸟啭啭，孤山夜行步蹒跚。
情至每先心中暖，风来偶生窗外寒。
将出一捧陈佳酿，消得几场彻夜酣。

赠大本、阿团、点睛：大本阿团点睛看茶

古来材大难为用，读书万本情可怡。
云锁山阿窈窕怅，露含香团杨柳依。

挥手指点明人事,擦眼定睛参天地。
草色遥看近却无,一杯清茶论今昔。

赠湖涂中:糊涂中非生日快乐

轻风漫糊山色青,细雨乱涂湖光凝。
天外云中本无尘,曲直是非终有清。
何苦此生修来世,未必明日悔当今。
心畅意快最难得,自得其乐是为真。

赠湘西梦:上好茶欢迎湘西梦

钱塘江上风雨声,江雨兼好与君分。
香茗清茶寒壁暖,情怡心欢浅壶深。
喜送笑迎来往客,离楚别湘古今尘。
南北东西且留步,同饮共梦醉昏晨。

赠学贵心悟

自从苦学筹算术,豪门富贵若粪土。
专致潜心开放题,偶得一悟形与数。

赠飘落叶子

清风飘远笛,孤村落阳西。
秋枫叶正浓,又闻子规啼。

赠夏日荷风

毕竟仲夏西湖中,远山落日映天红。
游女折荷遮晚照,顽童迎风放纸鹞。

赠清水古木：夜宿三清山偶感

夜宿三清山里街，窗外泉水鸣一夜。
梦境自古无处寻，枉被草木乱湿鞋。

赠老徐真帅

窗前一枝老梅香，风流依旧徐娘妆。
几番蹉跎真姿凝，难隐当初帅艳光。

赠靖雅：诗情花雨

（一位网名"靖雅"网友在听雨轩留言：轩主真是好文采，真是佩服！吾在 MSN 上取名曰：詩情花雨，敢請軒主賜教！用的都是繁体字，估计是港台地区的网友）
日日吟诗坐钓矶，纤纤柔情观鱼戏。
有心赏花花不语，无情细雨乱眼迷。
（靖雅回复：茫茫人海能夠遇到像軒主這樣的人才，實是靖雅前世修來的福氣！）

第五节　对　联

自嘲联 *

这半间陋室夏暖冬凉经几度春秋？
哪一方神仙南腔北调算什么东西！

* 此联是我大学毕业不久在一个农村中学任教时所作，当时学校分配给我的寝室是半间阴暗潮湿的破旧房内（按现在的标准看肯定是危房），有一次半夜发大水，把我床前的鞋子冲到了门口，想想好笑，故作此联自嘲。下联中的"神仙"暗喻指个人比较"出世"的人生观，"南腔北调"从字面意思上是指我那些改不了南方口音的普通话，也可以引申暗喻我"杂乱无章"的阅读习惯。

父亲挽联

为乡村教育，为乡村教师，办校一生，治校一生，卅年细雨育桃李；

有满腔热情,有满腔热血,育人无数,助人无数,两袖清风传子孙。

附:父亲单位写的悼词

今天,我们怀着十分悲痛的心情,沉痛悼念久经考验的共产主义战士、大桥镇教育事业发展的先行者、领导者龚学哲同志。

2008年1月,龚老师患肺癌住院,医治无效,于2008年4月25日上午7时05分心脏停止了跳动,驾鹤西去,享年78个春秋。

缅怀龚老师的一生,他品德高尚,多能博学,昔时为师,誉满学子;他谦虚好学,忠于职守,今日永诀,痛断肝肠。他生前业绩似松柏茂竹,身后高风如水照青天。龚老师1951年10月在嘉兴县白马乡参加教育工作,开始了他在教育领域的辛勤耕耘。52、53年在和步云和新丰任教。54年至56年任新丰区辅导校长。57年9月到58年8月任八字乡中心小学校长。59年9月至61年8月任新滕公社中心校副书记兼校长。61年9月至73年2月任新家公社中心校长。73年2月至82年8月任步云公社中心小学校长。82年9月至84年9月借调大桥乡中心小学代校长兼书记。84年9月至87年8月任新丰区工委文教助理。87年9月至89年任步云中学校长兼书记。89年9月任步云乡教育支部书记。92年3月退休。

1951年加入中国共产主义青年团,54年被评为嘉兴县优秀少先队辅导员,58年加入中国共产党,58、59连续两年被评为县先进工作者,84、88年被评为嘉兴市郊区中共优秀党员。曾经是53年步云乡人民代表大会代表,58到88年是八字、新滕、新农、步云历届人代会、党代会代表和主席团成员。1991年荣获浙江省春蚕奖。纵观龚学哲老师的一生是勤奋好学的一生,是业绩丰盛的一生,是光荣的一生。他育就的学生数以千计,他的高尚师德和情操是留给我们珍贵的精神财富。

龚老师退休后,身在家中,心系教育,仍不忘读书学习,关心时事,每当论及国家大政方针,出口不凡,独有见地,与时俱进,大桥镇有口皆碑,他的音容笑貌永远活在人们的心里。他人虽离去,但业绩犹在,清名千古。您:魂归天上风云暗;名在人间草木香。

龚老师,我们的老校长,老书记,今天我们来送您,您一路走好!安息吧,我们永远怀念您!

大桥镇中学党支部

大桥镇中学学校行政

大桥镇中学教育工会

大桥镇中学全体师生

2008年4月27日

父母合墓嵌名碑联 *

厚朴不倦，杏坛一生博学纪；
恩泽永存，弟子三千世哲明。

　* 2008 年 4 月父亲去世后，为父亲选墓址时与母亲商定在父亲的墓穴旁预留一个母亲的墓穴。此联即为父母合墓碑写的嵌名联。上下联相对位置嵌入父亲龚学哲和母亲周纪明的名字。

祖父母合墓碑联 *

国难牵家患，险险化夷籍智慧；
精神励子孙，代代相传耀祖辉。

　* 2008 年 4 月父亲去世后，小姑提议将祖父的墓迁到我父亲的墓旁边，让他们能够日夜相伴。遵小姑所嘱，为祖父母写一个墓志。根据小姑对祖父母生平的回忆，我以祖母的口吻写了以下一段墓志：

幼识字知书礼惠慧自强，嫁龚家祖籍在平湖新仓。
夫打工上海滩银行纱厂，九一八操祖业重开染坊。
东洋兵丧天良大火烧光，逃难时夫失散老三天亡。
投亲戚奔娘家钟埭铁匠，夫团圆兄资助运输船航。
勤生意家业兴仲季来旁，遭土匪索绑票险些命丧。
长子女学先哲上海闯荡，离父母当学徒助产木行。
内战激时局乱接儿回乡，十六铺遭抢劫积蓄两箱。
解放后小船停难为家养，伯邮政夫电话代办营商。
先军医哲代课为家分扛，学接生维家计苦度时光。
为能儿读大学光耀祖上，强学徒健辍学典卖家当。
六四年能学成家境改良，文革起被抄家好景不长。
夫受惊卧病床撒手鹤翔，六年后随夫去极乐西方。

　因墓志文字太多，墓碑太小容纳不下。最后将其浓缩为这个墓碑联。

小舅 70 大寿嵌名祝寿联

（"永祥"是我小舅的名字）
古稀梅韵千年永，
不老松姿万寿祥。

好友王平先生与王艺小姐新婚嵌名贺联 *

与君共一生，二满三平心态好；
邀友酬百斛，千才万艺胆气豪。

（横批：内圣外王）

* （1）上联嵌入好友单名"平"字，但句意却是写其妻王艺；下联嵌入好友之妻单名"艺"字，而句意乃是写好友王平。暗喻"你中有我、我中有你"，祝愿好友与妻百年好合。

（2）好友与其妻同姓"王"，较难安排在联中相对，故将"王"字嵌入横批，而"内圣外王"四字亦可有两种解读，一是将"内圣"与"外王"分开解读，分别喻妻之贤惠和夫之豪气，一是将四字合在一起解读，语出《庄子》，意为"在入世中求出世之乐，在出世中得入世之利"。祝愿其夫妻共同修身养性，提高生活品质。

（3）联中嵌入"一、二、三、百、千、万"等数字，暗合本人数学教师之身份。

好友舒波先生与朱玲小姐新婚嵌名贺联

舒云展宏图，一帆共济波浪；
朱颜含深情，千年巧琢玲珑。

好友王刚先生与徐晶小姐新婚嵌名贺联

王老师的仁爱，守候如金刚样坚定的牵挂；
徐护士的柔情，呵护像水晶般透明的芬芳。

学生金京先生与陈晨小姐新婚嵌名贺联

南天金凤落新树，从此春情京万；
前世陈燕续旧缘，平生蜜语晨昏。

第六节　QQ 聊天记录

（安西教练是我的 QQ 名）

一、一道随口荡出的趣味性开放题（群聊）

【粤－石匠】教练再出几道大家玩玩

【安西教练】用 2、0、0、9 四个数写出一个算式,使其得数尽可能大

【粤－石匠】2 的 900 次方?

【安西教练】很大了

【柳下会】(强)石匠

【粤－石匠】有意思的题目教练出过很多道

【安西教练】还能更大么?

【出埃及】9002!

【出埃及】没那大?（偷笑）

【安西教练】怎么比较"9002!"与"2 的 900 次方"何者大?

【安西教练】的确是"9002!"更大,因为"9002!"的前 900 个乘数都比 2 大

【粤－石匠】厉害(强)

【柳下会】真是奇思妙想! 9002 的阶乘大

【柳下会】9002! 至少含 2 的 4501 次方

【安西教练】更大的数又在眼前了!

【出埃及】9200!

【粤－石匠】(呲牙)

【粤－石匠】9200!!!!!! ……

【安西教练】这个答案说明原题出得太糟糕了,需要修正原题

【粤－石匠】有点小漏洞

【安西教练】怎样添加条件,使原题更好一些? 至少应该排除 9200!!!!!! ……这类无休止的东西。

【粤－石匠】每个运算符只允许使用一次嘛

【安西教练】好! 我们增加这个约定:每个运算符只允许使用一次

【柳下会】有意思

【安西教练】在这个约定下,还有更大的数吗?

【粤—石匠】2 的 900 次方的阶乘

【安西教练】(2^900)!

【安西教练】如果调整运算次序，2^(900!)，何者大？

【粤—石匠】(奋斗)

【安西教练】表面很一般的问题，会引出一个难题

【粤—石匠】是

【安西教练】这就是开放题的魅力

【粤—石匠】开放才能搞活

【柳下会】所以超越很重要——超越经验

【安西教练】这道题能否出现在高考的考题中？如果出现，应该怎么叙述比较好？

【粤—石匠】现有 2,0,0,9 四个数字，试用所学过的运算方法进行运算，使得出的数的结果最大。每个数字，每种运算限用一次。

【安西教练】开放题在培养超越自我的精神上可以起到独特的作用

【粤—石匠】是不是还可以用极限，搞到无穷大的若干级。高中有极限了吧？

【安西教练】当学生想到了 (2^900)！和 2^(900!) 这两个答案，但不知谁大时，应该怎么给分？题目的叙述是否应该首先鼓励把这种思法写出来？

【粤—石匠】对，这道题应该有思路分析

【粤—石匠】那可以按步骤给分了。

【安西教练】极限必须有变数，这道题应该排除这种情况为好，不知道现有的叙述有没有排除这种情况，需要经充分的讨论才能发现。

【粤—石匠】出道题弄完备了真不容易

【安西教练】开放题作为考题，最大的难点在于题目的叙述，一方面要鼓励学生把自己的想法体现在卷上，另一方面又要考虑评分的可操作性

【粤—石匠】对。能否考出想考的东西来

【粤—石匠】不能搞成脑筋急转弯

【安西教练】能在这个难点上有研究的突破，高考出开放题才会真正起到正确的素质教育导向

【粤—石匠】与教练讨论问题，受益匪浅，先下了。晚安

二、又一道随口荡出的趣味性开放题（群聊）

【影子】4　4　4　4＝4　加减乘除和（）随便用，怎么成立

【科学时代】(4−4)×4+4＝4

【影子】真的, 0 乘 4 得 0。谢了啊!

【科学时代】呵呵

【影子】小学 2 年级的题

【科学时代】俺可以上 3 年级了, 呵呵

【安西教练】想上更高年级吗?

1 2 3 4 5 6 7 8 9＝2008

加减乘除和( )随便用, 次序不能换

【科学时代】我还是上 3 年级吧

【科学时代】2 3 4 5 6 7 8＝223

【子皓!】我白上大学了

【科学时代】2 3 4 ＝6

【安西教练】科学时代的策略是正确的

【科学时代】但是, 好像哪里出问题了

【影子】那里出问题了?

【科学时代】2 3 4 5 ＝27

【科学时代】或者 2 3 4 5 6＝33

【科学时代】2 3 4 5＝39 也行

【安西教练】2－3＋4＋5×6＝33

【科学时代】好

【安西教练】成功了

【科学时代】呵呵, 谢谢教练

【安西教练】可以跳级到初一了

【科学时代】o(∩_∩)o...哈哈

【科学时代】跳的太多 基础不牢 我还是上四年级吧

【安西教练】其实大学教授也未必能在这么短的时间内成功

【安西教练】关键要有一个好的问题解决的策略

【科学时代】嗯, 谁想看答案 到我的空间吧

【科学时代】一会儿我贴上去

【影子】上大学的时候高等数学就不行, 毕业了就全都不用了, 连买菜都是老婆买啊!

【简单的生活】最不喜欢数学 看见数字就头疼 唉

【影子】现在差不多连公式都忘记了

【科学时代】呵呵 我头都快裂了

【简单的生活】高考时考得可怜的分数

【安西教练】这道题不需要什么公式,会四则运算就可以了,主要是解题策略上的问题

【影子】今天看见我儿子班上一个同学因为语文只考了81分被老师骂了。我心里想,小时候我要考81分可高兴了啊!

【安西教练】大数也可用计算器帮忙,但计算器不会告诉我们策略

【安西教练】复杂问题简单化,这就是科学时代所用的"化归"思想,将计算答数尽可能化小

【汤惟宁】复杂问题,都能简单就好了!

【安西教练】在很多社会领域的实际问题中,简单化的过程常常使问题粗糙化,所得结果往往会有很大误差,于是就有了一个如何控制误差的问题

【科学时代】大道理其实蕴藏在小事情里面

【安西教练】这道题是我随便编的,估计不会只有一种答案

【汤惟宁】大事情未必是小策略.

【科学时代】找到一种答案　我就很满足了

【安西教练】要找到所有答案估计要用编程解决

【安西教练】这就是传说中的开放题

【涛声依旧在】大家讨论的什么题啊

【科学时代】嗯

【安西教练】1　2　3　4　5　6　7　8　9＝2008
加减乘除和()随便用,次序不能换
涛声想试试吗?

【涛声依旧在】没有经验

【安西教练】可以借助计算器

【涛声依旧在】不知这类题的解题规律,只能碰运气

【安西教练】在碰运气中找规律

【科学时代】我费了3张A4纸

【涛声依旧在】我也去试试

【安西教练】我就用电脑上的计算器,没用草稿

【安西教练】看到223这个数,我就知道你的思路是"正难则反":
$(2008-1)÷9＝223,1+(2　3　4　5　6　7　8)×9＝2008$
问题化归为:$2　3　4　5　6　7　8＝223$

【科学时代】呵呵

【涛声依旧在】每两个数之间一定要有符号吗? 能不能用像456这样的数

【安西教练】一定有符号的要求高一点,如果实在找不出答案,降低要求,可

以不用符号,答案就更丰富了

【涛声依旧在】题目确实很有开放性

【安西教练】有趣的现象是:对找出一个答案这种要求来说,允许有些数字之间用符号的要求低一些,对找出所有答案这种要求来说,不允许有些数字之间用符号的要求更高了

【科学时代】是啊

【安西教练】问题的开放度与难度之间的关系很奇妙

三、班主任如何与任课教师相配合?

【高远】这个暑假我都在学习,思索自己的教学与管理。本来可以兼职弄点钱,我都放弃了

【安西教练】向你学习!你工作几年了?

【高远】龚老师过奖了。4 年了,不过很多地方　还是个学生

【安西教练】正是专业发展的关键期

【高远】谢谢点拨,觉得越教越不会教

【安西教练】感觉不会教是正常的,觉得很会教就没有发展空间了

【高远】您现在当班主任吗

【安西教练】我现在不当班主任,在学校教科室,上一个班

【高远】头都大了。又刺激又害怕。逼着自己进步,也觉得危机重重

【安西教练】首先是自己的学科专业素质提高,这是吸引学生的根本,当然教学管理对考试分数的影响更直接

【高远】我是一个很有激情的人　但又是一个性子较急的人

【安西教练】有激情是好事,容易感染学生。但有时也比较危险,风险较大

【高远】但是当班主任会不会容易让学生浮躁?我班的学生很浮躁　应该与我这个班主任有莫大的关联。我也在不断改变自己

【安西教练】有这种可能,更需要自身的积淀,浓厚的积淀可以让自己相对稳重一些。性格是比较难改变的,改变性格不如发挥性格优势

【高远】您知道李镇西吧?我很像他,我想好好借鉴他

【安西教练】是的,李镇西很有激情,与他的深厚的专业功底相结合,成就了他的事业

【高远】看来我要做的主要是扎实自己并尽最大程度发挥自己的优势

【安西教练】学生的年龄特点,浮躁不是大问题,只要控制在一个适当的度内

【高远】我上初中,这正是学生好动的高峰期吧

【安西教练】这个年龄的人,如果很稳重就有点可怕了

【高远】呵呵,得扬长避短啊

【安西教练】把他们的热情引向正当的方向就可以了,不必担心浮躁,只需要注意控制度

【高远】值得欣慰的是:经过我半学期的努力,学生的浮躁有所改变,我一直在调整自己并转移引导他们

【安西教练】你超越自己的努力,这本身就给学生树立了一个很好的榜样

【高远】谢谢鼓励

【安西教练】对于有激情的老师,有时某些宗教手法也是可借鉴的,我发现李镇西的教育中也有这类的影子,学生把他当成精神领袖。虽然这种做法在教育道德伦理上的关系我还想不透,但至少实际的作用是明显的

【高远】我班搭配的老师有点麻烦:英语老师与我的管理方式与观念一热一冷;数学老师有点不闻不问我比他还急。我有点不知所措

【安西教练】对于任科老师,除了帮助他们在学生中建立威信,班主任的能力是非常有限的

【高远】本来我班在上学期语文数学均得过同类班级得第一名,可是现在最后名了

【安西教练】只有帮助他们在学生中建立威信,他们才能做好他们该做的事,班主任也才会轻松一些,千万不要包办他们分内的事,这影响他们的威信,如果学生只想你的不听他们的,你会很累的

【高远】我真很害怕,您说这点我都尽量考虑并尽量做到的

【安西教练】要分析是偶然原因,还是必然原因

【高远】可能是必然

【安西教练】是学生对教师失去信心？ 还是其他什么原因？

【高远】英语一直是最后名,英语老师对学生失去信心,他在他班花的心思比我班多很多,当然我班学生不喜欢他

【安西教练】差距大不大？

【高远】差距大。也许我这个班主任与英语老师管理的观念反差太大所致。我民主,他专制

【安西教练】英语老师的这种做法虽然不妥,但让学生意识到这种差距,并强化这种差距意识的,可能主要是你班主任的原因。老师的不同风格对学生来说是好事,生物多样性是保证生物圈系统良好发展的条件。要对学生进行这方面的教育,适应不同风格的老师。风格没有好坏

【高远】是的,成绩差了我急。在学生面前暴露了班上的不足。本想刺激他

们,不想可能起了打击他们信心的反作用

【安西教练】是的,初中学生还是要以鼓气为主

【高远】很可能也是我和本班学生在一起的时间过多,他们不太适应英语老师。我上课活,英语老师相对死板

【安西教练】现在的初中学生外表比以前成熟,心理还是比较幼稚的,学生对英语老师的态度,很大程度上受你的影响,这一点你应该有反思。当然很多时候,这很难做到

【高远】应该来说 我是一个顾全大局的人 我也在不同的场合尽量维护英语老师的威信。我也真的不知道该如何做了

【安西教练】从心里调整与英语老师的合作态度,你维护英语老师的那些话语是不是出自内心的,学生能感受到。这很难,老实说我以前当班主任,有时候也没有做好这一点

【高远】我们两个搭档,分别是各自的任课教师,他们班的学生很喜欢我、服我。 我基本上未给他添什么麻烦,我把自己也当作他班的副班主任,而在我班我是竭尽全力帮他,他需要什么我出什么,只要我能做到。

这是我的第二届学生 照这样下去 我真担心能不能在学校立足 因为上一届我的中考成绩惨败

【安西教练】你有没有站在他们的立场上换位思考一下,他们的感受是什么?你了解吗?考试分数,考前的强化训练是一个很重要的环节

【高远】侧面有一些了解,数学老师说我不够帮他。可我每次主动问他有何需要,他很少有要求,而英语老师怪我太活使他难管学生。现在我与英语老师都在相互靠近,即我学他、他学我。学科之间是相互牵制的,一荣俱荣,一损俱损

【安西教练】要在学生中营造一种"哪位老师的课听哪位老师的"的风气和习惯

【高远】你说这话我记下,谢谢!

【安西教练】数学老师的工作还没有打通,你还不知道你需要怎样的帮助,你还不知道他需要怎样的帮助。也许数学老师所需要的帮助就是这句话

【高远】其实班主任也不是三头六臂,我可能帮不了他,因为他有一个根本的弱点:能让学生疯狂,却控制不住学生

【安西教练】控制不住也得让他自己来控制,除非他主动向你求助

【高远】也许我这个班主任太霸道,这霸道也许是我太想班上好而致

【安西教练】班主任其实也真是一个不大不小的官。当官的必须让下属对自己的工作范围负责,班主任也应该让任课教师自己负责起自己的课堂

【高远】我没有太多的干涉他。很多时候,学生给我反映情况的严峻后而他

又总是不管,我才出面

【安西教练】这对他的威信是雪上加霜

【高远】他确实管不住啊!上一届与他搭档的班主任初三时经常给他坐堂压阵。唉!我是费力不讨好啊!

【安西教练】你可以在事后,在背后做学生的工作,当场帮他压学生,除非就像你说的上一届班主任,每堂课都去压

【高远】今后我得多注意 改变自己的工作方式

【安西教练】也可以培养一些学生领袖式的人物,在课堂上制止一些过分的事

【高远】这办法好啊 我一定试试

【安西教练】总之,在幕后多用力,尽可能不上前台

【高远】龚老师真是热心人 小弟感激不尽!

【安西教练】不早了,休息吧,以后再聊,很高兴认识你,再见!

【高远】好的 您晚安! 希望以后能多向您请教!

第七节 网友在"听雨轩"的回复选

(在 K12 教育论坛我开了一个题为"听雨轩"的帖子,记录一些随想随感。这里选摘了一些网友在我的这个帖子后面的一些的回复,"田雨"是我在 K12 注册的用户名)

欣逢田雨先生美轮美奂的"听雨轩"落成,老朽偶得几字,凑成个顶针上联,不揣浅陋,奉献在这里,一则敬表祝贺,一则请轩主和诸位嘉宾不吝赐个下联。老朽的上联是:

听雨轩轩主讲心得得法其上

——桂林古稀老朽

(附,我的回复:

感谢谭先生! 不怕献丑,我来狗尾续貂:

听雨轩轩主讲心得得法其上,邀论坛坛友诉情怀怀志于高)

好雅致的听雨轩!

雨点儿打在窗户

点点敲在人心

焚一炉好香，假寐

听雨

把一卷好书，秉烛

听雨

春雨无声

夏雨有情

秋雨缠绵

冬雨轻盈

人生常听雨

平添几多清趣

——秦风万里

听雨轩中藏智慧，晓行至此占座位。

洗耳恭听激思悟，胸中标塑共鸣碑。

——晓行

路过不能错过！

——太行

祝贺田雨小屋开张！

我来晚了，以后一定常来听雨、喝茶！很喜欢的两件事，都能让人静下心来的两件事。

——新叶子

恭贺田雨老师"听雨轩"开张！

小熊也来凑凑热闹！很佩服各位的才气，我也很喜欢诗词的，可是自己怎么也凑不出来啊，想在听雨轩沾点才气！哈哈

——小熊老师

听雨轩真热闹，朋友们在这里倾心交流，畅所欲言，主人寥寥几句智慧的点拨，留下一片思考的空间。

——老教员

口渴非常，入轩求茶。雨声伴茶香，只觉通体舒畅，好地方！

——独步林荫下

田雨兄果然是一个很有思想的人，对很多问题认识很深刻啊！

有时间可以交流一下。关于数学教育，很多老师因为身在其中往往执着于技法而很少从高一层次去看问题。高人能看到问题却往往不熟悉中学数学教育的真实现状。如你所谈的浙大教授的对话，说得很好，但有几人能明白他在说什么？

个人觉得中学数学还是不能走精英道路。我这么些年来一直算是和数学有点关系，到现在算是体会到高中很多内容特别是竞赛内容，从其思维层次上已经超过了很多博士的要求，太极端化了。真正的数学绝对不是这样的。这样的数学教育是否可以称为变态了？

和十年或二十年前相比，可以说目前的中学数学教师队伍也基本上没法看了，惨不忍睹。一个很有名的省级中学的一群骨干教师没有一个能做出人教社教材研究性课题——杨辉三角拓展出的利用概率推出二项式定理。老教师却大部分能明白（不知田雨兄知不知道我说的是哪一道题，呵呵）。这种队伍，教出的学生可想而知。和他们谈波利亚的思想简直是对牛弹琴，更遑论让他们向学生渗透这种思想了。

田雨兄算是中学数学教育界的异类了。

——周小鱼

学习自己佩服的人不足为奇，学习自己不怎么佩服的人要一种胸襟了，如果学习自己的仇人，那就是一种了不起的行为了。

在听雨轩中学到不少东西，写下一点心得。

——张杰

头一遭来到"听雨轩"，就完完全全沐浴在清凉的细雨中，感觉真的好爽好爽！躲进轩中，屋顶上有种"大珠小珠落玉盘"的清脆感。早就在尘世的喧嚣中麻木的我，忽然有种难以言状的快感！

——肖太太公

时时思考，处处思考！

——新叶子

"悟道"是一种境界！

——戈壁草

每一句语言都是清茶，味美意远。

——墨梅

纳凉，舒服。

——scgyydf

喜欢雨中漫步，更喜欢到听雨轩来听雨，心情舒畅，收获颇丰！

——学贵心悟

听雨轩，听雨喧，
精彩绝伦天外天。
雨声急，雨声缓，
雨声脆，雨声欢……
雨声急——针锋相对，唇枪舌剑；
雨声缓——诗词歌赋，谜语对联；
雨声脆——字字珠玑，句句至理；
雨声欢——捧腹大笑三句半
……
清泉香茗神仙府，
诗书琴韵听雨轩！

——村夫

窗外正下着雨，也就到听雨轩品茗听雨，果然很有雅意呢！

——飘落 de 叶子

好雨润心！

——沧海一叶

避暑听雨轩，
好雨润心田。
心静自然凉，

欲谢已忘言

——南山人

一路看来，收获颇多：有数学方面的精巧题目（尽管自己不教数学，却时常看一些数学方面的教育案例，既是放松，也算是"触类旁通"），有激烈的争辩，有妙趣横生的幽默故事，更有隽永深邃的哲理。

感谢田雨老师，感谢所有的网友，更祝愿听雨轩里高朋满座、妙语如珠。

——kingstar

好地方！路过，品茶。

——竖子无名

我说这人怎么这么全才呢??

——天涯孤鸿

听雨、喝茶，人生最美境界莫过如此了！

——迎春花开

昨晚和今早一直在轩中避雨，雨停了，要走了，在此向轩主道声谢谢。

——谢 xie

累了后来到这里，诸位大师的言语就像是淅沥小雨，包含着许多最深刻的感悟和思考。看了心里觉得挺好。就像一方轩土，供行人停驿。好个听雨轩！

也希望能更多的对数学思想和以数学思维认知事物等方面给予更深刻的阐述或是探讨。那样，雨景也许会更美！

——清水古木

来田雨老师这里喝口茶。走且回头，别样的风景。

——ruci

几次看过、路过
三番思过、想过
只因悟性太低
不敢开口随意

面对众多高论
感叹自己无知
欣赏诸位人品
愿拜各位为师
文理自古一家
哪分你我彼此
深深一躬到地
馨轩这儿有礼

——馨轩

哈哈！该休息了。没想到这里还有一精美的轩——听雨轩，慢步走来才觉得好大的轩，草草浏览过来只觉得太深奥了，不得不停留下来。

——大周 2

又一次看到思想深刻的文章

——墨梅

精彩，令人深思！

因为文章精彩，才众人瞩目；因为观点新颖，才令人深思。

田雨老师的文章耐人寻味，值得深思！读后犹如一股清香，沁人心脾！

看完田雨老师的帖子，我的心情竟是久久不能平静。正所谓：大音希声，大象无形。

我现在终于明白我缺乏的是什么了，正是田雨老师那种对真理的执着追求和田雨老师那种对理想的艰苦实践所产生的厚重感。

面对田雨老师的帖子，我震惊得几乎不能动弹了，田雨老师那种裂纸欲出的大手笔，竟使我忍不住一次次地翻开田雨老师的帖子，每看一次，赞赏之情就激长数分。

田雨老师，你写得实在是太让我感动了。我唯一能做的，就只有把这个帖子细细品味！

看完这帖子以后，我没有立即回复，因为我生怕我庸俗不堪的回复会玷污了这网上少有的帖子。但是我还是回复了，因为觉得如果不能在如此精彩的帖子后面留下自己的网名，那我也会遗憾终身！

的确！能够在如此精彩的帖子后面留下自己的网名是多么骄傲的一件事啊！

——老徐真帅

田雨老师,能文能理. 佩服!

——Qlchen

为田老师的精神感动,做老师做到这个份上实在佩服,受益许多,谢了

——friendsyc2

好久不来,看到田雨的这个帖子,令人沉思,有时又令人忍不住发笑。
好思想! 好帖! 看了不回,对不住你。

——半坡网站长

听雨轩里停一停,多有营养汲取中……

——晓行

偶然发现田雨老师的"家",来看看您!!!
很多东西很有价值,但是一下看不完,现在社会就是这样,看不完的东西,做不完的事情!

——杨杨杨老师

不看不知道,看了心直跳:原来此地还有如此妙人! 真是:我恨见晚啊!
三个晚上,终于把雨听了一遍,收获有二:见识一个思深品正的知识分子;认识一个品志相近的朋友。希望以后能多指教啊!

——Lengqingshiren

难得的好帖
回味中……

——山柳

后　记：
我的教科研之路

　　夜深了,经过几个月努力,我终于把这些年来的一些论文,以及记录在我的博客"听雨轩"上的一些文字,整理成了这本书稿。此时我才发觉:盯着屏幕的眼睛已经非常疲倦,坐在电脑桌前的身体也变得有些僵硬,点击鼠标的手发出了疼痛的抗议。我走出办公室,来到校园内的明月溪边独自散步。

　　走在明月溪边:寻不见小鱼的梦乡,却听到了睡莲的欢唱;听不见垂柳的私语,却看到了水中的月亮。围墙外传进的车声流动着不夜城的繁华,小饭馆飘出的酒香弥漫着都市人的无眠。

　　"静谧"和"喧闹"在这个空间离奇对接,"孤独"和"狂欢"在这个时间不期会面。此时此境,一句歌词突然在我耳边浮现:"孤独是一个人的狂欢,狂欢是一群人的孤独"。

　　思想者在享受自由的孤独中狂欢,他因思想而孤独,因孤独而自由,因自由而胜似狂欢;空虚者在排遣无聊的狂欢中孤独,他因空虚而狂欢,因狂欢而无聊,因无聊而倍加孤独。教师应该是一个思想者,教育科研更离不开深刻的思想,耐不住寂寞的人无法进行教育科研。所以,一个教师做教育科研,应该学会享受孤独。在这明月溪畔,回顾一下自己的科研之路,这不仅仅是享受孤独,或许还可以给年青教师一些在专业成长方面的启示。

　　1. 独上高楼,望断天涯路

　　我写的第一篇教学研究论文题目是《对文科数学教学要求的认识》。在1984年,那是我大学毕业参加工作的第三年。当时学校里每年都要求上交一篇《工作总结》,无非是写一些认真备课、关爱学生之类的老生常谈,写到第三年当然就很腻烦了。不想写,但要交差,就想出了这么一个主意,写一篇论文凑数。一方面把自己的一些想法利用这个机会梳理一下;另一方面,也交了差,反正交上去也没有人看,对自己来说总比随便抄一些没用的东西更有意义一些。这篇论文从一开始就没有准备发表,写作目的主要是交差凑数,所以连底稿都没有留(本书没有能收进这篇文章对我来说是一种遗憾,因为,那是我教科研之路的第一步）。现在回想起来,这也是一种练笔练内功、自我修炼的过程。

第一篇真正意义上的论文,其写作冲动来自一本杂志上的一篇文章,这篇文章介绍了立体几何中课本中一道习题引出的一个公式,当时看了这篇文章后很兴奋,找几道题试着来用这个公式。但很快发现,用这个公式的条件比较苛刻,问题就很自然地提了来了:这个公式能不能推广? 一番研究探索之后,果然被我发现了这个公式的推广形式! 不知道有多少兴奋,马上拿起笔来写下了这篇《一道课本习题的推广》。写完以后,正准备投稿时,看到一本新到的杂志上登出了一篇文章,介绍一模一样的公式! 虽然这篇文章最后没有发表,但写这篇文章的过程给了我一个体会:论文题目的一个重要来源是多看杂志,杂志上有很多文章,他们不可把所有事情都做完了,没做完的事就是留给我做的。

1986 年,当时标准化考试研究很热,广东高考作为标准化考试的试点,大量引入选择题。另一方面,当时的教师在选择题编制技术上还不成熟,我发现有些选择题根本不用看题干内容,分析一下四个选择支之间的逻辑关系就可以知道答案是什么了。于是我就专门搜集这种选择题进行研究,研究过程中猜解的方法也就越来越多,最后就总结出了一些选择题的特殊解法写成《选择题的猜解技术》一文。本来是准备参加评奖的,后来因为错过时间没送上去参评。投稿因为篇幅太大又不适合,所以这仍然是一篇没有读者的论文。这篇文章的课题来源是教学中的需要。

真正投稿的第一篇文章是 1987 年写的,这篇文章因为一位学生在课堂上提出的问题引起的,当时自己没有回答上来。下课回到办公室当然不好受,就下决心自己研究清楚这个问题。研究的结果就是写出了《圆锥曲线的相似性》这篇文章,投到数学通报,因为我当时觉得这个发现很了不起。后来才知道,早在二千多年前的古希腊数学家阿波罗尼奥斯,在他的《圆锥曲线论》一书中就有了,我还当作一个新发现来写论文当然只能被人笑话一通了。这是从教学中的疑点产生的研究课题。

接下来这一篇《用判别式法求函数值域》虽然没有正式发表,但总算是有了读者,是在校内交流的,写于 1990 年。这篇文章的研究课题来自教学中的难点,我决心对这个问题进行一番全面系统地研究,20 年以后,我把这篇文章中的主要观点结合后来的一些研究写了一篇《谈二次分式函数的值域》(本书第六章第四节)发表在《中学教研(数学)》(2010 - 11)

本书没有收入以上没有发表的五篇文章,有的是因为原稿已经丢失,有的是重复别人的研究,没有多大意义。这些文章给我的一个体会是:不要过分的自卑,文章发表不出去不一定是水平不够,可能是运气不好。一个人不可能始终倒霉运,总有时来运转的时候。但是等到时来运转机会降临的时候,如果没有足够的内功是无法把握机会的。所以在运气不够好的时候，对自己说，这是我闭门修炼的最佳时机，因为等到很多机会降临的时候，我就没有多少时间修炼内功了。

2. 衣带渐宽终不悔，为伊消得人憔悴

在写论文的过程中，我逐渐养成了订阅教学报刊的习惯，买教学参考书和理论书也成了我的一种癖好。有人说"只有借来的书才会认真看"，这话不错，我买回来的很多书都是粗略地翻一下就放一边去了。但是，对写论文来说，你说不定什么时候想到的问题与哪一本书上的论述有关，这时候如果你手头没有这本书马上拿来翻一下的话，你的这个想法就没有机会深入下去，过段时间这些想法也就烟消云散了。所以我学理论有两种方式：一种是浏览，每天睡觉前看20分钟。有人说一拿起书就想睡觉，我也是，就把它当作安眠药不是很好吗！你不要指望这20分钟会学懂些什么，它只是让你知道，以后在用得着的时候你应该找哪一本书来翻。另一种方式就是带着问题学，要解决什么问题，找出相关的书来。这时候前面的浏览会帮你很快找到你要的书，看看书中对这个问题有没有解决，解决了的直接拿来用，没有解决的看看书的研究方法能不能为我所用，用他的方法自己解决这个问题，如果成功了一篇论文也就出来了。

第一篇正式发表的论文是 "命题作文"。当时我在浙江教育学院进修，1993年3月中央电视台新闻联播节目报道了当年高考数学要考应用题，《教学月刊》杂志要在高考前的6月号上组织几篇应用题的文章。戴再平教授当时是我的老师，他问我能不能写一篇文章，内容也是他定的。我当时回答说试试看。他接着说，不能试试看，你能写就一定要写出来，杂志给你留着版面，时间是一个星期；你不能写我就找别人写。当时我从没有正式发表过文章，这种机会相当难得，所以我就一咬牙说能，我来写！这件事我的一个体会是：给自己一个任务，或者接受一个任务，就是给自己创造一个机会。现在教师搞课题的意义，我想最重要的也在于此：给自己的一个任务，给自己创造一个机会。另外，从选择课题角度来反思这篇文章，显然是抓住了一个热点问题。这类问题一般杂志都很欢迎。当然，既然是热点，就有可能写的人很多，这就相应地提高了对论文质量的要求。如果对热点问题没有自己独特的想法，这种文章有时候也难以发表。

第一篇获奖论文写于1986年，当时我在嘉兴一所农村中学工作，获得了嘉兴市数学论文评比的一等奖。第一次获奖就是地级大市范围的一等奖，这还真有点"一鸣惊人"的味道，但很多人并不知道在这"一鸣"之前我经历了多少次的"练声"。这篇文章是关于初中计算器教学的。这个课题一直到现在还是一个冷点，没有多少人在关注这个问题。写得人少，也就没有了竞争者。但是，如果冷点问题中找不出几个热点，也是没有人要来看你的。所以要在冷点中找热点，或者是把冷点与热点联系起来。比如在我这篇文章中，我就把计算器教学与数学素质教育这个热点联系起来（当时关于素质教育的讨论非常火爆），阐述在素质教学背景中，计算器教学应该教什么？怎样教？提出了当时计算器教学中存在的一些问题，但是你要说现实出了问题，就不能空口说白话，于是我就设计了一次测验，以这个测验的结果来说明现实存在的问题。所以文章标题就叫做《从一次测验谈初中义务教育中的电子计算器教学》。写这篇文章没有用电脑，完全是手写的。整理本书时，我一直在寻找这篇文章的手稿，可惜一直没有找到。

第一篇自己投稿并正式发表的文章是《数学开放题的分类》，发表在湖北的《中学数学》上，这篇文章选择了一个"将要热但还没有真正热起来的冷点"，我比别人早一步介入这个领域，等这个课题一热起来，别人还搞不清是怎么一回事的时候，我已经研究得比较深入了，这就有了我的优势。这篇文章发表以后，戴老师从杂志上看到后专门写信来鼓励一番。后来他在申请全国九五重点课题《开放题：数学教学的新模式》的时候就把我列入了课题组成员。这个课题正式立项以后，我就再没法向开放题说拜拜了！

从以上几篇发表和获奖论文中，我的体会是：有三种条件可以使你在积累过程中产生飞跃性的发展：这就是个人的实力进步（也就是内功练到一定的程度）、各种偶然的机会以及能为你提供一种"专业引领"的专家做导师。

3. 众里寻她千百度，蓦然回首，那人却在灯火阑珊处

由于我开放题的研究走在了全国的前列，所以就有了各种学术交流的机会，更重要的是获得了一些与专家交流的机会：

- 全国首届"数学开放题及其教学"研讨会（1998－11.上海）：40分钟大会报告"数学开放题教学设计中的几个问题"；"数学开放题"分会场主持人。
- 浙江教育学院省级骨干教师培训班（1999－12.杭州）为培训班学员开设讲座：漫谈多媒体教学。
- 诸暨市中小学数学创新教学研讨会（2000－03.诸暨）：120分钟大会报告"什么是数学开放题？"；为大会开设观摩课。
- 黄岩市城关中学"数学开放式教学"研讨会（2000－05.黄岩）：作为特邀专家为大会开设观摩课；并与当地数学教师进行座谈。
- 为杭州师范学院师生开设观摩研究课（2000－06.杭州）。
- 全国数学开放式教学研讨会（2000－11.杭州）：60分钟大会报告"数学开放题及其分类"。
- 江西省玉山县《开放式教学改革研讨会》（2002－05.玉山）：作为特邀专家为大会开设观摩课；并与当地数学教师进行座谈。
- 杭州市教研活动（2002－11.杭州）专题发言：谈2002年全国高考数学试

卷的新特点。

- 第二次"数学开放题及其教学"国际学术研讨会（2003 - 11.上海）:大会首场报告"进入考试的数学开放题"。
- 两次在杭州数学会论坛作优秀论文交流（2004 - 05 杭州;2005 - 04.杭州）
- 在杭州教研室数学青年教师培训上作专题报告。（2004 - 06.杭州）
- 在 2004 年教育部数学教育高级研讨班作大会报告"数学开放题与双基相结合"。（2004 - 12.南宁）
- 四次为省级教师专业发展 90 学时集中培训开课。（2011 - 03 杭州;2011 - 05 杭州;2012 - 03 杭州;2012 - 04 杭州）

这些交流的机会也带来了一些报刊专栏的约稿,这些专栏文章本身是很不起眼的"豆腐干",但因为你的名字在专栏里经常露脸,也就能"混个脸熟"。我在这里说这件事,是为了说明写论文的第二个作用,就是"聚外力"。教师的工作比较特别,有一句话叫"亲其师,信其道"。学生是不是服你,除了教师的个人魅力外,外力的作用也很重要。我以前有一位学生,她从她的初中数学老师那里了解到我的名气很大,于是她就对我很信服,而对有些学生他并不了解我在外面的名声,就不一定这样地信服了。这位初中教师我还是通过这位学生才认识的,以前并不认识,其实她也只不过是看过我的几篇文章,听过我的一场报告而已。

最后提一下我的另一篇发表文章《数学开放题的设问方式》。这篇文章是由平时的点滴想法组织起来的,发表在华东师大的《数学教学》上,获省自然科学优秀论文三等奖。后来在写《数学开放题教学设计中的几个问题》一文的时候,又把这篇文章组织进去了,这篇文章是 98 上海会议的大会报告,获第 13 届杭州市中小学教学专题研究优秀论文二等奖。也就是说,我这些点滴想法,已经在四个地方开花结果了。所以说长期积累很重要,平时注意记下每一个零碎的想法,你不要担心这些想法有没有用,等有用的时候再记就来不及了,可能有些是没用,但也有很多迟早会有用的,这叫做厚积薄发。

4.板凳愿坐十年冷,文章不写半句空

写完以上文字,发现这些信马由缰的"遐想"实在有点乱,最后有必要把这些内容要点作一个小结整理:

(1)论文写作的作用:练内功、聚外力。

(2)论文课题的来源:教学杂志、教学需要、教学疑点、教学难点,从解题研究开始。

(3)学习理论的方法:浏览、带着问题学。

(4)选择课题的方法:热点问题、冷点问题、冷点中找热点、将要但还没开始热的冷点。

（5）几点体会：给自己一个任务、与专家交流、长期积累（记下每一个零碎的想法）。

（6）上面没有提到的其它几点体会：跳出个人的工作圈子可以提高论文的基点、要重视情报资料工作（多看杂志，多搜集整理资料）、好文章是"改"出来的（而不是"写"出来的）。

从明月溪走回办公室，享受了一番孤独的狂欢后，把这些文字输入电脑，思维中涌出的一句话是："板凳愿坐十年冷，文章不写半句空"。

愿以此句与读者共勉！

感谢在 K12 以及博客上认识的这些朋友，有些到现在我还不知道他们的真实姓名，他们在我的博客和帖子下面的回复给了我不少鼓励，一些直言不讳的批评与建议也给了我一面反思自己的镜子。感谢刘福根、屠绮文等朋友，他们为本书的出版提供了支持与帮助，可以这样说，没有这些支持与帮助，就没有本书。